纳米热障涂层材料

王春杰　王　月　张志强　著

北　京
冶金工业出版社
2018

内 容 提 要

本书所述的热障涂层是利用陶瓷的隔热和抗腐蚀的特点来保护金属基底材料的，可有效地提高热端部件的使用寿命，在航空、航天、军工、电力、交通等方面都有重要的应用价值。纳米热障涂层基于纳米材料的四大效应，在特定环境中有着广阔的应用前景。本书对纳米涂层及材料的制备方法、研究分析方法、传统涂层与纳米涂层的区别以及新型纳米热障涂层的制备及性能研究进行了讨论。侧重介绍纳米热障涂层材料的发展方向和研究前沿，基本反映了国内外在纳米热障涂层材料研究方面的热点。

本书内容新颖、深度适中，适合从事热障涂层材料工作的工程技术人员，以及大专院校的大学生、本科生和教师阅读和参考。

图书在版编目(CIP)数据

纳米热障涂层材料/王春杰，王月，张志强著．—北京：冶金工业出版社，2017．6（2018．8 重印）

ISBN 978-7-5024-7532-1

Ⅰ．①纳…　Ⅱ．①王…　②王…　③张…　Ⅲ．①纳米材料—热障—涂层　Ⅳ．①TB383

中国版本图书馆 CIP 数据核字(2017)第 110341 号

出 版 人　谭学余
地　　址　北京市东城区嵩祝院北巷 39 号　邮编　100009　电话　(010)64027926
网　　址　www. cnmip. com. cn　电子信箱　yjcbs@ cnmip. com. cn
责任编辑　于昕蕾　美术编辑　吕欣童　版式设计　孙跃红
责任校对　禹　蕊　责任印制　牛晓波
ISBN 978-7-5024-7532-1
冶金工业出版社出版发行；各地新华书店经销；北京虎彩文化传播有限公司印刷
2017 年 6 月第 1 版，2018 年 8 月第 2 次印刷
169mm×239mm；12. 75 印张；246 千字；191 页
49. 00 元

冶金工业出版社　投稿电话　(010)64027932　投稿信箱　tougao@cnmip. com. cn
冶金工业出版社营销中心　电话　(010)64044283　传真　(010)64027893
冶金书店　地址　北京市东四西大街 46 号(100010)　电话　(010)65289081(兼传真)
冶金工业出版社天猫旗舰店　yjgycbs. tmall. com
（本书如有印装质量问题，本社营销中心负责退换）

前言

本书所述的热障涂层是利用陶瓷粉末低热导率、耐高温等特性，将其喷涂或沉积在金属基体表面，形成具有优良隔热效果的涂层，能显著降低金属基底表面温度，缓解高温腐蚀、氧化，从而达到提高发动机工作效率、延长使用寿命的目的。热障涂层材料必须具有熔点高、热导率低、耐腐蚀、在室温至使用温度区间没有相变、与高温合金有相近的线膨胀系数、与金属基底较强的结合性以及较好的抗烧结性等性能。基于纳米材料的四大效应（量子尺寸效应、小尺寸效应、宏观量子隧道效应、表面与界面效应），相比于传统涂层，纳米尺寸的涂层具有线膨胀系数大、热扩散系数低、硬度大、断裂韧性高等特点，虽然在使用温度上要比传统涂层低100℃，但其服役寿命要远长于传统涂层，因此近年来对纳米热障涂层的研究已成为热障涂层领域的焦点。

最经典的热障涂层材料是氧化钇部分稳定化的氧化锆（8YSZ），具有韧性高、高强度、抗冲击性好、线膨胀系数大、耐腐蚀、稳定性好等优点。但是8YSZ在1443K温度以上容易发生相变，不能满足未来发展的需求。科学家正在努力研究能在更高温度下使用的新型热障涂层材料。迄今为止，人们对稀土锆酸盐（$Re_2Zr_2O_7$）、稀土铈酸盐（$Re_2Ce_2O_7$）、钙钛矿、稀土六铝酸盐等材料进行了大量的研究。稀土锆酸镧$La_2Zr_2O_7$材料由于其优异的性能被认为是新一代的热障涂层材料，但是其主要缺点是线膨胀系数和断裂韧性较低。针对该材料的优缺点，可以采用线膨胀系数较大的材料进行掺杂，来改性材料的弱势性能。实验证明，$La_2(Zr_{0.7}Ce_{0.3})_2O_7$具有优良的热物理性能，是未来热障涂层主要的候选材料之一。

热障涂层是一个复杂的体系，涉及化学、物理、机械、数学和工程等方面的知识。本书着重讨论的是纳米热障涂层材料的物理、化学问题，而且很多现象还有待深入探讨、研究。由于作者学识有限，书中难免有疏漏及不妥之处，敬请广大同行批评指正。

作　者

2017年3月

目　录

1 热障涂层概述

在全球能源危机与建立绿色环境地球的国际背景下，航空涡轮发动机和陆用燃气轮机正在向着高流量比、高推重比和高涡轮进口温度方向发展。目前，在役的燃气涡轮发动机涡轮前进口温度已达到1500℃以上，推重比为10的航空发动机设计进口温度会达到1550~1750℃，推重比为15~20的航空发动机设计进口温度将超过1800~2100℃。同时，发动机的平均级压比也提高到1.85。这意味着发动机要在更高的温度和压力环境下工作，这样恶劣的腐蚀环境大大超过了最先进的定向凝固单晶高温合金材料（≤1150℃）的极限使用温度，必须采用先进的叶片冷却气膜技术和热障涂层技术。美国宇航局（NASA）研究表明，为了提高燃气轮机叶片、火箭发动机的抗高温氧化和耐腐蚀性能，提出在高温工况条件下工作的零部件表面沉积具有隔热能力的陶瓷涂层，首次提出了TBCs的概念。通过采用热障涂层技术可以明显提高发动机推力（工作温度每提高14~15K，总推力增加1%~2%）；同时可以大幅度提高发动机寿命（表面温度每降低14K，相当于提高零部件寿命1倍）；此外采用该技术还可以降低航空发动机的耗油量[1~3]。因此，热障涂层技术在航空航天、兵器、船舶等领域具有广泛的应用前景。

热障涂层材料系统（Thermal Barrier Coatings，简称TBCs）通常是指沉积在金属表面、具有良好隔热效果的陶瓷涂层。其主要作用是用来降低在高温环境下工作的零部件基体温度，使其免受高温氧化、腐蚀或者磨损。其基本原理是基于陶瓷涂层具有高的熔点和低的热导率，因而使陶瓷热障涂层成为很好的高温绝热材料，它能把喷气发动机和燃气轮机的高温部件与高温燃气隔绝开来，并保护涡轮发动机叶片或其他热端部件免受高温燃气腐蚀与冲蚀。由于TBCs的应用使得航空发动机的功率和热效率得到了大幅度的提高。据报道，应用现有的冷却技术，涡轮机叶片背面涂覆250μm厚的TBCs，可以使基体温度降低111~167℃，减少燃油消耗近20%，因而可以减少发动机叶片采用强制冷却而产生的能耗，亦相当于降低了高温合金的受热程度，从而可以进一步提高涡轮机的进气温度，提高发动机的功率和热效率。

1.1 热障涂层原理

涂层的定义：用物理的、化学的，或者其他方法，在金属或非金属基体表面形成的一层具有一定厚度（一般大于10μm）、不同于基体材料且具有一定的强化、防护或特殊功能的覆盖层。按涂层的材料可以分为金属涂层、非金属涂层、复合材料；按照涂层功能分为防腐涂层、耐磨涂层及特殊功能涂层等。

1.1.1 无机涂层

无机涂层是将陶瓷或金属粉末喷涂或沉积在金属或陶瓷表面，以达到耐磨、隔热、防腐和延长寿命等目的的薄膜，如航空和航天方面应用的 TBCs、抗氧化涂层、卫星上应用的温控涂层、机械工业应用上的耐磨涂层、人工机体上应用的生物涂层等。

依据用途和使用环境的不同，无机涂层的制备工艺不同。涂覆法是将无机金属化合物调成浆料，用涂刷、喷涂、丝网印刷等方法涂覆在陶瓷或者金属基底的表面，然后在低温或者室温下固化或高温下灼烧而成。热喷涂法是直接用无机化合物粉料，经过高温火焰快速加热、熔化喷涂到基底表面而形成涂层的方法。物理气相沉积法是一类用某种热源将材料蒸发，然后将蒸发的材料沉积在器件表面上的制备技术，涂层的厚度仅仅为毫米至微米级，一般可以用作光电器件的制备。目前无机涂层已广泛用于各种领域。各种型号的人造卫星罩均成功地应用温控涂层。等离子喷涂多层复合涂层，已用作大型火箭发动机喷管的隔热防热涂层，以及广泛应用于化工、机械领域的密封环和轴承等耐磨部件。阳光吸收率很高的不烧涂层和黑色搪瓷已在太阳能热水器上作为光热转换涂层获得应用。在金属基体上喷涂氧化物的人工骨和金属陶瓷牙已在临床获得成功的应用。

热机上使用的无机涂层有很多种，而这些无机涂层必须包含以下的功能，如图 1-1 所示。

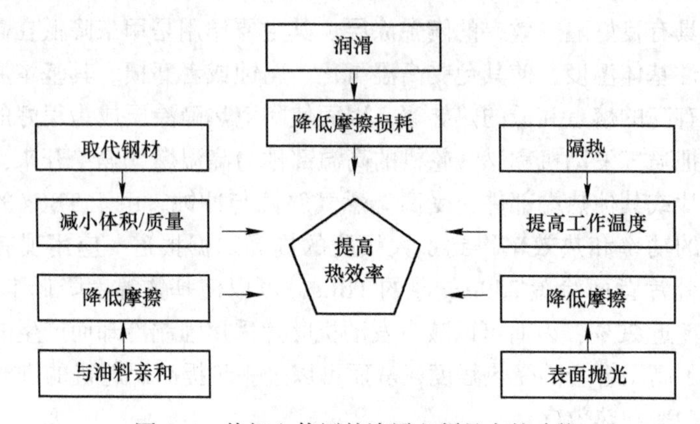

图 1-1 热机上使用的涂层必须具有的功能

（1）润滑。涂层的摩擦系数越小越好。摩擦系数越大，涂层的磨损越严重，机器的寿命越短。另外，机械摩擦会降低燃料效率。内燃机的摩擦主要来源于气门机构，汽缸系统、曲柄机构和轴承，消耗内燃机做功的 10%~15%。总摩擦损失中，汽缸系统占65%，气门机构占10%~20%，其他损失是曲柄机构产生的。提高内燃机燃料效率的一个重要手段是降低摩擦系数，常用的无机涂层材料有Ni-Mo-MoS_2，Ni-BN以及Ni-石墨。

（2）抗腐蚀。内燃机的有些部件所处的环境非常恶劣，如汽缸系统，恶劣的因素包括高温、强氧化性气氛、热冲击及油燃料所产生的强腐蚀性化合物（如硫酸盐、钒酸盐和甲酸等）。目前发现Mo/Cr系列材料是最抗腐蚀的涂层材料。

（3）耐磨。在涂层表面制备一层精细的耐磨陶瓷如Al_2O_3和SiC，可以提高涂层的硬度、抗压强度、耐磨性及抗擦伤性。涂层还必须具有很好的机械强度和抗冲击性能，与金属结合强度大及热膨胀匹配等。

（4）隔热。有计算表明，如果内燃机的汽缸壁制备一层2mm的TBCs，热量损失可以降低6%。

（5）与润滑油的相容性。为了提高润滑性，降低摩擦损耗，机械摩擦必须是流体力学的。摩擦面的油膜破裂将导致边界摩擦的发生（即金属与金属直接接触），此时的摩擦系数比流体力学运转时候高很多。因此，涂层必须与润滑油有良好的相容性。

（6）与金属结合强度大。等离子喷涂、高速火焰喷涂以及磁控溅射制备的涂层，结合强度一般都很高。涂层的厚度取决于涂层材料的性质以及与金属基底的热膨胀匹配情况。TBCs黏结层的功能是提高陶瓷涂层与金属结合强度并提高金属的抗氧化能力。

（7）合适的性价比。汽缸的直径在70~100mm之间，因此在汽缸壁喷涂陶瓷层时，喷涂距离必须很小。与其他制备涂层的方法相比，等离子喷涂有很多优越性，如设备相对简单、快速、器件的形状要求不是很严及合适的性价比。

汽缸表面常常电镀一层Cr。柴油内燃机使用的铝合金表面也常常喷涂含有C、Si、Sn、Ni、Cr、Mo、Cu、Ti、V和B的铁系合金。因为柴油机所产生的硫酸盐有强烈的腐蚀性，涂层必须能抵抗硫酸盐的高温腐蚀。常用的TBCs材料在燃气轮机和内燃机方面都合适。粒径小于50nm的YSZ粉末通过等离子喷涂后其特性可以保留。与非纳米涂层相比，纳米涂层的线膨胀系数大，热扩散系数低，硬度大，断裂韧性高。热扩散系数低是由纳米材料丰富的晶界面对声子散射所造成的。高硬度和断裂韧性是由纳米材料的小尺寸效应所产生的，而且纳米涂层还能具有晶界滑移所产生的超塑性。因此，近年来人们对纳米涂层的研究越来越广泛。

1.1.2　热障涂层

1.1.2.1　热障涂层简介

热绝缘涂层，使高温燃气和部件基体金属之间产生较大的温降，以降低金属基体的受热，保证金属部件的强度和耐腐蚀性能，从而利于工作温度以及热机效率的进一步提高。这种热绝缘涂层即称为热障涂层（Thermal Barrier Coatings，简称为 TBCs）[2~4]。

热障涂层是在全合金材料和全陶瓷材料之间的一个折中。它的主要作用是在高温燃气与合金部件基体之间提供一个低热导率的热导屏蔽层。它的厚度通常只有100~500μm，但却能够在超合金表面带来100~300℃的温降。这使得热能发动机的设计者能够在不提高合金表面温度的前提下提高燃气温度，从而提高发动机的热效率；其次，它还能对火焰喷射造成的瞬间局部热冲击提供防护，缓和局部过高的温度梯度；此外，热障涂层有时还能通过减小燃气轮机叶片的热变形来简化叶片的外形设计[5]。图 1-2 形象地描绘了在过去六十多年中材料、铸造技术、冷却技术以及热障涂层的发展带来的燃气轮机燃气温度的提高。由图中可以看出，热障涂层的应用使得燃气轮机的燃气温度有了显著的提高，而且其提高幅度超过了铸造技术。由此可见，相对于其他技术开发，热障涂层材料的研制具有更重要的现实意义。

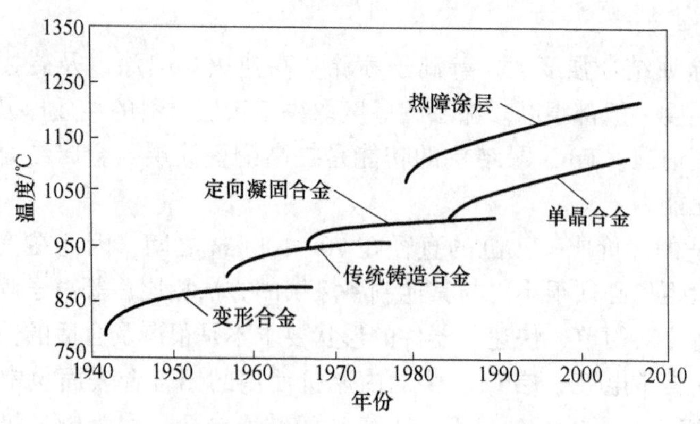

图 1-2 各种技术发展对燃气轮机燃气温度的影响

1.1.2.2 热障涂层体系的结构

图 1-3 为现代热障涂层结构原理示意图[6]，整个体系可以分为三个部分：（1）陶瓷表面隔热层（Ceramic Top Coat），厚度为 90~300μm，通常采用大气等离子喷涂或电子束物理气相沉积技术制备；（2）合金黏结层（Bond Coat），厚度为 25~150μm，一般用低压等离子喷涂、化学气相沉积等技术制备，主要用于改善金属基体与陶瓷涂层之间的物理相容性并有提高基体合金抗氧化以及抗腐蚀性的作用；（3）热生成氧化物；（4）合金基体（Substrate），通常选用镍基或钴基高温合金。

A 陶瓷表层（Top Coat）

陶瓷表层一般由热导率低、抗热蚀性能好的陶瓷材料制成，是热障涂层体系

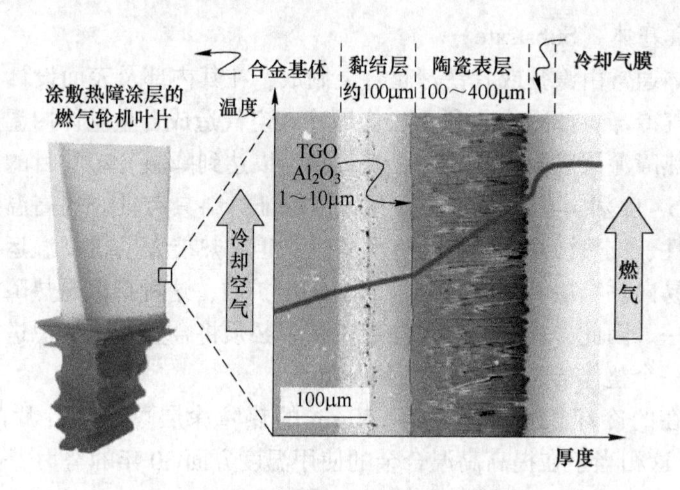

图 1-3 现代热障涂层结构原理示意图[8]

中起到热绝缘作用的最主要部分。由图 1-3 中代表各处温度变化的粗线可知，在热障涂层正常工作条件下，大部分温度梯度是落在陶瓷表层上的。由此可看出，陶瓷层材料的研究，特别是具有更低热导率的材料的探索研究，对热障涂层的发展具有十分重要的意义。此外，陶瓷表层是直接与高温燃气相接触的，它还要承受燃气中外来粒子的高速冲击、磨损以及高温化学环境的热腐蚀、热冲击。同时陶瓷表层又与黏结层、TGO 层相接触，使其还应当具备与黏结层 TGO 层之间良好的热匹配和化学相容性。

B 黏结层（Bond Coat）

黏结层是合金基体与陶瓷层之间的一个 75~150μm 厚的合金层，它的存在起到了缓解基体与陶瓷层之间热不匹配的作用，同时也提高了基体的抗氧化能力，极大程度上决定着热障涂层的脱落失效速度。黏结层通常由 Ni、Cr、Al、Y 或者 Ni、Co、Cr、Al、Y 合金通过大气等离子喷涂（APS）或者电子束物理气相沉积（EB-PVD）等喷涂工艺制成。

C 热生成氧化物层（TGO）

在峰值工作条件下，燃气轮机的黏结层温度通常会超过 700℃。而陶瓷表层通常又具有较高空隙率或者较高的离子传导率，这就使燃气中的氧很容易地进入到黏结层，从而造成黏结层的氧化，在黏结层和陶瓷表层间形成一个第三层—TGO 层。理想的黏结层在氧化形成 TGO 的过程中是缓慢、均匀、无缺陷的，形成的 TGO 层通常只有 1~10μm 厚，其主要物相为 $\alpha-Al_2O_3$。这样的 TGO 层氧离子传导率很低，也就相当于为黏结层提供了一个良好的抗氧化屏障，延缓了黏结层的进一步氧化[6~8]。但是同时大多数热障涂层的失效都与 TGO 层的进一步生长以及内部热应力有关[9]。

D 合金基体（Substrate）

合金基体通常由镍基或者钴基超合金制成，在其内部及表面设计有复杂的孔道以进行空气冷却。如图 1-3 所示，内部冷却空气造成合金基体内温度梯度的同时，还会在热障涂层表面形成一层冷却气膜，以达到降温冷却的目的。合金基体一般还含有 5~12 种其他的金属元素[6]，以保证材料具有良好的高温强度、延展性、抗氧化性、抗热蚀性以及易铸造等特性。但在热能发动机高温运行时，此类金属元素容易向黏结层、TGO 层以及陶瓷表层扩散，这种扩散是热障涂层失效的重要因素之一。因此，在研究热障涂层过程中必须将合金基体考虑进来，把整个体系看做是一个整体的、动态的工程系统。

结合现在的冷却技术，厚度为 250μm 的热障涂层可以使叶片的温度下降 150K 左右，这相当于在提高高温合金的使用温度方面 30 年的努力[10]。

热障涂层就是利用陶瓷材料的一系列特性（耐高温性、低热导率以及抗腐蚀性等）从而实现对金属基底的保护。因此，作为热障涂层的材料非常有限，其选择的条件也十分苛刻[11~14]。一般来说，作为热障涂层陶瓷表层材料必须满足以下要求：(1) 高熔点（>1900℃）；(2) 与合金基底热膨胀匹配；(3) 低热导率（<2.5W/(m·K)）；(4) 具有良好的相稳定性；(5) 具有良好的抗腐蚀性；(6) 与合金基底有良好的结合匹配；(7) 具有良好的抗烧结性。迄今为止，没有任何一种单一材料满足上述条件。目前，最经典也是使用最广泛的热障涂层材料是 8YSZ(8% Y_2O_3 部分稳定的 ZrO_2)[15~19]。

1.2 热障涂层结构设计

热障涂层主要有三种结构体系：双层体系、多层体系以及梯度体系。随着科技的发展，提高涂层的性能势在必行，而针对热应力、抗氧化性以及抗腐蚀性等方面，研究人员提出了多层结构和梯度结构的设计思想。

1.2.1 双层结构涂层

目前，双层体系使用的范围比较广。所谓“双层”即为表面陶瓷层和合金黏结层。表面陶瓷层以 ZrO_2 陶瓷层为主，起隔热作用，如图 1-4 所示。黏结层的主要成分为（Ni，Pt)Al 或 MCrAlY，M 为过渡金属 Ni，Co 或 Ni 与 Co 的混合物。其主要作用是改善金属基底与陶瓷层的物理相容性和抗氧化性。传统双层结构的制备工艺简单、隔热性能好，但是陶瓷层和黏结层材料的物理性能在两层交界处变动较大，使得涂层的性能难以提高。

1.2.2 多层结构涂层

多层涂层结构示意图如图 1-5 所示，多层结构比双层结构多了一层封堵层、一层陶瓷层和一层氧阻挡层。氧阻挡层是由低氧扩散材料组成的，其作用是降低氧向涂层内部的扩散，同时还有助于提高与下面涂层的结合强度[21,22]。封堵层的作用是防止外部的腐蚀性物质（SO_2 和 V_2O_5 等）腐蚀涂层。

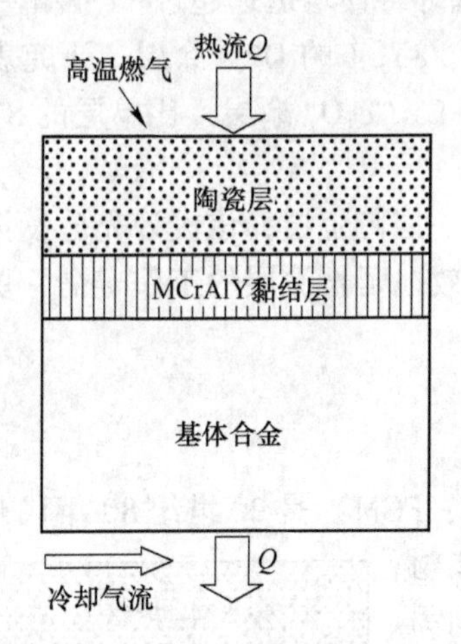

图 1-4 双层涂层结构示意图[20]

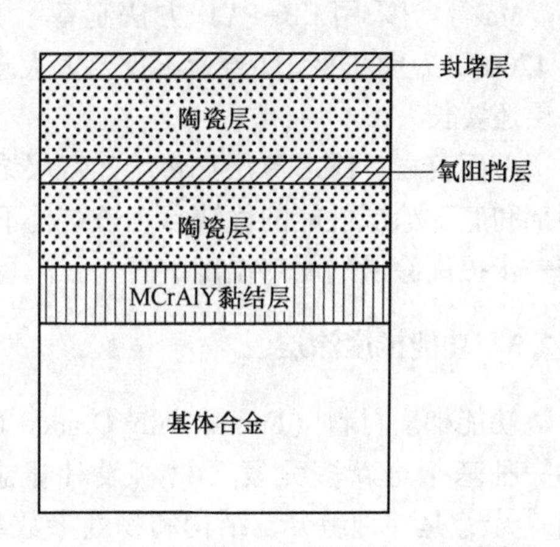

图 1-5 多层结构涂层结构示意图[20]

但是多层结构由于层比较多，所以其界面行为比较复杂。事实上，层多并不利于提高涂层结构的隔热性能和工作寿命。又因为其制备工艺复杂，所以多层结构并没有被广泛应用。针对多层陶瓷结构的研究大多数集中于双陶瓷层（Double-Ceramic-Layerm，DCL）热障涂层。DCL 涂层比传统双层结构多了一层陶瓷层，所以制备工艺上并没有太过繁琐。在 DCL 中，由于两个层所处位置及作用不同，所以对涂层材料的性能要求也不一样。顶层的陶瓷层要求具有较好的热稳定性、相稳定性、低热导率、良好的抗烧结以及抗腐蚀性能。因为其不与黏结层直接接触，所以对线膨胀系数和断裂韧性等没有太苛刻的要求。底层的陶瓷涂层则要求线膨胀系数大、断裂韧性高、与 TGO 具有良好的化学稳定性等特点，但是对于这方面的材料可能伴随着高热导率、热和相稳定性差等缺点。

目前研究最为广泛的 DCL 是由稀土烧绿石或萤石结构的 $Ln_2Zr_2O_7$ 或 $Ln_2Ce_2O_7$（Ln 为稀土元素）为顶层陶瓷涂层，YSZ 为底层陶瓷涂层的 DCL。由 $La_2Zr_2O_7$ 材料制备的单一结构热障涂层，其工作寿命要比 YSZ 涂层短很多[23,24]，其主要原因是 $La_2Zr_2O_7$ 材料的线膨胀系数和断裂韧性较低。但是如果与 YSZ 材料组成 DCL，则可以大大地提高涂层的性能，在 1200℃ 以上的热循环测试结果显示，其工作寿命要远长于 YSZ 单层涂层[25]。这是由于 $La_2Zr_2O_7$ 涂层能在更高的温度下为 YSZ 材料提供保护，并能缓解涂层与黏结层、TGO 之间的不良因素。Cao 工作小组[26]采用大气等离子喷涂方法分别以 $La_2Zr_2O_7$ 或 $La_2(Zr_{0.7}Ce_{0.3})_2O_7$

为顶层涂层，以 $La_2Ce_{3.25}O_{9.5}$为底层陶瓷层制备了 DCL，研究了 1250℃下的热循环寿命。结果表明，相比之三种材料的单层涂层而言，DCL 的工作寿命明显提高。Vassen[27] 和 Bobzin[28] 等分别用 APS 和 EB-PVD 方法制备了 $La_2Zr_2O_7$/8YSZ 的 DCL 涂层，这两种方法制备的 DCL 涂层的热循环寿命均远远超过 8YSZ 单一涂层。Ma 等[29] 采用 EB-PVD 方法制备了 $La_2Ce_2O_7$/8YSZ 的 DCL 涂层，研究表明其 1200℃以上的热循环寿命不仅要大大超过单一 $La_2Ce_2O_7$ 涂层，比单层的 8YSZ 涂层还要长。

总而言之，DCL 涂层比传统的双层结构多了一层陶瓷层，该设计充分发挥了顶部和底部涂层性能的优缺点。该结构不仅能有效地延长涂层的工作寿命，更能进一步提高涂层的耐热温度。

1.2.3 功能梯度涂层

功能梯度材料（Functionally Graded Materials，FGM）是 20 世纪 80 年代开发的一种基于全新多元复合材料设计概念的功能材料[30,31]，是一种组分、结构和物性参数从一侧向另一侧均呈连续变化或梯度变化的高性能非均质材料，以缓和热应力、耐热和隔热为目的。对于金属/陶瓷梯度功能涂层而言，其结构可以大大缓和金属与陶瓷之间的热应力，进而解决金属与陶瓷之间的结合强度等问题[32]。将上述材料引入到热障涂层体系，形成梯度结构，这种体系称之为功能梯度涂层（Functionally Graded Coatings，FGC），图 1-6 为其结构示意图。目前，FGC 的研究主要包括以下三种：

图 1-6 梯度涂层结构示意图

（1）MCrAlY/YSZ 梯度涂层。该结构是在 MCrAlY 黏结层与 YSZ 陶瓷层之间形成梯度结构，从而缓和陶瓷/黏结层界面附近的热应力。Clarke[53] 和 Siebert[55] 分别用 EB-PVD 和 APS 方法制备了 MCrAlY 在 YSZ 中的阶梯型组分梯度变化的功能梯度涂层。这两种方法得到的梯度结构均消除了内界面，避免了双层结构体系界面处的物理性能的突变，使涂层的力学性能从金属基底到 YSZ 层逐渐过渡，进一步提高涂层的性能（缓解热应力、改善结合强度、提高抗热震性能等）。但是这种梯度结构主要应用于中低温和非氧化环境[33]，因为在高温、氧化环境中，YSZ 中弥散分布的 MCrAlY 氧化会造成局部体积变大，造成涂层开裂，从而降低了涂层的寿命。因此该结构目前仍然不能应用于高温部件。

（2）Al_2O_3/YSZ 梯度涂层。黏结层的非正常氧化生产 TGO 层是传统 MCrAlY/YSZ 涂层失效的主要原因，针对这个问题，研究人员提出了在 MCrAlY 层上附加一层 Al_2O_3/YSZ 梯度层[34~37]。不仅可以提高 MCrAlY 黏结层的抗氧化性，降低 TGO 生成速率，又可以缓和涂层内的热应力。这种结构设计充分利用了 YSZ 的低热导率和 Al_2O_3 的低氧扩散率，并能极大限度地减小陶瓷层与金属基底界面处的热应力。Limarga[37] 和 Xu[38] 分别用 APS 和 EB-PVD 方法制备了 Al_2O_3/YSZ 梯度涂层，并详细研究了其热力学性能。Krell 等人[36] 的研究则证实了 Al_2O_3/YSZ 梯度涂层可用于高热流、高温度的环境中，其主要原因是该结构设计提高了涂层与黏结层的结合力以及黏结层的抗氧化性。

（3）孔穴率梯度涂层。这种结构涂层主要是通过调节 APS 工作参数，在黏结层上沉积几层孔穴率梯度变化（8%~18%）的 YSZ 层，经过试验证实该结构涂层具有良好的抗热震性能[39,40]。但是由于热膨胀不匹配导致梯度层内热应力增大，常常在梯度层内发生断裂[42]。另外，梯度结构涂层的制备工艺复杂，这就极大程度地限制了梯度涂层的应用。

1.2.4 厚涂层

厚涂层在柴油机和燃气轮机燃烧室等方面有重要的应用价值。在柴油机的气缸内表面使用厚涂层，可以提高燃料的燃烧温度，降低废气排放量，而且可以增加燃料使用品种的选择。厚度超过 1mm 的涂层有很好的隔热性。但是，增加厚度也提高了涂层的温度梯度和内部的热应力，这些因素使厚涂层容易在金属基底的界面处失效，如涂层完全脱落、开裂或层状剥落。这些现象在厚度为 300μm 以下的涂层中是观察不到的。厚涂层的抗热冲击性与其制备过程有很大的关系。在等离子喷涂制备厚涂层之前，将金属基底预热能够降低涂层的剩余应力与孔穴率，也能制备厚度达 5mm、抗热冲击性能良好的涂层。厚涂层的抗热冲击性能随厚度的增加而降低，厚度的增加使得涂层的温度梯度增加，内部热应力增加，涂层表面容易烧结。Hamacha[41] 等报道了制备高温合金环背部 5mm 厚的涂层的过程。经过长时间的热冲击试验后，厚涂层没有脱落，其良好抗热冲击性能来源于涂层中的网状纵向裂纹（即裂纹方向与涂层表面垂直）。接下来的一系列研究成果也证明，网状纵向裂纹对提高厚涂层的抗热冲击性能起着决定的作用。厚涂层中的网状纵向裂纹还可以用激光重熔的方法产生。与之相反的是，横向裂纹（即裂纹方向与涂层表面平行）使得涂层容易脱落，降低其抗热冲击性能。用 APS 的方法可以制备厚度达 2mm 的 8YSZ 涂层。厚涂层中的热膨胀与涂层的孔穴结构没有关系，但是涂层的热扩散性质取决于涂层的孔穴结构，其研究结果也证明了纵向裂纹对提高涂层的抗热冲击性有重要的作用。

一般情况下，在柴油机上使用厚涂层，不仅可以提高涂层的隔热效果，而且也能提高涂层的高温耐腐蚀性能。柴油中的许多杂质，如硫、矾和钠，这些化合物在高温下有很强的腐蚀性，因此厚涂层的表面处理很重要。对厚涂层的处理一般有两种方法，磷酸盐密封和激光重熔。研究结果表明，激光重熔的效果比磷酸盐密封法好，因为激光重熔不仅使涂层表面致密化，而且还能使涂层中产生网状纵向裂纹。厚涂层的原料粉末制备和成分对涂层的质量也有重要影响。

1.3 热障涂层陶瓷层材料的性能要求

由上面的热障涂层结构分析可知，热障涂层陶瓷层材料既要满足隔热降温的要求，也要满足与整个体系其他部分的相容性，并且还需要满足一定的力学要求。这就要求热障涂层陶瓷层材料必须同时具备下述性能。

1.3.1 高熔点

在目前热能发动机系统内，由于陶瓷表层直接与高温燃气相接触，虽然表层外有冷却气膜隔挡，其表面依然能达到1200℃的高温[42]。这就要求陶瓷层材料必须具有高的熔点，这样才能在正常工作环境下保持固定的形貌。目前研究或使用的热障涂层陶瓷层材料的熔点一般在2000℃以上。

1.3.2 良好的高温相稳定性

材料发生相变时，通常会伴有一些物理、化学性质的改变，而这些变化又容易造成热障涂层体系的失效。例如，相变造成的体积改变，会使材料内部产生应力集中或者微裂纹，这就容易引起涂层的开裂甚至剥落。因此，在材料选择时要求陶瓷层材料在室温到工作温度范围内具有良好的相稳定性，没有相变发生。

1.3.3 低热导率

低热导率是热障涂层实现热防护功能的最关键性能，是选择热障涂层陶瓷材料的最重要指标之一。降低热障涂层陶瓷层材料热导率可以进一步提升其隔热效果，增大陶瓷层两侧的温降，显著降低金属基体的表面温度。据估算[43]，陶瓷层材料热导率降低50%，可使合金基体表面温度降低55℃。这个数字看起来并不惊人，但却相当于过去二十多年单晶镍基超合金的发展带来的性能提升。

此外，在航空发动机或者燃气轮机涡轮叶片的设计中，陶瓷层材料热导率的降低还能使设计者利用尽可能薄的涂层达到相同的温降要求，从而减轻发动机或叶片质量，提高发动机热效率，增加其推重比。

1.3.4 高线膨胀系数

研究表明[44,45]，在热障涂层使用过程中，黏结层材料与陶瓷层材料之间线膨胀系数的差异以及涂层内各处存在着的较大的温度梯度，将会在陶瓷层特别是TGO层内产生较大热应力，而应力集中将会导致涂层的开裂、剥落。这种由于热膨胀不匹配而导致的剥落是热障涂层失效的主要方式之一[46,47]。为了解决这个问题，近年来兴起了一种新型热障涂层——热障梯度涂层[48~50]。它通过设计成分渐变的结构，替代原有单一的陶瓷层，使得涂层结构性能随着厚度有一个渐变过渡，而不像原先的突然变化。这在一定程度上缓解了涂层中因线膨胀系数不匹配所引起的热应力，提高了涂层的抗热震性。但是这只是理论上的考虑，在实际应用中，由于梯度涂层制备工艺复杂，当两种原材料密度、粒度、形貌、熔点、流动性均不同时，往往很难精确控制工艺参数，从而难以得到理论设计的均匀涂层，导致梯度涂层的使用受到很大的限制[49]。至今为止，关于热障梯度涂层方面的研究还仅仅局限在实验室中，未能在实际生产上广泛应用。

因此，当前缓解涂层中热应力最有效的措施就是尽可能地减小陶瓷层材料与黏结层之间线膨胀系数的差异。通常所用的黏结层合金 NiCoCrAlY 的线膨胀系数可达 $17.5\times10^{-6}K^{-1}$（*RT* 为 1000℃）[50,51]，而陶瓷材料的线膨胀系数一般都较低，现役热障涂层陶瓷材料的 7% YSZ 和 8% YSZ（等离子喷涂）的热膨胀系数分别为 $11\times10^{-6}K^{-1}$[52] 和 $10.7\times10^{-6}K^{-1}$（*RT* 约为 1000℃）[41,51]。因此，在探索新型热障涂层陶瓷层材料时，不仅要考虑热导率的因素，还要尽量选择线膨胀系数不小于现役 YSZ 陶瓷的材料，以减小体系内的热失配，延长热障涂层的使用寿命。

1.3.5 与 TGO 层之间良好的化学稳定性和黏结性

热障涂层在高温工作过程中，将不可避免地在陶瓷层与黏结层间发生氧化反应产生以 α-Al_2O_3 为主要组分的 TGO 层[53]。由于陶瓷层直接与 TGO 层相接触，因此要求陶瓷层材料必须与 Al_2O_3 在高温下具有良好的化学稳定性和黏着性。

1.3.6 良好的耐腐蚀性

热障涂层的热腐蚀问题来源于燃料本身，如果使用的是完全清洁能源，则基本不存在这个问题。而目前一般的燃气轮机使用的燃料为天然气，其中含有微量的硫、钒等元素，这些元素燃烧后产生的氧化物会与陶瓷层材料反应，从而造成材料的腐蚀并失效。此外，在燃烧过程中产生的水蒸气也可能对陶瓷层材料有一定的腐蚀作用。

1.3.7 低弹性模量以及较高的硬度和韧性

热障涂层陶瓷层在正常工作条件下处于各种应力集中的状态下，这些应力包括热循环过程中产生的内应力、各层热膨胀失配造成的热应力以及外部燃气冲击产生的外应力等。这些应力集中所造成的应变极易产生或者扩展涂层内部的微裂纹，从而造成涂层的失效。这要求陶瓷层材料必须具有较高的应力应变容忍度。影响热障涂层应力应变容忍度的因素主要包括陶瓷层的形貌、气孔率以及材料的弹性模量[54]。其中前两者取决于热障涂层的喷涂工艺，而弹性模量取决于材料本身，是选择热障涂层陶瓷材料的重要参数之一。低弹性模量可以使涂层在承受相同应力的条件下产生相对小的应变，从而减小涂层损伤，延长涂层循环寿命。在热能发动机的燃气环境里，外来粒子以及燃烧室内壁剥落颗粒会不断撞击热障涂层表层，对陶瓷层造成一定冲击，因此，陶瓷层还必须具备相当的硬度和韧性，以减少粒子撞击对涂层造成的直接损伤，延长其使用寿命。

1.3.8 低烧结率

如前所述，热障涂层材料的喷涂工艺一般有两种方法：大气等离子喷涂（APS）和电子束物理气相沉积（EB-PVD）。其中大气等离子喷涂得到涂层的形貌为横向长条状，内部存在大量平行于金属/陶瓷界面的晶界和微裂纹，并具有15%~25%(体积分数）的气孔率。这种疏松结构不仅能降低涂层热导率，还能减小材料的弹性模量。电子束物理气相沉积的陶瓷层则为垂直于金属/陶瓷界面的圆柱状结构，圆柱晶界间拥有大量纳米微气孔。这种结构的圆柱簇在高温下能够分离，从而能够缓解由于热膨胀失配造成的应力，同时也能较大程度上减小热导率。然而，在长时间的高温循环使用过程中，涂层材料会发生烧结现象[55]，使得气孔率降低，涂层结构致密化，进而使得弹性模量增加，热导率上升，应力应变容忍度下降，显著降低了涂层的热防护效果和使用寿命。因此，选择热障涂层陶瓷材料还要求材料在高温下的传质扩散能力要低，烧结速率小，能够长时间保持涂层显微形貌的稳定性。

由上面的性能要求总结可以看出，热障涂层工作的严苛环境以及其内部的结构特点对陶瓷层材料的选择提出了各种各样的性能要求。可以说很难找到一种材料完全符合方方面面的要求，这也是这么多年研究者做了大量工作仍未找到真正可以在实际应用中替代现役 YSZ 的原因。要想取得突破，首先必须充分了解 YSZ 之所以能够成为目前为止最成功的热障涂层陶瓷材料的各个方面的原因；其次，这也让我们认识到，在材料选择中必须提高材料的综合性能，避免由于某种性能缺失而造成的“短板效应”，在保证热导率、线膨胀系数等主要性能提高的同时，通过材料及工艺设计减小或者避免其他性能缺点。

1.4 热障涂层的失效机理

燃气轮机热端部件和航空发动机在服役过程中，会经历周期性的迅速加热升温和强制快速冷却的热冲击过程。随着服役时间的延长，TBCs 中热应力会不断积累，同时燃气中杂质化合物也会腐蚀涂层，最终导致涂层从热端部件表面剥落。影响 TBCs 失效的因素主要包括氧化物的生长、陶瓷层的烧结和相变应力。图 1-7 为航空发动机叶片的热障涂层长时间高温服役后剥落图片。

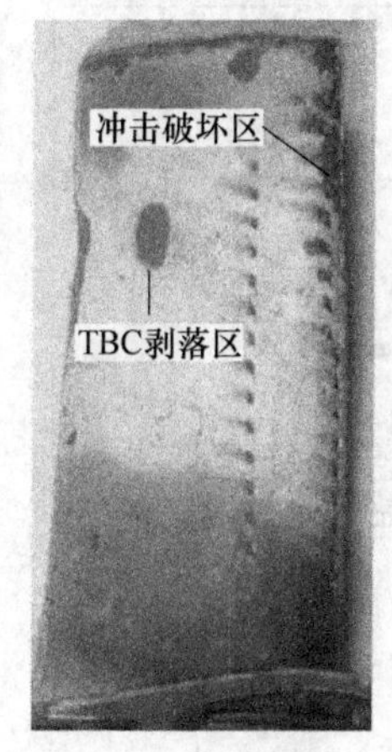

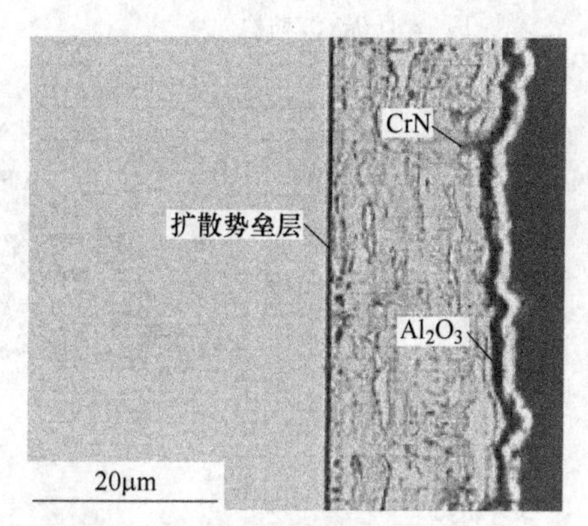

图 1-7　发动机叶片热障涂层剥落

1.4.1　TGO 的生长

APS 制备的 YSZ 涂层中往往含有大量的孔隙和裂纹，在高温服役过程中，氧会通过裂纹和孔隙向黏结层传输，与黏结层（MCrAlY）发生化学反应，在陶瓷面层与黏结层之间形成热生长氧化物（Thermal Grown Oxide，TGO）。另外，YSZ 为优良的氧离子导体[1~6]，氧离子可以无阻碍地通过 YSZ 层向黏结层扩散，在 TC/BC 界面处与黏结层中金属元素（Al、Ni、Gr）发生反应[57]。TGO 的氧化过程比较复杂，研究表明，TGO 的主要成分为 α-Al_2O_3 和尖晶石结构氧化物（$NiCr_2O_4$、$Ni(Al/Cr)_2O_4$ 等），其生成的顺序为 α - Al_2O_3、$NiCr_2O_4$、$Ni(Al/Cr)_2O_4$，这一系列的反应过程中，伴随着体积的膨胀，这些不规则的大块尖晶石结构零散分布在热生长氧化物中，不仅附着力比 α-Al_2O_3 差，而且会影响热生长氧化物层的连续性，额外消耗大量合金元素，进而加速涂层失效。

一般地，希望 TGO 中获得连续、致密、单一且低生长率的 α-Al_2O_3。热生长氧化层的形成和生长，一方面形成了连续和致密的 Al_2O_3 抗氧化保护膜，阻止了基底金属的进一步高温氧化腐蚀，对稳定整个热障涂层系统意义重大；另一方面，经过较长期的高温氧化，热生长氧化层进一步增厚并在此处形成较大的生长应力，如图 1-8 所示。当热应力积累到一定程度时，TC/TGO 界面出现横向裂纹并最终导致涂层失效。此时，陶瓷层与黏结层的界面区域可能变为整个热障涂层系统中最脆弱的部位且易于沿此处产生裂纹。尖晶石相的存在是裂纹形核与扩展的关键因素，稳定和连续的 Al_2O_3 氧化物具有较高的抗断裂韧性。单一 α-Al_2O_3 相的形成需要两个条件：（1）较低的氧离子与金属阳离子的扩散结合；（2）形成的瞬间氧化物具有较高的化学和热力学稳定性。因此，控制氧的传输速度对于延长 YSZ 的使用寿命有着重要意义。

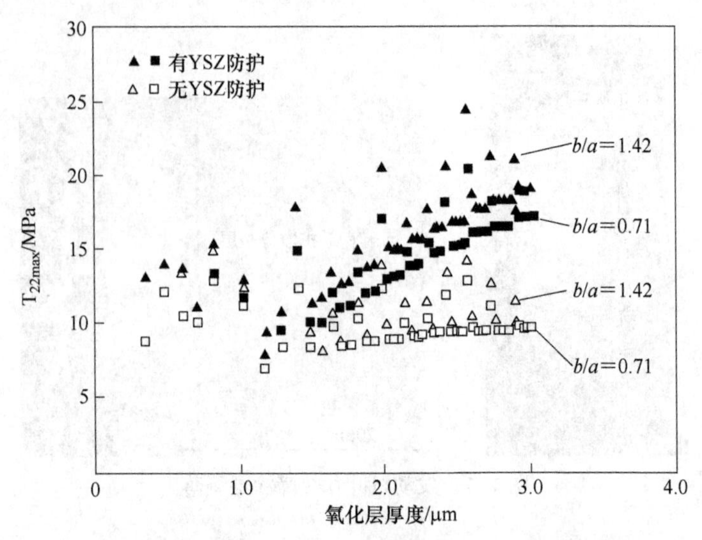

图 1-8　陶瓷层法向应力与氧化层厚度之间的关系

1.4.2　陶瓷层的烧结作用

YSZ 涂层服役的温度一般超过 900℃，陶瓷层会发生烧结现象，表现为涂层的孔隙率下降和微裂纹数量减小甚至消失，陶瓷层致密化及材料的弹性模量增大[57]，导致陶瓷层与黏结层之间的热应力增加[58]。在界面热应力的作用下，促使 TC/TGO 界面处出现横向扩张裂纹，导致涂层失效。另外，陶瓷层发生烧结使热导率提高，降低了涂层的隔热效果[50]。材料的成分对陶瓷层的烧结率有着重要影响，掺杂不同氧化物的 YSZ 陶瓷烧结率随温度的变化曲线如图 1-9 所示[50]，

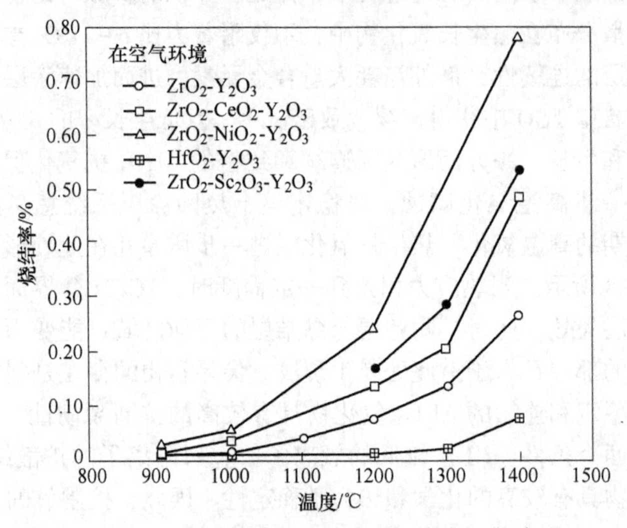

图 1-9　不同种陶瓷的烧结率随温度变化的关系

当 $T=1200$℃时，掺杂 NiO、Sc_2O_3 或 CeO_2 均提高了陶瓷的烧结率，会对相应涂层的烧结性能产生不利影响。通过掺杂 HfO_2 可以有效降低陶瓷的烧结率，进而提高 TBCs 陶瓷面层的抗烧结性能，减缓因涂层烧结所引起的隔热效果的降低。

1.4.3 陶瓷层中的相变

YSZ 涂层是目前常用的热障涂层，等离子喷涂形成的 YSZ 涂层处于非平衡状态，形成非平衡的四方相（T′，Tetragonal-Prime）[59]。当使用温度超过 1200℃时，T′相在高温环境中会因为 Y_2O_3 的扩散而形成含 Y_2O_3 高的 C 相和含 Y_2O_3 低的 T 相。T 相在随后的冷却过程中会转变为 M 相，导致涂层中形成相变应力。稀土锆酸盐具有优异的高温相稳定性，在热循环过程中不会发生相变，可以有效避免相变应力的产生。

自从 20 世纪 60 年代美国国家咨询委员会（NACA，美国国家航空航天局 NASA 的前身）第一次将氧化钙稳定的氧化锆作为陶瓷层材料应用于 X15 试验喷气式飞机后，广大研究者对新型热障涂层陶瓷层材料的开发进行了一系列深入的探索。从 20 世纪 80 年代起，美国、日本、德国、英国开始投以巨资对 TBCs 的化学配方、黏结工艺等进行系统的研究，并成功地应用于军用飞机、电力发电厂等方面。近十多年来，国内科学家对材料、涂层制备、性能表征及寿命预测等方面展开了广泛而且深入的研究。研究领域涉及材料、化学、物理、力学和热学等多个学科，是一门典型的交叉学科。为满足我国航空与航天、能源、船舶和核工业等领域高速发展对高温防护涂层的迫切需求，我国中国科学院上海硅酸盐研究所、金属研究所、过程工程研究所、长春应用化学研究所，广州有色金属研究院，清华大学，北京航空航天大学，大连理工大学和北京理工大学等单位开展了多方面的研究工作，为高温防护涂层的发展做出了重要的贡献。广州有色金属研究院、北京航空材料研究院等单位先后发展了抗高温氧化涂层并获得成功的应用；中国科学院金属研究所提出的微晶涂层、双相合金高温氧化机理在国际上产生了重要的影响；中国科学院上海硅酸盐所研制的纳米陶瓷涂层及制备技术、北京科技大学研制的微弧氧化涂层及制备技术促进了高温防护涂层结构与制备技术的发展；清华大学、北京理工大学、大连理工大学、中国科学院金属研究所以及长春应用化学研究所等单位相继开展的热障涂层材料技术及高温氧化行为研究对热障涂层纳米陶瓷材料的火焰合成方法研究涂层的发展都起到了重要的推动作用。

参 考 文 献

[1] Dahotre Narendra B, Nayak S. Nanocoating for engine application [J]. Surf Coat Technol,

2005, 194: 58~67.

[2] Clarke D R, Phillpot S R. Thermal barrier coating materials [J]. Mater Today, 2005, 8: 22~29.

[3] 丁彰雄. 热障涂层的研究动态及应用 [J]. 中国表面工程, 1999, 12: 31~37.

[4] Padture N P, Gell M, Jordan E H. Materials science-thermal barrier coatings for gas-turbine engine applications [J]. Science, 2002, 296: 280~284.

[5] Clarke D R, Levi C G. Materials design for the next generation thermal barrier coatings [J]. Ann. Rev. Mater. Res., 2003, 33: 383~417.

[6] Padture N P, Gell M, Jordan E H. Thermal barrier coatings for gas turbine engine applications [J]. Science, 2002, 296: 280~284.

[7] Taylor R. Microstructure, composition and property relationship of plasma sprayed thermal barrier coatings [J]. Surf. Coat. Techol., 1992, 50: 141~149.

[8] Nicholls J R. Advances in coating design for high performance gas turbines [J]. MRS Bull., 2003, 28: 659~670.

[9] 李保歧, 段绪海. 二氧化锆热障涂层在航空发动机上的应用 [J]. 航空工艺技术, 1999, 3.

[10] Clarke D R, Levi C G. Materials design for the next generation thermal barrier coatings [J]. Ann. Rev. Mater. Res., 2003, 33: 383~417.

[11] Levi C G. Emerging materials and process for thermal barrier systems [J]. Curr. Opin. Solid State Mater. Sci., 2004, 8: 77~91.

[12] Cao X Q, Vassen R, Stoever D. Ceramic materials for thermal barrier coatings [J]. J. Eur. Ceram. Soc., 2004, 24: 1~10.

[13] Cao X Q, Vassen R, Tietz F, et al. Lanthanum-cerium oxide as a thermal barrier-coating material for high-temperature applications [J]. Adv. Mater., 2003, 15 (17): 1438~1442.

[14] Clarke D R. Materials selection guidelines for low thermal conductivity thermal barrier coatings [J]. 2003, 163-164: 67~74.

[15] Tamura M, Takahashi M, Ishii J, et al. Multilayered thermal barrier coating for land-based gas turbines [J]. J. Therm. Spray Technol., 1999, 8 (1): 68~72.

[16] Bengtsson P, Ericsson T, Wigren J. Thermal shock testing of burner cans coated with a thick thermal barrier coating [J]. J. Therm. Spray Technol., 1998, 7 (3): 340~348.

[17] Lima C R C, da Exaltação Trevisan R. Temperature measurements and adhesion properties of plasma sprayed thermal barrier coatings [J]. J. Therm. Spray Technol., 1999, 8 (2): 323~327.

[18] Babiak Z, Bach F W, Bertamini L, et al. Innovative plasma sprayed 7% YSZ-thermal barrier coatings for gas turbines [C] //Proceedings of the 6th Liége Conference: Materials for Advanced Power Engineering, edited by J. Lecomte-Beckers, F. Schubert and P. J. Ennis. ASM International, Materials Park, OH, USA, 1998, 1611~1618.

[19] Kaspar J, Ambroz O. Plasma spray coatings as thermal barriers based on zirconium oxide with yttrium oxide [C] //The 1th Plasma - Technic - Symposium, edited by H. Eschnauer,

P. Huber, A. R. Nicoll and S. Sandmeier. Plasma-Technic AG, Wohlen, Switzerland, 1988, 155~166.

[20] 曹学强. 热障涂层材料 [M]. 北京：科学出版社, 2007.

[21] Knuuttila J, Sorsa P, Maentylae T. Sealing of thermal spray coatings by impregnation [J]. J. Therm. Spray Technol., 1999, 8 (2): 249~257.

[22] He Y, Lee K N, Tewari S, et al. Development of refractory silicate-yittria tabilized zirconia dual-layer thermal barrier coatings. J. Therm. Spray. Technol., 2000, 9 (1): 59~67.

[23] Vassen R, Cao X, Dietrich M, et al. Improvement of new thermal barrier coating systems using layered or graded structure [C] //The 25th Annual International Conference on Composites, Advanced Ceramics, Materials, and Structures: B, Edited by M. Singh, T. Jessen, Westerville, OH, American Ceramic Society, 2001, 435~442.

[24] Dai H, Zhong X, Li J, et al. Thermal stability of double - ceramic - layer thermal barrier coatings with various coating thickness [J]. Mater. Sci. Eng. A., 2007, 433: 1~7.

[25] Xu Z, He L, Mu R, et al. Influence of the deposition energy on the composition and thermal cycling behavior of $La_2(Zr_{0.7}Ce_{0.3})_2O_7$ coatings. J. Eur. Ceram. Soc., 2009, 29: 1771~1779.

[26] Cao X Q, Vassen R, Tietz F, et al. New double-ceramic-layer thermal barrier coatings based on zirconia-rare earth composite oxides [J]. J. Eur. Ceram. Soc., 2006, 26: 247~251.

[27] Vassen R, Tietz F, Stoever D. New thermal barrier coatings based on pyrochlore/YSZ double-layer systems [J]. Int. J. Appl. Ceram. Technol., 2004, 1 (4): 351~361.

[28] Bobzin K, Lugscheider E, Bagcivan N. Thermal cycling behavior of yttria stabilized zirconia and lanthanum zirconate as graded and bilayer EB-PVD thermal barrier coatings [J]. High Temp. Mater. Proc., 2006, 10: 103~116.

[29] Ma W, Gong S, Li H, et al. Novel thermal barrier coatings based on $La_2Ce_2O_7$/8YSZ double-ceramic - layer systems deposited by electron beam physical vapor deposition [J]. Surf. Coat. Technol., 2008, 202: 2704~2708.

[30] Zhu J C, Yin Z D, Lai Z H. Fabrication and microstructure of ZrO_2-Ni functionally gradient materials by powder metallurgy [J]. J. Mater. Sci., 1996, 31: 5829~5834.

[31] Musil J, Fiala J. Plasma spray deposition of graded metal - ceramic coatings [J]. Surf. Coat. Technol., 1992, 52: 211~220.

[32] Kawasaki A, Watanabe R. Cyclic thermal fracture behavior and spallation life of PS/NiCrAlY functionally graded thermal barrier coatings [J]. Mater. Sci. Forum., 1999, 308 (31): 402~409.

[33] 毕晓昉, 郭洪波, 宫声凯, 等. 电子束物理气相沉积热障涂层抗高温腐蚀性能的研究 [J]. 中国腐蚀与防护学报, 2002, 22 (2): 84~87.

[34] Widjaja S, Limarga A M, Yip T H. Modeling of residual stresses in a plasma-sprayed zirconia/alumina functionally graded-thermal barrier coating [J]. Thin Solid Films., 2003, 434 (1-2): 216~227.

[35] Widjaja S, Limarga A M, Yip T H. Oxidation behavior of a plasma-sprayed functionally graded Al_2O_3/ZrO_2 thermal barrier coating [J]. Mater. Lett., 2002, 57: 628~634.

[36] Krell T, Schulz U, Peters M, et al. Graded EB－PVD alumina－zirconia thermal barrier coatings-an experimental approach [J]. Mater. Sci. Forum., 1999, 308~311: 396~401.

[37] Limarga A M, Widjaja S, Yip T H. Mechanical properties and oxidation resistance of plasma-sprayed multilayered Al_2O_3/ZrO_2 thermal barrier coatings [J]. Surf. Coat. Technol., 2005, 197 (1): 93~102.

[38] Xu H, Guo H, Liu F, et al. Development of gradient thermal barrier coatings and their hot-fatigue behaviour [J]. Surf. Coat. Technol., 2000, 130: 133~139.

[39] Portinha A, Teixeira V, Carneiro J, et al. Residual stresses and elastic modulus of thermal barrier coatings graded in porosity [J]. Surf. Coat. Technol., 2004, 188~189: 120~128.

[40] Portinha A, Teixeira V, Carneiro J, et al. Characterization of thermal barrier coatings with a gradient in porosity [J]. Surf. Coat. Technol., 2005, 195: 245~251.

[41] Hamacha R, Dionnet B, Grimaud A, et al. Residual stress evolution during the thermal cycling of plasma-sprayed zirconia coatings [J]. Surf. Coat. Technol., 1996, 80 (3): 295~302.

[42] Klemens P G, Gell M. Thermal conductivity of thermal barrier coatings [J]. Mater. Sci. Eng. A-Struct, 1998, 245: 143~149.

[43] Maloney M J. Thermal barrier coating systems and materials [J]. US Patent, 6117560 [P]. 2000.

[44] Ahrens M, Vaßen R, Stöver D. Stress distributions in plasma-sprayed thermal barrier coatings as a function of interface roughness and oxide scale thickness [J]. Surf. Coat. Technol., 2002, 161: 26~35.

[45] Hamacha R, Dionnet B, Grimaud A, et al. Residual stress evolution during the thermal cycling of plasma-sprayed zirconia coatings [J]. Surf. Coat. Technol., 1996, 80: 295~302.

[46] Kokini K, De Jonge J, Rangaraj S, et al. Thermal shock of functionally graded thermal barrier coatings with similar thermal resistance [J]. Surf. Coat. Technol., 2002, 154: 223~231.

[47] Kim J H, Kim M C, Park C G. Evaluation of functionally graded thermal barrier coatings fabricated by detonation gun spray technique [J]. Surf. Coat. Technol., 2003, 168: 275~280.

[48] Bao G, Cai H. Delamination cracking in functionally graded coating/metal substrate systems. Acta. Mater, 1997, 45: 1055~1066.

[49] Dong Z L, Khor K A, Gu Y W. Microstructure formation in plasma-sprayed functionally graded Ni Co Cr Al Y/yttria-stabilized zirconia coatings. Surf. Coat. Technol., 1999, 114: 181~186.

[50] Busso E P, Lin J, Sakurai S, et al. A mechanistic study of oxidation-induced degradation in a plasma-sprayed thermal barrier coating system. Part I: model formulation [J]. Acta. Mater, 2001, 49: 1515~1528.

[51] Vaßen R, Kerkhof G, Stöver D. Development of a micromechanical life prediction model for plasma sprayed thermal barrier coatings [J]. Mater. Sci. Eng. A－Struct, 2001, 303: 100~109.

[52] Wu J, Wei X Z, Padture N P, et al. Low-thermal-conductivity rare-earth zirconates for potential thermal－barrier－coating applications [J]. J. Am. Ceram. Soc, 2002, 85: 3031~3035.

[53] Clarke D R. Materials selection guidelines for low thermal conductivity thermal barrier coatings [J]. Surf. Coat. Technol., 2003, 163: 67~74.
[54] Schelling P K, Phillpot S R, Grimes R W. Optimum pyrochlore compositions for low thermal conductivity [J]. Philos. Mag. Lett., 2004, 84: 127~137.
[55] Siebert B, Funke C, Vaßen R, et al. Changes in porosity and Young's modulus due to sintering of plasma sprayed thermal barrier coatings [J]. J. Mater. Process Technol, 1999, 93: 217~223.
[56] Fox A C, Clyne T W. Oxygen transport by gas permeation through the zirconia layer in plasma sprayed thermal barrier coatings [J]. Surface and Coatings Technology, 2004, 184: 311~321.
[57] Siebert B. Changes in porosity and young's modulus due to sintering of plasma sprayed thermal barrier coatings [J]. Journal of Materials Processing Technology, 1999, 92~93: 217~223.
[58] Cernuschi F, Lorenzonic L, Ahmaniemi P. Studies of the sintering kinetics of thick thermal barrier coatings by thermal diffusivity measurements [J]. Journal of the European Ceramic Society, 2005, 25: 393~400.
[59] Ballard J D, Davenport J, Lewis C, et al. Phase stability of thermal barrier coatings made from 8wt% yttria stabilized zirconia-A technical note [J]. Journal of Thermal Spray Technology, 2003, 12 (1): 34~37.

2 热障涂层材料的合成

2.1 概述

制备 TBCs 的前提是高质量粉末的制备，在后期对 TBCs 的影响十分关键，其质量直接影响涂层的性能。粉末性质与涂层质量之间存在复杂的关系，粉末必须符合涂层制备仪器的要求才能获得在微结构和化学组成方面重复性都好的涂层。热喷涂粉末必须粒径均匀、密度适中、颗粒表面光滑、流动性好。在热喷涂过程中，如果粉末太粗、密度太大，粉末就容易从火焰中分离出来；反之，粉末就漂浮在火焰表面，无法进入火焰内部，粉末的熔化状态不好，涂层与基底的结合强度也差。EB-PVD 法使用的靶材必须有一定的孔穴率，太致密的靶材容易被电子束烧裂。尽管不同公司的粉末有相同的化学组成和粒径分布，但生产粉末的方式不一样，涂层性质也相差甚远。因此，在制备 TBCs 之前，必须掌握粉末的性质，并使涂层制备仪器的工作参数与粉末的性质相匹配。粉末性质对热喷涂的影响在文献［1，2］中有详细讨论。

粉末是否符合要求，可以从以下几个方面表征。表征参数包括粒径、颗粒形貌、密度、干燥度、流动性、有机黏合剂含量、压缩率等。粉末的密度、流动性和粒径分布分析可以分别参考美国测试与材料学会标准（American Society for Testingand Materials. ASTM）中的 B212-82、B213-83 和 B214-86[3]。粉末的残留湿气和有机黏合剂含量可以用热重法分析，但必须小心区分这两种影响因素，因为细小的粉末吸潮能力很强。理论上，干燥粉末中有机黏合剂含量应该与浆料中的加入量相等。如果干燥粉末的有机黏合剂含量低于浆料的含量，则说明在干燥过程中部分有机黏合剂已经挥发或分解，同时也反映出干燥温度过高，或者是干燥设备在设计方面有缺陷。

粉末颗粒的形貌最好用 50×以上的体视显微镜观察。高质量的粉末应该具有的形貌是：规则、饱满、表面光滑、团聚少和粒径均匀的颗粒球形。如果颗粒形状不规则，如颗粒呈纤维或棒状，则说明雾化方式不合理、干燥温度过高、浆料浓度过低或有机黏合剂含量过高等。粉末内部的结构可以通过以下方式观察：将少量粉末与环氧树脂充分混合，树脂中加入少量黑色染色剂；将树脂浇注成一个小圆柱；树脂固化后进行抛光至表面粗糙度在 1μm 以下，然后在电镜下观察。

粉末的粒径常用激光散射法表征。颗粒的形状很复杂，常见的颗粒形状有圆球、圆弧、棱角、棒状、枝状、碎片以及不规则形状，粒径的测量结果是这些不规则形状归一化为球形颗粒后的球形颗粒直径。

2.1.1 粉末密度的表征方法

粉末的密度有几种表示方法，包括表观密度（Apparent Density）、振动密度（Tapdensity）和体密度（Bulk Density）。它们的含义分别是：

（1）表观密度。又称为松装密度和堆密度。这是振动密度的一种特殊形式，它是容器在振动之前的质量与体积之比，即将粉末倒入容器时的质量与所占体积之比。

（2）振动密度。又称紧装密度。在一个量筒或其他经过校正的容器内加入一定量的粉末，然后用一定的力度和频率振动容器，直到粉末的体积不再发生变化为止，容器中粉末的质量除以粉末最后所占的体积就是振动密度。

（3）体密度。体密度是一个表示粉末颗粒密度的方法。粉末颗粒的体积包括颗粒材料本身的体积和颗粒之间的孔穴。测量时，先将粉末用一定的力度和频率振动，直到体积不变为止；向容器内慢慢加入一种液体（水、乙醇等，但不能溶解于粉末中的各种成分），直到粉末被完全浸泡而容器的上部没有多余的液体为止。这时所有粉末颗粒所占的体积等于粉末总的体积减去加入液体的体积。对于喷雾干燥的粉末，每个颗粒都是由许多细小的颗粒通过有机黏合剂团聚而组成的，因而颗粒是疏松多孔的。如这些微孔被有机黏合剂封闭了，那么测得的体密度就小于颗粒材料本身的密度。等离子球化粉颗粒表面都是封闭的。

粉末的压缩曲线不仅可以检测粉末的抗压行为，还可以分析粉末中有机黏合剂在加热过程中的降解或选择性挥发的性质。例如，PVA（聚乙烯醇）的软化剂 PEG（聚乙二醇）在受热时部分挥发，粉末则变硬。将粉末粉碎研磨，然后测量其压缩曲线。通过比较这两条压缩曲线可以分析出粉末颗粒的抗压强度。此外，一个简单的测量粉末压缩性质的方法是测量粉末在固定压强下的压缩率。

2.1.2 粉末的制备方法

粉末的制备方法主要取决于材料的种类。金属以及合金粉末常用雾化、氧化还原和电解沉积等方法制备，高熔点的无机材料如氧化物、碳硅化合物等常用熔融-粉碎、溶胶-凝胶（Sol-Gel）和喷雾干燥方法制备[4]。

金属的雾化造粉是熔融金属被高压气体（N_2、Ar 和空气）或高压水流冲击而形成细小雾滴并凝固成粉末的过程。雾化介质对粉末的粒径分布、颗粒形貌以及产率都有很大的影响。气体雾化粉末颗粒表面光滑，呈球形。当用 Ar 作雾化介质时，粉末的化学成分与熔融金属的成分一致，因此合金粉末（如 Ni、Cr、

Al、Fe、Ti、Mo、Ta）的制备一般采用 Ar 作为雾化介质。水的热容量大、冷却速度快，因此水雾化制备的粉末颗粒形状不规则、表面粗糙而且有氧化层。金属的雾化也可以采用离心式，即当熔融金属通过一个高速旋转的圆盘时被离心力分散成细小的颗粒。雾化方式还有旋转电极雾化、滚轴雾化、振动电极雾化、超声雾化和真空雾化。金属的其他造粉方法还包括电解沉积、高能球磨、机械粉碎、金属氧化物还原（在高温下用 CO 将金属氧化物还原为细小的颗粒）、热分解［如 $Fe(CO)_5$、$Ni(CO)_4$ 热分解为海绵状 Fe 粉和 Ni 粉］、金属氢化物分解等。

陶瓷粉末的制备方法可以分为以下三大类[5]：

（1）电弧熔融、粉碎。ZrO_2 的熔点超过 2973K，电弧熔融-粉碎制备的粉末结实、密度大、吸潮性差，很适合工业喷涂条件，涂层质量满足工业要求。但粒径分布很不均匀，大颗粒可以达到毫米级而小颗粒可能是微米级，因此粉末流动性差。并且在粉末制备过程中容易引入杂质，能耗也很大。

（2）混合-团聚粉。以喷雾干燥制粉为代表，此类粉末材料不受限制，颗粒球形、流动性好、制粉耗能低、粒径容易控制。但粉末容易破碎、密度低、涂层力学性能欠佳。

（3）团聚-烧结粉。团聚粉在 1773～1973K 烧结后颗粒强度提高。如果用等离子火焰将颗粒表面部分熔融，即制成等离子球化粉（即 HOSP 粉，Hollow-Spherical-Powder），则粉末的强度和流动性都大幅度提高。等离子球化颗粒表面非常光滑、粉末流动性极好，并且因为密度适中，在等离子喷涂过程中的熔化状态也好。但是该方法生产成本很高，主要消耗在等离子球化方面。

热喷涂粉末的所有制备方法中，喷雾干燥使用最广泛，几乎所有材料都可以用该方法制备成流动性很好的球形粉末。喷雾干燥通过有机黏合剂将各种细小的颗粒团聚成圆形小球，粉末经高温烧结或等离子球化的方法进一步处理后，性质会更稳定、可操作性更好、可长期保存。有研究证明，用喷雾干燥/烧结的粉末制备的 TBCs，其抗热震性能比用 Sol-Gel 和 HOSP 粉末制备的 TBCs 都好[6]。喷雾干燥粉末的性质取决于两个步骤，即浆料的制备和喷雾干燥过程。

2.2 多元陶瓷粉末的制备方法

目前，陶瓷粉体的合成方法有液相法、固相法和气相法等，主要采用固相法和液相法进行多元陶瓷粉体的合成。

2.2.1 液相法

液相法一般包括共沉淀法、溶胶凝胶法、水热法和水解沉淀等几种方法。液相法和固相法相比有以下特点：（1）化学组成易于控制，容易添加微量有效成分且合成的粉体纯度较高；（2）粉末颗粒粒径较小，比表面积较大且具有较高的表面活性；（3）容易控制颗粒形状和粒径；（4）合成路线简单、成本低且效率较高，适合工业化生产。

共沉淀方法是利用 $Y(NO_3)_3$ 和 $Zr(NO_3)_4$ 等可溶性锆、钇硝酸盐与氨水等碱性沉淀剂在溶液里面进行沉淀反应，之后在高温下煅烧得到 YSZ。人们利用 $Y(NO_3)_3$ 和 $Zr(NO_3)_4$ 等先溶解于去离子水与无水乙醇（体积比为 1∶5）的混合溶剂中，之后在 348K 下通入氨水产生沉淀直至 pH 值变为 7。最后高温煅烧得到 YSZ 颗粒。共沉淀法虽然具有工艺简单、易于添加其他微量元素的优点，但是该方法很容易引入其他杂质，并且形成的沉淀为胶体状态，难于过滤和洗涤，在干燥脱水过程中有严重的结块现象发生。

溶胶-凝胶方法是将可溶性锆盐、钇盐溶于水中，然后利用水解、配合等方法将其制成 $Y(OH)_3$ 和 $Zr(OH)_4$ 溶胶，将溶胶加热去除溶剂之后进一步变成凝胶，凝胶煅烧之后就可以得到纳米颗粒了。陈[7]等人利用乙二胺四乙酸 EDTA 作为配合剂，在 80℃下蒸发去除水分形成溶胶，之后在 120℃下将溶胶干燥形成凝胶。煅烧凝胶得到平均粒径为 10nm 的 ZrO_2。该方法的优点是反应温度低、制备颗粒粒径小、单分散性好并且易于高纯化。但是该法使用有机配合物，所以成本较高。

水热法通常是指在高温高压条件之下，使得原本难溶或者不溶的物质能够溶解，之后使其重新结晶，得到纳米级颗粒。Biamino[8]等利用新沉淀的 $Zr(OH)_4$，3%$Y(OH)_3 \cdot nH_2O$ 用作前驱物，以乙二醇甲醚-水溶液作为反应介质，采用水热方法合成了四方晶相的 ZrO_2-3%YSZ 纳米颗粒。该方法能够直接制备 YSZ 颗粒，避免了煅烧、粉碎等过程，从而不易引入杂质。但是该法生产周期长、耗能高，而且反应条件对产物影响大。

2.2.2 固相法

基础的固相法是金属或金属氧化物按一定的比例充分混合，研磨后进行煅烧，通过发生固相反应直接获得超细粉，或者是再次粉碎得到超细粉。固相法作为一种传统制备工艺，其优点在于操作简便易行，易于进行大规模工业化生产。但是，固相法也存在一些缺点，固相法混料过程中容易发生沉降，导致成分的不均匀、质点扩散距离较远和反应速度缓慢，为促进反应，往往需要较高的煅烧温度，不仅提高了生产成本，而且粉体粒径往往较大，粒径分布较广。煅烧时，原料以自然堆积方式进行反应，效率较低且极易挥发影响粉末纯度。

目前使用和正在研究的 TBCs 材料都是金属复合氧化物，如 YSZ（Y_2O_3+ZrO_2）、$La_2Zr_2O_7$（La_2O_3+ZrO_2）和莫来石（Al_2O_3+SiO_2）等。单一的金属氧化物很难同时满足 TBCs 材料的所有特殊要求。这些材料在自然界中不存在或存在很少，必须人工合成。虽然合成 TBCs 材料的方法有多种，但在材料的后期处理阶段都必须经过高温煅烧这一过程，即发生固相反应。如果不经过固相反应，上述原材料都只停留在混合物阶段。在讨论 TBCs 材料的合成之前，先介绍固相反应的基本原理。

2.2.2.1　固相反应

固体化学是近几十年发展起来的化学科学的重要分支，是材料科学的奠基石。固体化学是研究固体物质的合成、反应、组成和性质及其相关现象、规律和原因的科学。从 20 世纪 80 年代以来，中国在固体化学方面发展迅速，出版了很多相关的专著[9~12]。

固相反应指那些有固态物质参加的反应，反应物之一必须是固态物质。固相反应与固相合成是两个不同的概念。固相合成可以有固态物质参加，如 YSZ 的固相合成反应 $\frac{x}{2}Y_2O_3(s)+(1-x)ZrO_2(s)\rightarrow Zr_{1-x}Y_xO_{2-x/2}(s)$，也可以没有固态(s)物质参与反应，如共沉淀法合成 YSZ 材料的反应发生是在溶液(l) 中：$xY^{3+}(l)+(1-x)ZrO^{2+}(l)+OH^-(l)\rightarrow Zr_{1-x}Y_xO_{2-x/2}(s)$，即只要合成产物是固态物质就属于固相合成。根据反应物的状态，固相反应可分为以下几类：单种固态物质的反应、固态和气态物质的反应、固态和液态物质的反应、固态和固态物质的反应、固态物质表面上的反应。

与气相和液相反应相同的是，固相反应的推动力也是自由能降低。但与前者不同的是，前者的反应物以原子或分子级别混合、反应速率快、温度低，后者的反应物颗粒一般为微米级、反应速率慢、需要高温、热量变化也很小。影响固相反应速率的因素非常复杂，包括温度、压强、外电场、表面张力、机械力、射线辐照，其中最主要的是温度。气相和液相反应的速率是反应物浓度的函数，但对于固相反应，反应物的浓度就没有多大意义，因为反应物的原子或离子受晶格场的约束而不能自由迁移，反应中的物质和能量的传递是通过晶格振动、缺陷扩散、离子或电子的迁移完成的。固相反应的机理很复杂，但无论是哪一类固相反应，反应过程都包括以下三个步骤（图 2-1）：（1）固相反应物相互接触；（2）固相反应物界面或内部形成新物相的核，即成核反应；（3）物质通过界面和相区扩散和迁移，产物核继续长大直至反应结束。

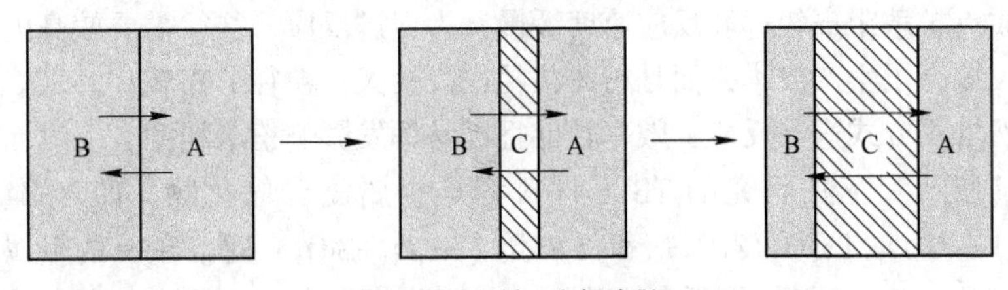

图 2-1　固相反应过程

从图2-1可以看出，影响固相反应速率的三个主要因素是：

(1) 固体之间的接触面。粉末粒径越小、比表面越大、接触面越大，则反应速率越快。为了提高固相反应的速率，反应物粉末需要经过仔细研磨。少量粉末可以用玛瑙研钵手工磨细，研磨时在粉末中加入适量乙醇（至粉末形成黏稠浆料为止）以使粉末混合均匀并增大接触面。大量粉末则采用滚式球磨（将粉末、玛瑙研磨球或氧化锆研磨球以及水装入塑料罐中，并将塑料罐放在两个滚轴之间，在滚轴的带动下塑料罐滚动）。为了最大限度地降低粉末的粒径、增加反应物的接触面，还可以采用高能球磨、Sol-Gel法、共沉淀法、硝酸盐法或碳酸盐法等。

(2) 产物的成核速率。图2-1中，A和B相互接触并进入对方的晶体结构中生成C，即产物核。A、B和C可能有相同、部分相同或完全不同的晶体结构。当C的晶体结构与A和B相同时，A和B不需要进行大量的原子重排就能生成C，因此反应活化能低、反应速率快、反应温度低。A、B和C的晶体结构差别越大，反应则越困难。A、B和C的晶体结构相同时，A和B的反应称为固溶体反应，C相当于A和B相互溶解后生成的溶体。例如，CeO_2 和 ZrO_2 都属于萤石结构化合物，而且 Zr^{4+} 的离子半径（0.079nm）比 Ce^{4+}（0.092nm）的小，Zr^{4+} 很容易取代 CeO_2 中 Ce^{4+} 的格位生成萤石结构的 CeO_2-ZrO_2 固溶体（或写成 $Ce_{1-x}Zr_xO_2$）。Y_2O_3 为六方结构，当其含量少的时候［<15%(摩尔分数)］，也可以生成萤石结构的 $Y_2O_3-ZrO_2$ 固溶体（或表示为 $Zr_{1-x}Y_xO_{2-0.5x}$）。在固相合成中，大部分情况下反应物和产物的晶体结构差别很大。例如，La_2O_3 是六方结构，ZrO_2 是萤石结构，而 $La_2Zr_2O_7$ 是烧绿石结构。固相反应一般发生在1073～1773K之间，很少低于973K。

(3) 离子的扩散速率。当C核生成后，A和B经过C相互扩散到对方，才能生成更多的C，反应才能继续进行下去。由此可看出，扩散是固相反应的一个重要步骤而且往往是决定固相反应速率的关键。

扩散是由于体系内原子或离子在有势能梯度的情况下发生相互混合的过程，最终结果是消除势能梯度，达到体系内组分浓度的均匀分布和平衡。扩散速率受温度、晶体结构和缺陷的控制。当参加反应的物质是多孔或多晶时，气相沿晶粒间界、表面位错以及孔穴进行扩散，将影响到反应速率。常温常压下，气体分子的平均自由程约为100nm，而固体中的原子或离子在格位上振动的振幅仅约为0.01nm，振动频率为 $1\times10^{12}\sim1\times10^{13}$Hz。固体中的原子或离子通过热振动跃迁到其他格位上的概率为 $\xi = f\exp(-E/kT)$（f 为振动频率，E 为活化能），扩散系数与温度的关系符合自然对数关系 $D = D_0\exp(-E_D/RT)$（D_0 为扩散系数，R 为摩尔气体常量，E_D 为扩散活化能）。扩散活化能 E_D 为1～2eV，扩散系数 D 是个很小的数，如Cu晶体中的原子在1123K下的 D 为 $4.0\times10^{-11}cm^2/s$。在低温下固体中的扩散是沿晶粒界面进行的（E_D 较低），只有在高温下原子或离子才能挣脱晶格场的约束而发生晶格点阵中的扩散（E_D 较高）。硅酸盐是最早和使用最普遍的陶瓷，对其反应机理和动力学研究还不是很清楚。其晶体结构中，SiO_4^{4-} 是骨架，其他离子则镶嵌在骨架之间的孔穴中。由于 Si—O 共价键很强，SiO_4^{4-} 体积庞大，SiO_4^{4-} 的扩散很慢，因此硅酸盐的反应速率都很慢。固体氧化物材料中的化学键包括共价键和离子键，键能一般在每摩尔数百千焦到上万千焦之间，如 Si—O、Mg—O 和 Al—O 的键能分别是 4.52×10^2kJ/mol、3.92×10^3kJ/mol 和 1.51×10^4kJ/mol。键能很大，以至于在室温下离子或原子的扩散很难，扩散速率要比气体或液体中慢很多，甚至慢几百万倍。

离子的扩散速率不仅受晶体结构和温度的控制，还受晶格中的缺陷浓度控制，扩散在完整的晶体结构中是很难发生的。离子要扩散，晶格中必须有空位缺陷。物质只有在 0K 时才处于完全有序的排布，随着温度的升高，离子或原子脱离晶格的机会增大而产生缺陷。例如，在室温下，NaCl 在每 1×10^{15} 个晶格中仅有 1 个缺陷，在 780K 时缺陷的浓度增大到每 1×10^6 个晶格中有 1 个缺陷，而 1030K 时达到每 1×10^4 个晶格中有 1 个缺陷。形成一种缺陷要比破坏晶格容易得多，NaCl 晶格中，形成 Na^+ 和 Cl^- 的双位缺陷需要 200kJ/mol，而 NaCl 晶格能却为 750kJ/mol。

晶格缺陷往往引起空位缺陷在晶体内移动，其结果是晶体具有导电性。YSZ 是最早发现的和典型的氧离子导体（1273K 时的电导率约为 0.1S/cm），就是因为 Y^{3+} 取代 Zr^{4+} 产生氧空穴 $V_O^{\cdot\cdot}$ 造成的。

对于离子晶体，由于阳离子半径一般比阴离子小，所以扩散速度要快一些，如 NaCl、Al_2O_3 和 $MgAl_2O_4$ 等阳离子的扩散自然比阴离子快。只有一些特殊化合物中阴离子的扩散速率比阳离子快，如氧离子导体 YSZ 和 CeO_2-ZrO_2。萤石结构的氧化物中，阳离子为面心立方堆积排列，氧离子介于阳离子的节点之间，三个阳离子形成一个三角孔供氧离子通过，因此在这种类型的晶体结构中，阳离子还不如阴离子容易扩散。

2.2.2.2 合成实例

下面以 $La_2Zr_2O_7$ 为例来介绍热障涂层材料合成的基本过程，其他材料如 YSZ(Y_2O_3-ZrO_2) 和 CSZ(CeO_2-ZrO_2) 等与此相似。

(1) 在合成之前，所有原材料如 La_2O_3 和 ZrO_2 必须在 1273K 干燥 1h。为了避免杂质对 TBCs 性质的影响，原材料的纯度都高于 99.9%的 La_2O_3 和 ZrO_2 中的杂质主要是 CaO、MgO、Fe_2O_3、TiO_2 和 SiO_2，它们的总含量（质量分数）必须小于 0.1%。HfO_2(≤2%，质量分数）不计算在杂质内，因为其对 TBCs 的性能不产生明显影响。稀土氧化物具有一定的碱性，在空气中有较强的吸潮和吸附 CO_2 能力，干燥粉末必须密封保存。在称量稀土氧化物时，操作要快（天平读数停止变化 1~2s 即可）。

（2）将 La_2O_3 和 ZrO_2 按化学计量比混合装入球磨罐，加入 La_2O_3 和 ZrO_2 混合粉末体积一半左右的氧化锆球和适量水，在滚筒式球磨机上球磨 24h。经过球磨后，粉末的平均粒径在 1μm 以下。混合物浆料在电炉上加热烘干。为了提高球磨效果，宜将不同直径的氧化锆球混合使用（如 20%ϕ10mm+20%ϕ5mm+30%ϕ3mm+30%ϕ2mm）。

（3）混合物粉末在 1673K 烧 12h。产物 $La_2Zr_2O_7$ 处于轻微烧结状态，烧结块可以用振动粉碎机粉碎。这一步比较重要，产物中不能有剩余的 La_2O_3，该氧化物对涂层的稳定性有一定的影响。

（4）粉碎后的 $La_2Zr_2O_7$ 粉末装入球磨罐，加入与粉末相同体积的氧化锆球和适量水，球磨 48h 后粉末的粒径在 1μm 以下。

（5）将 $La_2Zr_2O_7$ 浆料缓慢蒸发除去多余的水，直至粉末质量占浆料的 75%，然后在浆料中加入质量比为 1.5% 的 PVA。浆料用喷雾干燥仪干燥（热空气温度：523K≤入口温度≤573K，383K≤出口温度≤423K），然后筛分，取粒径在 40~100μm 之间的粉末。收集粒径 40μm 以下和 100μm 以上的粉末，加入适量水，超声波分散，过滤，然后重新喷雾干燥。这样喷雾干燥的粉末的振动密度在 1.7~2.2g/cm^3 之间，粒子表面光滑、球形完整、粉末流动性好，适合热喷涂。喷雾干燥的粉末可直接使用，密封保存。1673K 烧 2h 后可以除去 PVA 并轻度烧结粉末，粉末颗粒仍然呈球形，但流动性不如热处理前。

合成 TBCs 材料的研磨球和坩埚最好都采用氧化锆材质，这样可以避免外来杂质的污染。另外，为了提高 TBCs 材料性能的重复性，合成过程的每一步骤都必须严格执行。

2.2.3 感应等离子体合成法

近几年，对于感应等离子合成纳米粉体技术的研究成为材料制备领域的一个热点。感应等离子合成纳米粉体是将原料与等离子体（温度可达 10000K 以上）能量耦合，使粉体获得能量汽化，然后急冷经过凝结、聚结和聚合过程得到纳米粉体[13~15]，其等离子体体炬结构如图 2-2 所示。感应等离子合成纳米粉末技术与传统的固相法、液相法相比有如下优点[16,17]。

（1）加工原料的状态没有限制，可以是固体、液体和气体，并且高达 10000K 的等离子射流温度足以将金属、氧化物、碳化物及氮化物汽化，使该技术的适用范围非常广泛。

（2）该技术应用于喷涂粉体的合成时，可以做到从原料到喷涂用粉末一步到位，缩短了制备周期，提高了效率。

（3）通过此方法合成的粉体的晶粒可以为纳米级，优于固相法，同时与液相法相比又避免了合成、干燥和煅烧过程中发生成分偏聚及颗粒硬团聚。

(4) 粉末的表面光滑致密，提高了粉体的流动性能，有利于等离子喷涂。国外，加拿大 Tekna 与 Sherbrooke 大学合作将感应等离子体合成纳米粉体技术推进到工业应用。国内中国兵器科学研究院[18,19]利用感应等离子合成纳米粉体技术成功制备了钽粉、铝粉、氧化铜粉、硼粉、碳化硼粉等粉末，粒径分布一般在 30~130nm，并研究了等离子功率、送粉速率对于粉末粒径分布的影响。

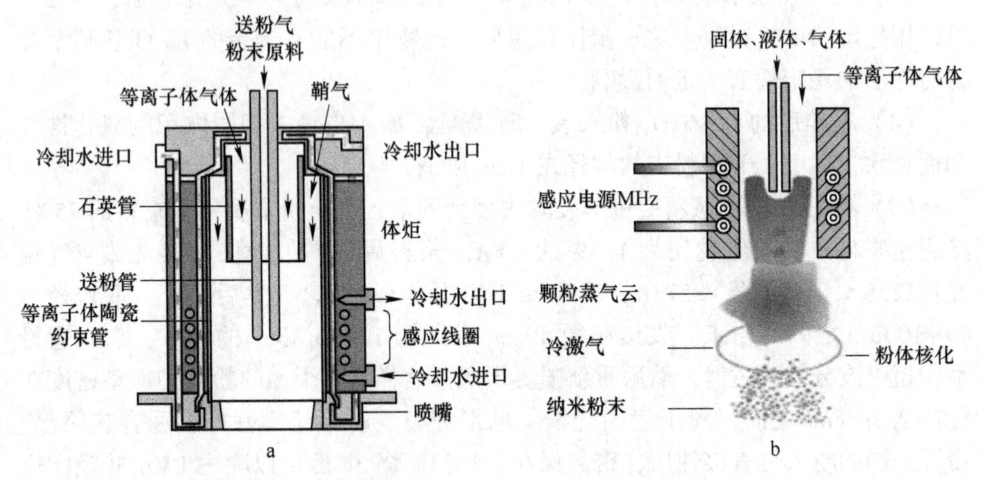

图 2-2 离子体体炬结构图（a）和纳米粉末制备示意图（b）

2.3 团聚体粉末的制备方法

采用液相法、固相法及气相法制备的陶瓷粉末的形状不规则、粒径较小且粒径分布范围较宽，导致粉末的流动性较差，粉末要么无法进入等离子焰流中心位置进行熔融和加速，或者被过度灼烧甚至蒸发，未经造粒处理的粉末无法被常规等离子喷涂所使用。团聚体粉末的制备方法主要包括球磨造粒法、喷雾干燥造粒法和感应等离子体造粒法。

2.3.1 球磨法

球磨法是通过球磨机的转动或振动使硬球对原料进行强烈的撞击、研磨和搅拌，能明显降低反应活化能、细化晶粒、增强粉体活性、提高烧结能力、诱发低温化学反应，最终把金属或合金粉末粉碎为纳米级微粒的方法。球磨造粒法是比较简易的造粒方法，粉末与黏结剂按照一定的比例混合，通过球磨机的旋转使粉末与黏结剂充分接触和混合，粉末在黏结剂的作用下相互粘连形成粒径尺寸满足要求的粉末。影响球磨造粒粉末状态的因素包括粉末与黏结剂的配比、球磨罐的转速和混合时间。

球磨造粒的优点在于设备相对简单、操作简便易行、试验周期较短和成本较低，特别是粉末的用量要求不高，可以用于较少量粉末的团聚造粒。但是，此种造粒方法也存在诸如粉末与黏结剂的比例比较难以确定、粉末的形状不规则、粒径分布范围较大及粉末流动性较差等缺点。

2.3.2 喷雾干燥法

喷雾干燥造粒是一种常用的造粒方法，将浆料处理为雾状液滴，再将雾状液滴加热使水分蒸发得到一定形状的固相细小颗粒，该种方法可以使纳米级的超细粉末团聚为几十微米到几百微米的团聚体粉末颗粒。根据物料形成雾滴的方式不同，喷雾干燥可以分为压力式喷嘴雾化、旋转离心式雾化和气流喷嘴式雾化三种方式。喷雾干燥造粒早期被用于奶粉、蛋粉和药品等少数产品的生产[20]，随着研究的不断深入，此项造粒技术已经被用于 TBCs 粉末材料的制备。以旋转离心式雾化为例，其工艺过程有四个阶段[21]：（1）浆料雾化，浆料被注入到高速旋转的分散盘上，在自身重力和旋转离心力的作用下，浆料形成雾滴通过叶片轮间隙进入热空气干燥塔中。由于分散盘不同的转速产生的离心力不同、浆料进料的速度不同以及浆料本身的性能如浓度和黏度的差异，导致浆料以不同的形式形成雾滴。主要有料浆直接分裂成雾滴、丝状割裂成雾滴和膜状分裂成雾滴，如图2-3 所示[22]。（2）雾滴与热干燥介质接触。（3）雾滴中水分的蒸发，雾滴的干燥过程是一个复杂的过程且难以定量的描述，只能用干燥速率曲线来定性地描述其过程，如图 2-4 所示，主要包括四个阶段：1）A-B 段，雾滴进入干燥塔后与干燥的热空气接触，在界面迅速形成热量梯度，立即获得一定的干燥速率，并且干燥速率随着雾滴表面温度的升高而增加；2）B-C 段，水分从液滴内部到表面的迁移速度与从液滴表面到干燥空气的迁移速度相同，此时达到动态平衡；3）C-D 段，随着液滴内部水分的逐渐消耗，干燥速率开始下降。4）D-E 阶段，随着干燥速率的下降，液滴表面开始形成干壳，液滴中的固含量比例逐渐增加，在液桥力的作用下，最终形成团聚体粉末。（4）在重力作用下固相颗粒与干燥介质脱离，在固定干燥介质传热温度的前提条件下，离心雾状液滴的大小和物料的浓度决定着颗粒的粒径大小及分布。影响雾化液滴尺寸大小的影响因素主要有浆料黏度、喷嘴压力、轮盘转速、进料速度和干燥空气温度，物料的浓度是由悬浮液中的固含量决定的。采用喷雾干燥造粒得到团聚体粉末一般为球形，粉末的粒径比较均匀、粒径尺寸分布范围可控且粉末流动性较好，容易进入等离子体焰流中心，形成的射流比较稳定，具有优异的等离子喷涂适用型。研究表明[6]，采用喷雾干燥造粒得到团聚体粉末制备的热障涂层拥有较高的结合强度、分布均匀的孔隙和优异的热冲击循环寿命。

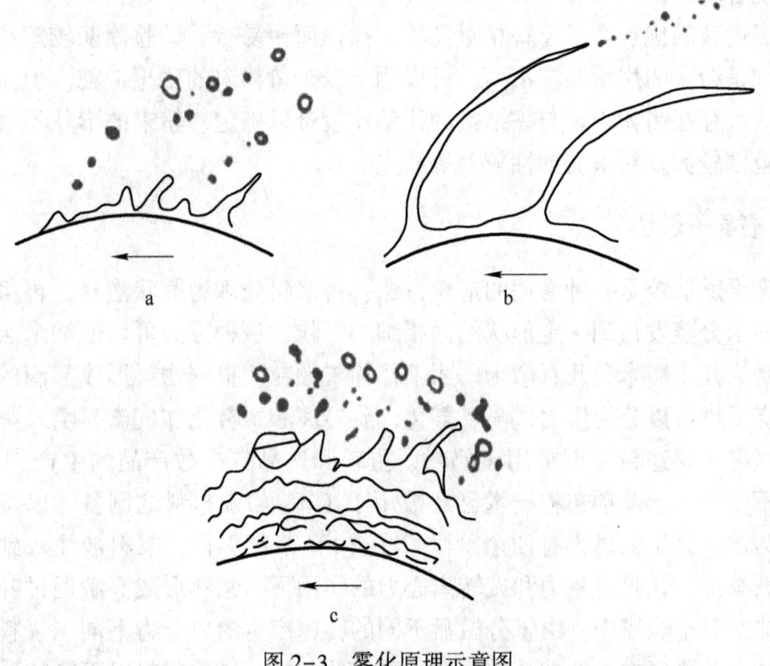

图 2-3　雾化原理示意图

a—雾滴；b—丝带状；c—膜片状

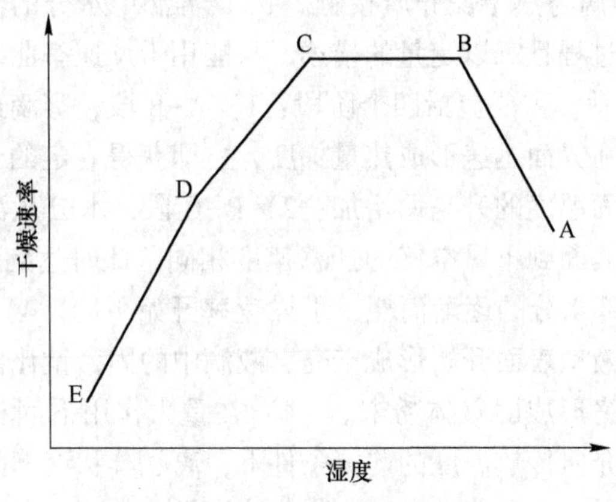

图 2-4　水分蒸发行为

参考文献

［1］Kubel Jr Edward J. Powders dictate thermal spray coating［J］. Adv Mater & Process, 1990, 138（6）: 24~32.

[2] Vardelle M, Vardelle A, Denoirjean A, et al. Influence of morphology and distribution of powder on plasma sprayed zirconia coatings [J]. Thermal Sprying, 1989, 6: 285~305.

[3] Sarfo-ansah J, Atiemo E. Annual Book of ASTM Standards [M]. VoL 2. 05. Philadelphia: American Society for Testing and Materials, 1986.

[4] Hermanek F J, Nicoll A R. Manufacturing Methods for Plasma Spray Powders and the Resulting Coating Quality//Houck David L thermal spray-advances in coatings technology. Materials Park Ohio: ASM International, 1995, 337~344.

[5] Dicz P, Smith R W. The influence of powder agglomeration methods on plasma sprayed yittria coatings [J]. Thermal Spray Technol, 1993, 2 (2): 165~172.

[6] Wigren J, Vries J F de, Greving D. Effect of powder morphology, microstructure, and residual stresses on thermal barrier coating thermal shock performance//Berndt C C. Thermal Spray: Practical Solutions for Engineering Problems. Materials Park Ohio: ASM International, 1996: 855~861.

[7] 陈代荣,徐如人. 乙二醇甲醚一水溶液作介质水热法合成四方相纳米晶 [J]. 高等学校化学学报, 1998, 19 (1): 1~4.

[8] Biamino S, Fino P, Pavesse M, et al. Alumina-zirconia-yttria nanocomposites prepared bysolution combustion synthesis [J]. Ceramics International, 2006, 32: 509~513.

[9] West A R. 固体化学及其应用 [M]. 苏勉曾,谢高阳,申泮文,译. 上海:复旦大学出版社, 1989.

[10] 田顺宝,林祖绫,祝炳和,等. 无机材料化学 [M]. 北京:科学出版社, 1993.

[11] 邓启刚,席慧智,刘爱东. 材料化学导论 [M]. 哈尔滨:哈尔滨工业大学出版社, 1999.

[12] 洪广言. 无机固体化学 [M]. 北京:科学出版社, 2002.

[13] Tankala K, Deb Roy T. Modeling of the role of atomic hydrogen in heat transfer during hot filament assisted deposition of diamond [J]. Journal of Applied Physics, 1992, 72: 712~718.

[14] Boulos M I. Visualization and diagnostics of thermal plasma flows [J]. Journal of Visualization, 2001, 4 (11): 19~28.

[15] Zhao G Y, Mostaghimi J, Boulos M I. The induction plasma chemical reactor: part Ⅱ. kinetic model [J]. Plasma Chemistry Plasma Processing, 1990, 10: 151~166.

[16] Jiang X L, Boulos M I. Effect of precess parameters on induction plasma reactive deposition of tungsten carbide from tungsten metal powder [J]. Trans Nonferrous Met Soc China, 2001, 11 (15): 639~643.

[17] Jiang X L, Boulos M. Induction plasma spheroidization of tungsten and molybdenum powders [J]. Trans Nonferrous Met Soc China, 2006, 16: 13~17.

[18] 王耀军. TIU-60 感应等离子纳米粉体合成及应用 [J]. 新技术新工艺, 2006, 8: 32~33.

[19] 田开文,尚福军,史洪刚,等. 感应等离子体超细钨粉制备技术研究 [J]. 兵器材料

科学与工程，2010，33（11）：63~66.

［20］Secky J P. Spray drying in the cheese industry ［J］. International Daiey Journal，2005，15：531~536.

［21］Bertrand G，Roy P，Filiatre C，et al. Spray-dried ceramic powders：a quantitive correlation between slurry characteristics and shapes of the granules ［J］. Chemical Engineering Science，2005，60：95~102.

［22］赵国玺. 表面活性剂物理化学［M］. 北京：北京大学出版社，1991：36.

3 热障涂层的制备

热障涂层的制备方法有很多，主要包括热喷涂、等离子喷涂、电子束-物理气相沉积法（EB-PVD 法）、高速火焰喷涂、化学气相沉积法、高频脉冲爆炸喷涂法等方法，其中等离子喷涂法和 ED-PVD 方法应用最广泛。

3.1 热喷涂

热喷涂方法包括火焰喷涂、爆炸喷涂、等离子喷涂和电弧喷涂。热喷涂的材料范围很广，从低熔点的铝合金到高熔点的陶瓷，粉末粒径从纳米级到几百微米级都可以。材料的形态有粉状、线状（仅用于电弧喷涂）和溶液。

3.1.1 火焰喷涂

火焰喷涂是以氧气和燃料燃烧时产生的火焰作热源，以粉状材料作喷涂材料的一种热喷涂方法。由于长期以来几乎都以氧-乙炔火焰为热源（火焰温度最高3373K），习惯上又称为氧-炔焰喷涂。随着热喷涂技术的不断发展，燃料的种类也开始增多，如丙烷、丙烯、氢气、煤气、石油气、天然气等。现在还有的用液体燃料，如煤油、汽油和乙醇。不同的燃料所能达到的温度不同，究竟采用哪种燃料，取决于喷涂的材料、涂层的性能要求以及经济条件。火焰喷涂最大的优点是设备简单，不需要多少外围设备。设备费用较其他喷涂方法都要少得多，操作费用也很少。其缺点主要是火焰温度较低，因而不能喷涂熔点接近火焰温度的材料，一般来说熔点超过 3073K 的材料便不能用火焰喷涂方法了；另一缺点是常规火焰喷涂的气流速度低，因而粒子的飞行速度也是各种热喷涂方法中最低的，因此涂层的结合强度低、孔穴率高。超音速火焰喷涂与普通的火焰喷涂没有本质的区别，只是喷枪的结构经特殊设计，火焰的速度大幅度提高（超音速），因此涂层的致密度和结合强度都比普通火焰喷涂好很多。

3.1.2 爆炸喷涂

作为当前热喷涂领域最高技术[1]，爆炸喷涂（Detonation Spraying，D-Gun）得到了各行业的广泛认可并在许多方面有了成功应用，例如耐磨涂层和热障涂层[2,3]。工作原理如下：气体爆炸产生很高的能量，可以将材料粉末熔解、加速，粉末以高温高速轰击到金属基底表面从而形成涂层。图 3-1 为爆炸喷涂工艺示意图。

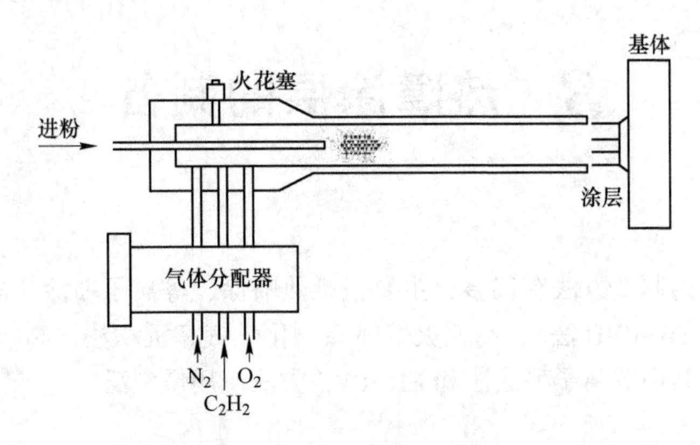

图 3-1 爆炸喷涂工艺示意图

与其他喷涂方法相比，爆炸喷涂主要有以下优点：

（1）制备的涂层结合强度高、致密性好、孔隙率低；

（2）基底损伤小，基底的温度不高于 200℃，不会造成基底形变和组织变化；

（3）涂层厚度均匀并且容易控制；

（4）制备的涂层具有较好的硬度和耐磨性。

但其缺点是噪声大，喷涂时会产生粉末飞散现象，效率低，只能直线进行，对于形状复杂的部件难以喷涂等[4]。

与等离子喷涂相比，爆炸喷涂时粉末粒子飞行速度高，与基体碰撞能量大，涂层非常致密，结合强度高。爆炸喷涂的氧气消耗仅为超音速火燃喷涂的 1/20～1/6，而且不需要高压氧气和燃气，运行成本约为高速火燃喷涂的 1/5。爆炸喷涂以及超音速火焰喷涂一般用于耐腐蚀和耐磨涂层的制备。

3.2 等离子喷涂

3.2.1 等离子喷涂原理和设备

等离子喷涂（PS）既可以喷涂金属材料又可以喷涂非金属材料。热等离子源有两种，即直流等离子和射频放电等离子。在大气环境下，热等离子的温度至少在 8×10^3K 以上（直流等离子火焰可达 3×10^4K），可以将任何材料熔化。但是，为了提高涂层的沉积效率，材料的熔点至少要比汽化或分解温度高 30K。材料粉末被气体携带而喷入等离子火焰中并被迅速熔化和加速，熔化材料的液滴猛烈撞击并铺展在基底上，因此 PS 涂层具有层状结构的特点。PS 过程非常复杂，图 3-2 是 PS 涂层形成过程的简单描述。图 3-2a 表示颗粒被气体携带喷入等离子火焰（颗粒加入量在 1×10^7～1×10^8 个/s 之间）以及层状结构的形成。等离子火焰中的颗粒速度接近音速，因此颗粒在火焰中的停留时间在 $1\times10^{-6}\sim1\times10^{-1}$s之间。图 3-2b 描述了最近发展的纳米结构涂层的过程，分散的或团聚的纳米粉末（也可以是纳米悬浮液）被加热而变成糊状，然后沉积在基底上。分散好的纳米颗粒熔化状态好，团聚颗粒还有部分没熔化或部分熔化而包埋在涂层里面。图 3-2c 表示形成涂层所需要的时间，时间长短取决于工件的大小和涂层的厚度。

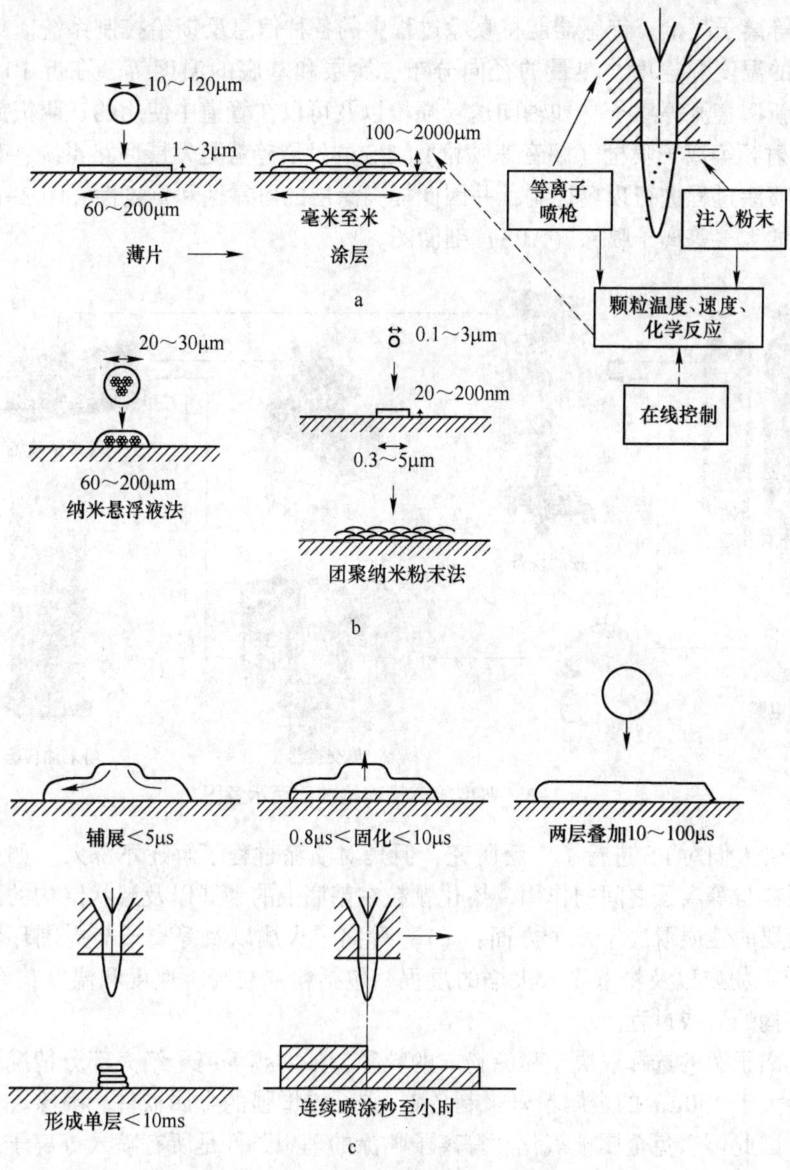

图 3-2 等离子涂层的形成过程和时间[4]

a—常规等离子喷涂；b—纳米粒子的等离子喷涂；c—形成涂层的时间

PS 使用很广泛，如热障涂层、耐磨涂层、抗腐蚀涂层、材料表面装饰、机械零件的修复以及精细陶瓷的近精确成型等。该技术具有快速、成本相对比较低和适用面广的特点，特别适合厚涂层的制备（300~3000μm）。最早的工业直流等离子喷涂设备出现在 20 世纪 60 年代。10 年后产生了真空等离子喷涂。然后在 20 世纪 80 年代出现了自动控制的喷涂系统以及射频等离子喷涂。20 世纪 90 年代 PS 方面的发展主要是采用各种传感器来完善喷涂功能和提高自动化程度并发展新的等离子喷枪。传感器能将喷涂过程中的各种信息反馈给控制系统。如火焰中颗粒的温度和速度、热量的径向分布、涂层和基底的温度等。在近 10 年中，发展了新型直流等离子（如轴向送粉喷枪以及可以在管道中使用的三阴极旋转喷枪）和射频等离子喷枪（超音速喷枪）。PS 的发展趋势是发展回路系统、利用传感器对喷涂过程进行现场控制，并因此提高涂层的可靠性和重复性。图 3-3 是比较经典的大气等离子喷涂（APS）剖面图。

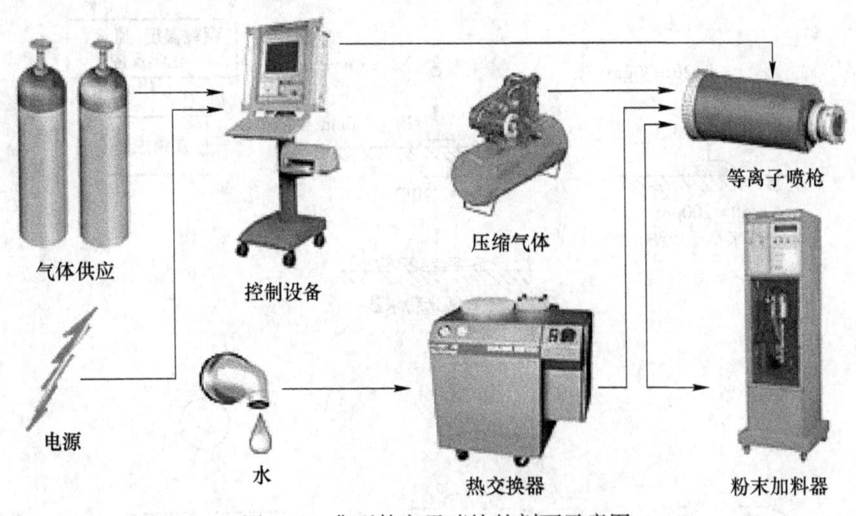

图 3-3　典型等离子喷枪的剖面示意图

尽管人们对 PS 进行了广泛研究，但是对喷涂过程了解还不深入。如火焰中粉末颗粒与等离子之间的作用、熔化颗粒在基底上的铺展以及层状结构的形成机理。涂层的性质取决于几个方面：（1）等离子火焰以及等离子与周围环境的作用；（2）粉末以及粉末喷入火焰的过程，包括粉末粒径、速度和温度；（3）幼层状结构的形成过程。

等离子源的选择取决于喷涂粉末的粒径，如射频等离子绝大部分情况下都用于粒径大于 130μm 的金属粉末来制备碳-碳纤维增强的金属器件。喷涂在真空中进行，因此可避免金属被氧化。等离子喷涂的理想条件是所有喷入等离子火焰中的粉末都均匀地完全熔化并用最大的速度撞击在基底上，金属粉末不会过度受热而被蒸发或分解，涂层接近理论密度。粉末的高速度降低了粉末在火焰中的停留时间和受热程度。但是理想的等离子喷涂状况很难达到，原因有以下几个方面[5]：

（1）粉末粒径分布不均匀。粉末通常都有一定的粒径分布。特别是工业生产的粉末粒径分布很广。比较理想的粒径分布是22~45μm。就是这个狭窄的粒径分布，不同粉末的熔化状态差别也很大。当然，如果需要孔穴率高的涂层，粒径分布宽是必要的，因为宽的粒径分布使粉末熔化状态不一样。大、小颗粒分别处于半熔化和全熔化状态，大颗粒被镶嵌在熔化的颗粒所产生的涂层中。例如，用等离子喷涂制备YSZ涂层，粉末的粒径一般是11~125μm，涂层的孔穴率为10%~20%，一定的孔穴率能提高涂层的隔热性和韧性。粉末的粒径分布是非常关键的参数。

（2）粉末必须以与等离子相似的动量喷入火焰。粉末被气体送入火焰，送粉管的直径为1.2~2.0mm。对于固定的送粉管，在出口处粉末的运动方向与等离子火焰不平行，两者的方向关系取决于送粉气体的速度和粉末的粒径分布。粒径越细，则两者的方向分离越严重，特别是20μm以下的粉末。送粉管不能离火焰太近，否则容易发生熔化和堵塞现象。在等离子喷涂中，部分粉末并没有被送入火焰中，因此也不会被熔化，而送入火焰中的粉末的轨迹也与颗粒的质量和喷入方向有关。例如，相同的送粉速度，大颗粒穿透等离子火焰而小颗粒仅漂浮在火焰外表或因过热而蒸发。采用轴向送粉的方式，如射频等离子喷涂，粉末与火焰的轨迹分离也会妨碍粉末的均匀熔化程度。因此，使粒径分布为22~45μm、平均粒径为32μm的粉末均匀熔化的唯一方式，是调节送粉气体的速度，给粉末一个合适的动量。根据粉末粒径的不同，调节送粉气体的速度可以控制粉末的熔化状态。小颗粒容易熔化，但其质量小，不容易进入等离子火焰中心部位。为了使小颗粒（如粒径5~10μm）进入火焰中心，可以提高送粉气体的压强即提高粉末颗粒进入火焰的速度，但同时送粉气体对火焰必然会产生严重干扰，因为送粉气体的速度与粉末粒径的3次方成反比。粒径在5μm以下的粉末只能用浆料喷涂的方法，即用溶液做送粉介质。

（3）对于一个固定的粒径分布，粉末的熔化状态取决于两个参数，即在火焰中的停留时间和颗粒速度。等离子火焰的长度（3~20cm）取决于等离子设备和环境压强以及等离子气体组成。后者控制了等离子向粉末颗粒的传热过程，纯Ar最低，其次是Ar-He和Ar-H_2混合气，Ar-He-H_2混合气最高。如果气体的传热很快而粉末颗粒的热导率低如陶瓷粉末YSZ，会导致颗粒径向温度梯度的产生和颗粒不均匀熔化。这两个控制因素与等离子喷枪的选择有关。

（4）射频等离子喷涂和直流等离子喷涂的主要差别是由两者的内径产生的。对于功率35~50kW的等离子喷枪，射频等离子喷枪的内径在35~50mm之间，而直流等离子喷枪的内径仅6~8mm。对于质量流一定的等离子火焰，喷枪的内径与火焰表面积之比最大可达到70%，而且内径与火焰速度成反比。因此，用纯Ar气体，射频等离子喷枪可以喷涂大金属颗粒（150~200μm）和小陶瓷颗粒(4μm以下)，而直流等离子只能喷涂40μm以下的金属粉末，需要借助于H_2或He才能熔化陶瓷粉末。

(5) 另一个值得注意的影响因素是等离子周围的气氛。在等离子喷涂过程中，环境中的气体被高速喷出的等离子火焰吸进火焰中并可能与熔融的颗粒反应。在大气等离子喷涂中，金属很容易被氧化而碳化物被分解。为了控制喷涂的气氛（如低压等离子喷涂)，需要配一个密闭的喷涂室，一套气氛控制系统的价格至少比大气等离子喷涂高1倍。因此，环境控制等离子喷涂仅用于高附加值的产品，如航空燃气轮机的叶片。射频等离子喷涂仅适合环境控制的喷涂，喷涂室的气体压强只有大气压的几分之一。

(6) 从以上的讨论中可以看出，喷涂质量的控制因素非常复杂而且相互影响，重要的因素有50~60种。喷涂就是在这些错综复杂的因素中找到一个合适的条件，粉末必须熔化状态好、速度大才能获得高质量的涂层。对于一个粒径分布、形貌和热学性质确定的粉末材料，其他常见的重要因素还有等离子喷枪、等离子气源、电流参数、送粉气体以及送粉的方式等，这些因素可变化的范围往往比较狭窄。涂层的结合强度取决于金属基底的制备条件、预热温度、表面状态以及表面氧化产生的氧化物。金属基底的预热都是在等离子喷涂前用等离子火焰直接加热的，预热温度与基底的大小和厚度有关。如在Ni基高温合金叶片表面制备300μm厚的YSZ涂层，叶片的预热温度是473~573K。在喷涂过程中，金属基底和涂层的温度影响涂层的剩余应力分布。这是非常重要的参数，它取决于喷枪、等离子气源、冷却系统以及喷枪与基底的相对运动速度。喷枪与基底的相对运动速度不仅控制了等离子火焰在涂层表面的停留时间，而且还影响了熔化颗粒向基底撞击的角度，理想的撞击角度是90°（即与基底垂直)。

等离子源的选择主要取决于颗粒速度的需求。对于粒径在22~45μm的粉末来说，熔化颗粒在撞到基底之前的速度在每秒几十米到500m不等，平均速度接近音速。

假设等离子火焰内部以及火焰与周围气氛达到了热力学平衡，火焰的温度可以用光谱的方法测量，如发射光谱（绝大部分的发射都是由温区$(0.8\sim1.4)\times10^4$K产生的)、瑞利散射光谱（Rayleigh Scattering，$<1.6\times10^4$K）和相干反斯托克斯光谱（Coherent Anti-Stokes Raman Scattering，CARS，$<1\times10^4$K)。绝大部分情况下，等离子火焰是圆柱形对称的。前面介绍过，射频和直流等离子喷枪的主要差别就在于喷枪的内径以及送粉方式。前者的射流速度低，在10m/s以下，粉末以枪内同轴方式送入火焰中心（图3-4)。送粉管在喷枪线圈的正中央。喷枪的工作频率一般为3.6MHz，功率可达到100kW。因为气体的速度基本上与喷枪

内径的平方成反比，熔化颗粒的速度在60m/s以下，因此粉末在火焰中的驻留时间比较长，达到数十毫秒。尽管Ar的导热系数低，该方法也能将粒径200μm的金属颗粒熔化。夹套气（Sheath Gas）可以采用氧气，这样可以防止有些对氧气氛敏感的材料在等离子火焰中被还原，如含 CeO_2 的材料。等离子火焰的速度可以达到600~2300m/s，火焰内部的颗粒速度达到300~400m/s。常用的喷枪都采用棒状阴极，其材料是高熔点的W[含2%(质量分数）的 ThO_2]。阳极采用无氧高纯的Cu，内衬是W。火焰的热流密度可以达到 1×10^{11} W/s。为了降低火焰的波动，Sulzer Metc公司发展了三阴极喷枪（Triplex），使等离子的能量均匀分布在单个平行的等离子火焰上，其火焰长且波动小。

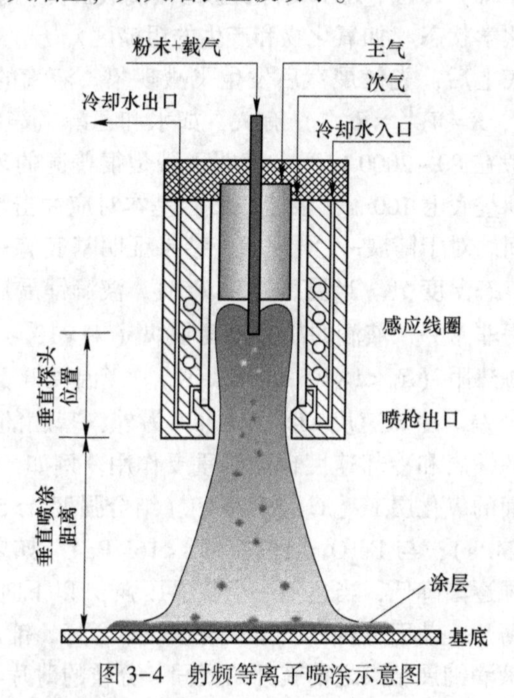

图3-4 射频等离子喷涂示意图

3.2.2 PS法涂层的形成过程

当熔化或半熔化的颗粒撞击在基底上时，颗粒在基底表面铺展、凝固，形成薄片（splat)，涂层产生层状结构。薄片有柱状或等轴结构，其中的晶粒尺寸在50~200nm之间。但这种精细结构受很多因素的影响，如晶粒尺寸、很高的内部界面比和孔穴。涂层的结合强度、热学、力学或电学性质强烈取决于薄片之间的相互结合的质量。薄片之间的孔穴基本上都平行于金属基底（即垂直于热流方向)，两个薄片之间的实际接触面仅20%，因此PS涂层的热导率比EB-PVD涂层低很多。

PS过程中，熔化或半熔化的颗粒以30~500m/s的速度撞击在基底上并铺展开来。下一个颗粒在撞击到基底上之前，前一个颗粒已经凝固。薄片的形成受很多与颗粒和基底表面相关的因素影响，颗粒的撞击参数通常用一个无量纲的数表示，该无量纲数取决于颗粒的垂直撞击速度 $v_n = v_p \times \cos\theta$ 和温度 T_p，其中 v_p 是颗粒的速度，θ 是撞击角度。T_p 决定了颗粒的密度 $\rho_p(T_p)$，黏度 $\mu_p(T_p)$、表面张力 $\sigma_p(T_p)$ 以及在等离子火焰中颗粒内部的化学反应。主要的无量纲参数是雷诺数（Reynlods Number）$Re = \rho_p v_p d_p / \mu_p$、韦伯数（Weber Number）$We = \rho_p v_p^2 d_p / \sigma_p$、佩克莱特数（Peclet Number）$Pe = v_p d_p / \alpha_p$ 和马赫数（Macle number）$Ma = v_p / a_p$，α_p 是热扩散系数，a_p 是液滴中声音的速度，如液态钢的音速 a_p 大约是 3000m/s。最困难的是测量在等离子火焰中处于飞行状态的液滴表面的化学反应过程（如氧化和氮化）和表面化学状态（如氧化物和产生的粗糙度）。

液滴撞击在基底上后，先铺展然后发生飞溅现象。液滴的飞溅与索末非数（Sommerfeld Number，$K = We^{1/2} \times Re^{1/4}$）有关，如水和乙醇液滴的 $K>58$。直流等离子喷涂的 K 值一般在 80~2000 之间，表明飞溅是很普遍的现象。最近的研究证明，液滴在撞击到基底上 100ns 后发生飞溅，基本对应冲击波从液滴底部传递到顶部所需要的时间。对于铺展-飞溅现象，结果证明基底有一个非常狭窄（大约小于 50K）的过渡态温度 T_t。当温度高于 T_t 时，液滴铺展后形成的薄片呈圆形而且与基底结合得非常好，液滴的冷却速度很快（$>1\times10^7 \sim 1\times10^8$K/s），对应于一个非常低的接触热阻（$R_{th}<1\times10^{-7}$m^2·K/W）。当温度低于 T_t 时，薄片呈分枝状态且与基底结合差，冷却速度$<1\times10^7$K/s。另外，基底的组成、表面状况、氧化层厚度对液滴的铺展和冷却速度也起到重要作用。例如，用低碳钢做基底，氧化铝薄片与钢表面的氧化层 $Fe_{1-x}O$ 结合很好（结合强度 $A>55$MPa），与 Fe_3O_4 层结合次之（$A<38$MPa），与 Fe_2O_3 层最差（$A<16$MPa）。如果基底的温度保持在常温，但喷涂压强逐渐降低，当达到一个临界压强 p_t 以下时，薄片-基底结合非常好。对于圆形薄片，截面分析表明薄片与基底结合好、铺展均匀，而且理论模拟的结果表明在液滴铺展结束之前就开始凝固。分枝的薄片与基底之间的界面有很多气泡，表明结合不好。在粗糙表面，与液滴轨迹垂直的方向，尽管基底温度高于 T_t，薄片厚度增加也会发生铺展-飞溅现象。因此，在等离子喷涂之前，基底需要预热到 T_t 以上。提高基底表面的光滑度有利于液滴的铺展和飞溅，特别是当撞击角度小于 60°时，但是涂层的结合强度会相应降低。

假设粉末颗粒完全熔化，涂层的性质还受其他因素的影响，这些因素可以归纳为如下三类。

（1）基底表面处理。在等离子喷涂之前，基底需要经过清洗、喷砂或高压水流（200~300MPa）粗化。表面粗化是必需的步骤，因为熔融颗粒在基底上铺展、凝固收缩时与基底上的凹凸处产生“钩合”作用，涂层的结合力取决于“钩合”作用的强度。基底凹凸的尺寸必须与涂层薄片相匹配。在一定真空度的等离子喷涂中，基底表面的氧化层可以用等离子设备消除（即使得基底的极性和直流等离子喷枪的极性相反），同时基底用等离子火焰预热到高温，促进扩散。例如，在燃气轮机叶片上喷涂黏结层金属时，加热叶片才能促使黏结层与基底之间相互扩散、提高结合强度。只有当撞击到熔融基底表面的颗粒的扩散速率大于基底的扩散速率时，颗粒与基底之间才能产生化学键结合，如 Mo 喷涂在 Fe 和 Al 基底上。

（2）在涂层的形成过程中，薄片堆积取决于颗粒本身、基底粗糙度、基底表面已经堆积的薄片形貌、颗粒在孔穴上的铺展能力和颗粒在发生撞击时的温度等。后者与喷枪的移动速度、喷涂距离、基底的预热温度 T_s 和冷却等因素有关。

（3）基底和涂层的温度对下列情况有控制作用：1）涂层内部的层与层之间的结合程度，如果 $T_s>T_t$ 则有利于结合程度；2）涂层内部的剩余应力，它与 T_s 有很大的关系；3）涂层的粗糙度。

纳米结构涂层已经研究了很多年，主要采用化学气相沉积法（Chemical Vapor Deposition，CVD）、等离子或激光强化化学气相沉积法（Plasma Enhanced Chemical Vapor Deposition，PECVD）和离子束沉积法（Ion Beam Deposition，IBD）[6]。研究发现，纳米结构涂层的界面比很高，涂层的某些性能远强于普通涂层。但是，对于等离子喷涂，颗粒被完全熔化，制备纳米结构涂层很困难。在过去的 10 年中，提出了以下三种解决方案。

（1）用团聚纳米粉末喷涂。用高能球磨的方法制备的纳米粉末团聚比较严重，等离子喷涂时只有团聚颗粒的表面被熔化。研究比较多的纳米团聚粉末是 YSZ，熔点差别很大的几种材料也可以形成团聚粉末[7]。另一种可取的纳米粉末的团聚方法是喷雾干燥，其过程可简单描述为：将纳米粉末如 TiO_2、YSZ、$La_2Zr_2O_7$ 和 Al_2O_3 配成浆料，加入粉末质量分数为 3%~5%的 PVA 黏合，然后喷雾干燥成粒径在 45~100μm 之间的粉末。喷雾干燥的纳米粉末流动性好、密度适中，适合等离子喷涂。

（2）用金属玻璃喷涂。喷涂含多种化合物的铁粉时，如果冷却温度远低于玻璃化温度，形成的金属玻璃涂层因包含大量的微裂纹和孔穴导致密度降低。涂层被再次加热，内部产生粒径为 2~75nm 的晶粒。这样制备的铁涂层具有异常高的、接近碳化钨涂层的硬度。

（3）液相喷涂。包括以下两种方式：1）前驱体溶液喷涂。将多种金属离子的前驱体混合成溶液。然后采用火焰喷涂或 PS 方法制备涂层。前驱体有硝酸盐、异丙酸盐和丁醇盐等，用异丙酸和丁醇为溶剂。该方法制备的涂层呈粉状，必须经过后续的烧结，但烧结会引起晶粒的生长。2）浆料喷涂。单个粒子的粒径为 10~30nm 的粉末团聚成 50~500μm 的粉末，然后配成浆料并用等离子喷涂法进行喷涂。如果采用气体送粉的方式喷涂纳米粉末，送粉气体的流量（0℃，1atm）必须达到50L/min，这样必然会对等离子火焰产生严重的干扰，因此不能采用该方法喷涂。浆料雾化的方式有两种，即气体雾化和超声雾化。采用气体雾化方式的有羟基磷灰石、钴的尖晶石化合物、Al-Ni-Mo 合金粉以及 CeO_2-ZrO_2。为了使涂层尽可能致密，射频等离子喷枪内部安装一个超声雾化器。用直流等离子喷涂，使浆料直接滴入液滴（液滴直径约为300μm）或用机械泵加压喷入火焰中，液滴被等离子火焰撕裂成更小的液滴。对于 Al_2O_3 和 YSZ 纳米粉末，一般采用乙醇为溶剂，大液滴就被撕成1~5μm 的小液滴。小液滴的蒸发也需要 1μs 的时间。因液滴的蒸发，等离子火焰被严重干扰。液滴蒸发消耗了等离子火焰能的10%~20%，但剩余的能量足够将粉末熔化并加速。熔化的颗粒直径为0.1~1μm，在基底上铺展形成薄片后的直径为0.3~2μm，厚度为30~80nm，形成柱状晶结构（柱状晶直径20~100nm）。纳米 YSZ 涂层内部比较致密、表面粗糙、层状结构不明显[8]。

等离子喷涂具有广泛的适用性，几乎可以喷涂任何材料，包括陶瓷、金属和复合材料。而且，等离子喷涂技术不断进步，使得涂层的可靠性和质量的重复性得到提高。工业生产对等离子喷涂的要求越来越高，对等离子喷涂理论的理解也要求越来越深。等离子喷枪的发展方向是适应不同的工作环境。等离子火焰的表征主要采用发射光谱或激光技术。前20年最重要的发展成就是等离子火焰中飞行颗粒的现场表征技术。现在该表征技术发展到甚至可以观察颗粒在撞击基底之前的百万分之一秒时的状态。尽管已经了解了颗粒铺展和产生薄层的控制因素，但对薄层的堆积以及涂层的形成过程的理解还不深透。现在的发展重点仍然是飞行颗粒的现场表征，采用各种各样的传感器将收集到的信息传递给计算机，然后计算机自动调整喷涂参数。计算机不仅监视喷涂过程而且还根据反馈的信息来控制喷涂过程，涂层质量的可靠性和重复性必然得到很大的提高。

等离子喷涂的优点在于操作便捷、涂层制备速度快、材料使用范围广、粉末沉积率高、成本低等。而其缺点在于制备的涂层中含有大量熔渣和微裂纹等缺陷，这些缺陷在高温下会产生硫化、氧化等问题，会产生大量的不利因素（例如降低涂层和金属基底之间的结合强度、抗热震性能等），从而缩短了涂层的有效工作寿命[9~11]。另外等离子喷涂制备的涂层表面比较粗糙，难以对于形状比较复杂的零件进行喷涂。受陶瓷层气孔、夹杂等因素的影响，所制备涂层的热循环性能不如 EB-PVD 方法制备的涂层[12]。而且在低纯度燃料或腐蚀环境中时，其工作寿命会明显缩短。但是对于陶瓷涂层，疏松的结构比致密的结构具有更良好的隔热性能。其主要原因是存在于疏松结构中的孔穴和微裂纹都可以减小涂层的弹性模量，而涂层与金属基底平行的片层结构可以大大降低涂层的热导率。研究表明，孔穴率约为15%的 YSZ 涂层的热循环寿命最长[13]。

3.3 电子束-物理气相沉积法（EB-PVD 法）

3.3.1 电子束-物理气相沉积原理和设备

电子束-物理气相沉积（EB-PVD）是各种真空镀膜方法中的一种，广泛用于厚涂层的制备。它利用聚焦的高能电子束加热材料，并使之快速熔化和蒸发，然后蒸气沉积在基底上。它既能蒸发金属也能蒸发陶瓷，较高的沉积速度使得该方法有广泛的应用市场，如光学棱镜和过滤器、半导体以及热障涂层等高价值的器件。第一套用于制备燃气轮机叶片热障涂层的 EB-PVD 设备最早是由德国 Leybold-Heraeus 公司于 20 世纪 60 年代后期生产的。

从 20 世纪 80 年代以来，美国、英国、德国和前苏联等国开始把注意力转移到物理气相沉积法制备热障涂层上来，早期 EB-PVD 技术主要用于制备 MCrAlY 涂层。设备价格昂贵，制备成本较高，使得对 EB-PVD 技术的开发一度停止。20 世纪 80 年代初，美国的 Airco Temescal 公司（现已更名为 Electron Beam Vacuum Coating）首次在实验室采用 EB-PVD 技术得到了重复性良好的高质量热障涂层。到 20 世纪 80 年代中期，GE 等公司在航空涡轮发动机的转子叶片和导向叶片上开始采用 EB-PVD 技术制备热障涂层。同期，苏联也用 EB-PVD 技术成功地在转子叶片上制备了热障涂层，并已运用在军用飞机上。20 世纪 90 年代中期，随着乌克兰 Paton 焊接研究所的低成本 EB-PVD 设备在美国和欧洲的推广，更是掀起了 EB-PVD 热障涂层技术开发的新一轮热潮。

EB-PVD 是以电子束作为热源的一种蒸镀方法，其蒸发速率高，几乎可以蒸发所有的物质，而且沉积得到的涂层与基底的结合力非常好。电子束功率易于调节，束斑尺寸和位置易于控制，有利于精确控制膜厚和均匀性。由于坩埚通常采用水冷，因此避免了高温下蒸镀材料与坩埚发生化学反应，还避免了坩埚放气污染膜层。EB-PVD 法的主要工艺过程为：电子束通过磁场或电场聚焦在涂层的靶材上，使材料熔化，然后在低气压环境中，靶材的气相原子通常以直线从熔池表面运动到基底表面并在基底表面沉积成膜。在涂层的制备过程中，为了提高涂层与基底的结合力，通常对基底加热。当沉积物到达基底的表面，可能以几种状态存在：与基底完全黏结、扩散进入基底、与基底反应或完全不与基底结合，而这些均可以通过改变基底的条件或调整气液相的冷却速率来控制。基底的变量参数包括基底温度（T_s）、形状、结构、成分、清洁度以及蒸发源和基底之间的电势差，而在这些参数中基底温度对沉积薄膜的影响最大。当沉积薄膜的厚度达到几百纳米以上时，沉积物的晶体结构与基底温度的高低有关。当基底温度 $T_s<2/3T_m$（T_m 为金属熔点，单位为 K）时，金属由气相直接凝结成固相；当 $T_s>2/3T_m$ 时，金属由气相变成液相（小液滴），当液滴达到一定尺寸之后发生结晶。基底温度与涂层微观结构之间存在如下关系，该模型被公认为经典的 EB-PVD 涂层结构关系模型：(1) 当 $T_s/T_m<0.3$ 时，由于自阴影效应和沉积原子在基底表面扩散不充分，涂层表现为圆顶柱状结构，晶界有较多的孔隙。(2) 当 $0.3<T_s/T_m<0.5$ 时，形成致密的柱状晶结构，这种涂层结构是由表面扩散控制的凝结作用形成的。在这一范围内，随着 T_s 的升高，柱状晶的晶粒尺寸也会增大。(3) 当 $0.5<T_s/T_m<1$ 时，形成再结晶结构，这种结构主要由体扩散控制。

研究表明，EB-PVD 技术与 PS 技术相比具有以下优势：

(1) 柱状晶结构使 EB-PVD 法制备的涂层具有更高的应变容限，涂层的热循环寿命比 PS 法涂层提高了很多倍；

(2) 涂层更致密，抗氧化和热腐蚀性能更好；

(3) 涂层的界面以化学键结合为主，结合力显著增强；

(4) 表面光洁度更高，不封堵叶片的冷却气体通道，有利于保持叶片的空气动力学性能；

(5) 需要控制的涂层制备工艺参数较少，而且通过改变工艺参数还可以控制陶瓷层的结构。

由于具有以上优势，目前在恶劣环境下工作的热端部件，如航空发动机动叶片上的 TBCs 均采用 EB-PVD 技术制备。EB-PVD 技术代表了未来更高性能梯度涂层制备技术的发展方向，各主要工业国家都在竞相开展对该技术的研究。随着 EB-PVD 法设备及使用成本的下降，其应用范围正逐步向民用领域扩展。

3.3.2 叶片 EB-PVD 涂层的生产过程

现在比较成熟和经典的叶片生产流程包括如下几个步骤：单晶叶片的精确成型以及冷却气通道的设计→黏结层→防扩散层→TBCs。

黏结层的作用是防止内部的高温合金被高热的气体氧化，降低表面陶瓷层与高温合金之间的线膨胀系数差别并提高陶瓷与金属的结合能力。最早的黏结层 NiCrAlY 是用 EB-PVD 法制备的，现在普遍采用低压等离子喷涂技术。低压等离子喷涂方法非常简单、快速、价格低廉，特别是对于大尺寸的工件如发电燃气轮机的叶片。但是 EB-PVD 法目前仍然是最好的制备黏结层方法，航空燃气轮机叶片常采用该方法制备黏结层。另外一种黏结层是 PtAl 合金。先在真空下将 Al 蒸发生成 Al 层，然后用电镀的方法在其表面生成 Pt 层，最后热处理生成 PtAl 合金层。PtAl 和 NiCrAlY 的性能相似，现在都采用。提高黏结层金属抗氧化能力的另外一种方法是在黏结层表面沉积 5~7μm 厚的 Pt 层，涂层的寿命可以极大地延长。

防扩散层是黏结层表面的一个 Al_2O_3 薄层，其作用是提高表面陶瓷层与黏结层之间的结合强度。该涂层是在制备表面陶瓷层之前完成的。在 EB-PVD 的真空室内，将黏结层表面的 PtAl 或 NiCrAlY 部分氧化，就生成 Al_2O_3 薄层。

表面陶瓷层主要采用 7-8SYSZ，等离子喷涂和 EB-PVD 方法都适合。前者适合于静叶片和燃烧室的涂层制备，而后者最适合于动叶片的涂层。

EB-PVD 法的工业化生产系统包括一个带两个电子枪的中央蒸镀室和靶材储藏室。中央蒸镀室的两旁各有一个工件预热室，每个预热室可以连接最多两个工件补充室。每个工件补充室有一套工件传递和补充系统。该系统将工件从补充系统传递到预热位置然后再到蒸镀位置。在蒸镀室，根据工件的几何形状和涂层厚度分布的需要，工件可以旋转、倾斜或两种运动同时进行。预热室和蒸镀室之间安装有阀门，这样可以控制工件是从左边还是右边进入蒸镀室，一个工件在蒸镀时另一个在预热。当蒸镀结束时，另外一个预热的工件就被传递到蒸镀室，这样就实现了连续生产。图 3-5 是实验室常用的和工业化生产用的 EB-PVD 设备。

图 3-5 EB-PVD 设备

涂层质量的高低主要由蒸镀室决定。涂层材料的蒸气必须均匀分布，因此涂层材料的补充速度、活化气体的压强、电子束在靶材仁的扫描方式等都必须精确控制。

EB-PVD 法最大的不足就是设备昂贵、涂层生产效率低、涂层质量的重复性能欠佳。为了提高 EB-PVD 法的市场竞争优势，必须提高涂层的生产效率，即尽可能提高设备在单位时间内叶片的生产数量。EB-PVD 法涂层的生产效率由以下四个因素决定[14]：

（1）蒸镀室容纳叶片的数量，即设备的单次产量。影响因素主要是设备的可用沉积体积、装载叶片的数量和涂层材料蒸气的利用率，同时还必须保障涂层厚度的均匀性（误差在±10%以内），不同尺寸的叶片数量必须合理安排。涂层的均匀性取决于叶片的运动方式，包括转速、角速度、倾斜、摆动等。

（2）单次生产持续的时间。影响因素包括设备的涂层材料储藏数量、沉积速度、设备的稳定性以及电子枪的寿命等。

（3）其他辅助步骤。如叶片的清理、预热、传递等，应该合理安排生产步骤，尽量减少各步骤所占用的时间；影响因素取决于每个步骤所占用的时间，如叶片的装载-卸载和预热-冷却等。

（4）单次开机持续的时间，应该尽量缩短关机清理或修理次数。影响因素是设备各关键部分的协调性，如涂层蒸镀室屏蔽和电子枪系统性能。在蒸镀之前对叶片预热非常重要：1）在蒸镀之前，使黏结层表面初步氧化生成 TGO 薄层，能提高表面陶瓷层与黏结层的结合强度并降低涂层在使用过程中的氧化速率；2）金属基底的温度强烈影响涂层的微结构和使用寿命。在蒸镀之前，叶片必须预热到 1073~1323K。叶片各部分的尺寸和质量不一样，根部厚重吸热多，因此用电子枪预热时在根部的停留时间长些，根据叶片的大小和质量设计预热程序，确保叶片各部位的温度均匀性，早期采用辐射预热方式，但该方法预热不均匀，因为叶片各部位的质量分布不均匀，而且在预热的过程中叶片复杂的形状还产生遮挡作用。采用电子枪预热有很多优越之处，一是加热部位精确定点，温度分布均匀；二是加热速度快，提高了设备的生产效率，如图 3-6 所示[14]。在合理的控制条件下，叶片表面的温度误差小于±3K。

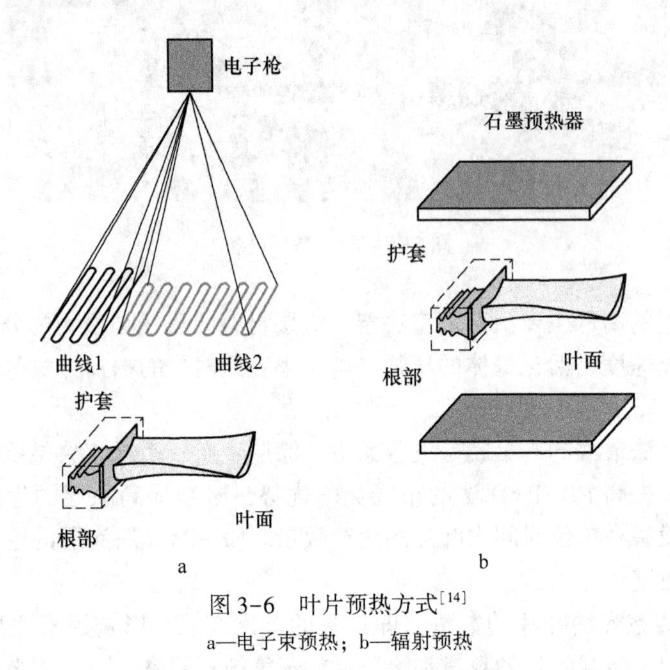

图 3-6　叶片预热方式[14]

a—电子束预热；b—辐射预热

燃气轮机叶片的气膜冷却非常重要，它可以降低冷却空气的消耗量，并因而提高动力的工作效率。有效的冷却方式是在叶片表面用激光扫打孔，孔径为 0.2μm，孔深度为 1.2mm，孔间距为 0.6μm。这些孔连接叶片内部的冷却空气通道而且与叶片表面成一定的倾斜角。但是，在布满微孔的叶片表面制备 TBCs 有可能将这些微孔堵塞。在 EB-PVD 涂层制备过程中，微孔倾斜度对微孔封闭程度有很大的影响。倾斜度越大，微孔越容易被表面的涂层堵塞（图 3-7），特别是当叶片旋转时，微孔更容易被涂层封闭。叶片旋转时，涂层材料的蒸气可能正好射入倾斜孔穴的内部边缘，如图 3-7 所示，倾斜孔已完全封闭。在涂层制备过程中，为了防止微孔被堵塞，微孔通入适当流量的气体。但事与愿违的是，通入气体（Ar 从微孔中通入，O_2 直接通入蒸镀室）使叶片温度降低而且分布不均匀，微孔内表面及周边的温度最低，涂层沉积最快，微孔被涂层堵塞更加迅速，而且微孔周围生成了非化学计量比的 YSZ（即图 3-7 涂层系列中发黑的部分）。从图 3-7 无涂层系列中可以看到，微孔内表面都已经被沉积的涂层堵塞了。通入 O_2 是了防止 YSZ 过度失氧而产生非化学计量比的 YSZ，通入 Ar 是为了保护金属基底不被氧化，两者必须有一个合理的比例才能兼顾这两种功能。微孔部位的 O_2 含量最低且 YSZ 失氧最严重。因此该部分的涂层发黑。如果微孔的孔径大于 0.2μm，而且 Ar 在通入微孔之前被预热至合适的温度，微孔的堵塞现象和涂层质量会得到改善。图 3-8 为典型 EB-PVD 涂层截面微结构。

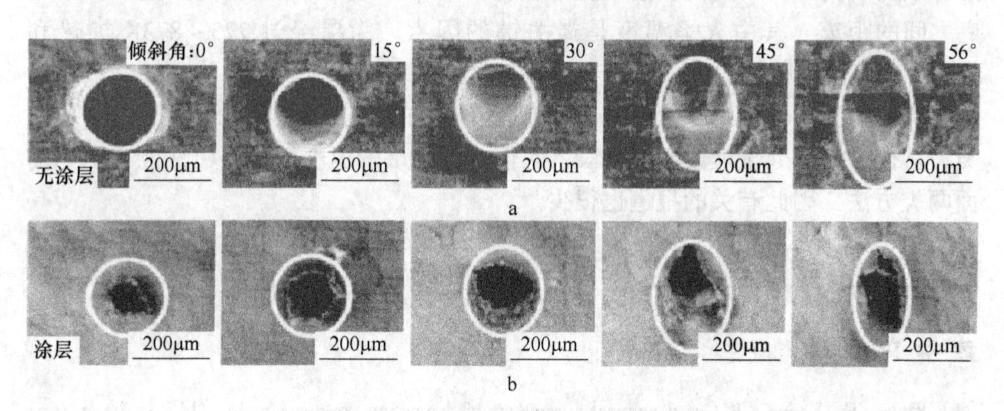

图 3-7　叶片表面不同倾斜角度的微孔在形成涂层前后的表面电镜照片[15]

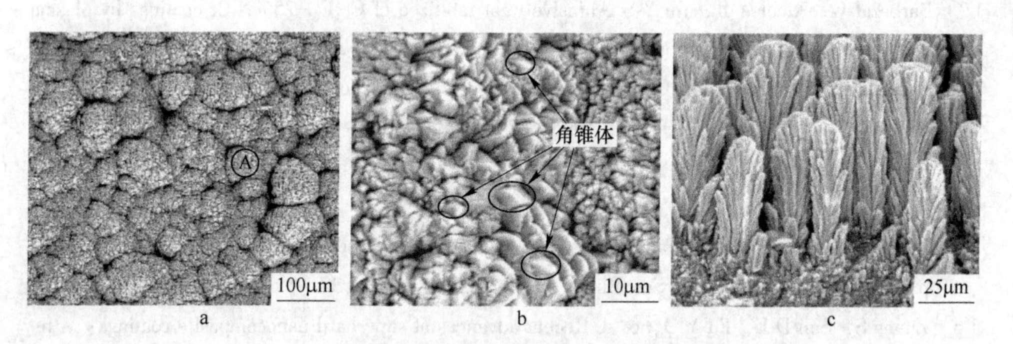

图 3-8　典型 EB-PVD 涂层截面微结构[16]

3.3.3　热障涂层的其他制备方法

射频等离子辅助物理气相沉积法（Radio Frequency Plasma-assosted Physical Vapor Deposition，RFP-APVD）采用等离子为热源使涂层材料蒸发并沉积在金属基底上。与 EB-PVD 法相比，该方法有自己的特色。例如，涂层与金属基底之间产生一个类似扩散层的过渡层。因此涂层与金属基底之间的结合力更强；沉积温度低，对涂层材料和金属基底的化学成分和晶体结构影响小；涂层厚度更均匀、表面更光滑平整，粗糙度一般比 EB-PVD 涂层低 1 个数量级。RFP-APVD 涂层比较致密、硬度高、杨氏模量高，具有更好的抗腐蚀能力，但这些因素对涂层的抗热震性能不利。

火焰辅助物理气相沉积（Flame-Assiste Vapor Deposition，FAVD）也可以制备 YSZ 涂层，它综合了火焰合成和化学气相沉积的特点。将涂层成分的前驱体配成溶液（硝酸盐，0.05mol/L），然后雾化并喷入火焰中，前驱体在火焰中迅速分解，发生化学反应生成 8YSZ，最后沉积在基底上形成涂层。涂层的组织结构和结合强度取决于火焰温度、基底温度、前驱体溶液的喷入速度以及火焰喷嘴与基底之间的距离，其中火焰温度是最关键的因素。涂层经过 773～873K 加热和 1273K 煅烧 2h 就生成了部分稳定化的 YSZ 涂层。

到目前为止，在实际生产中用于制备 TBCs 的方法还只有 PS 和 EB-PVD 两类。其他方法都处于理论研究阶段，它们制备涂层的速度低，涂层性能远不如前面两类方法，因此有关的报道也很少。

参 考 文 献

[1] Kadrov E, Kadyrov V. Gas dynamical parameters of detonation powder spraying [J]. J. Therm. Spray Technol., 1995, 4 (3): 280~286.

[2] Barbezat G, Nicol A R, Jin Y S. Abrasive wear tabilized of Cr_3C_2-25%NiCr coatings by plasma spray and CDS detonation spray [J]. Tribol. Trans., 1995, 38 (4): 845~850.

[3] Fagoaga I, Viviente J L, Gavin P. Multilayer coatings by continuous detonation system spray technique [J]. Thin Solid Films, 1998, 317 (1-2): 259~265.

[4] Fauchais P. Understanding plasma spraying [J]. J. Phys. D. Appl. Phys., 2004, 37: R86~R108.

[5] Vardelle A, Moreau C, Fauchais P. The dynamics of deposit formation in thermal-spray processes [J]. Mater. Res. Soc. Bull., 2000, 25 (7): 32~37.

[6] Zhang S, Sun D E, Fu Y Q, et al. Recent advances of superhard nanocomposite coatings: A review [J]. Surf. Coat. Technol., 2003, 167 (2-3): 113~119.

[7] Lima R S, Kucuk A, Berndt C C. Evaluation of microhardness and elastic modulus of thermally sprayed nanostructured zirconia coating [J]. Surf. Coat. Technol., 2001, 135 (2-3): 166~172.

[8] Rat V, Delbos C, Bonhomme C, et al. Understanding of suspension plasma spraying [J]. High Temp. Mater. Proc., 2004, 8 (1): 95~117.

[9] Nicholls J R, Lawson K J. Methods to reduce the thermal conductivity of EB-PVD TBCs [J]. Surf. Coat. Technol., 2001, 151-152: 383~391.

[10] 李其连. 等离子喷涂 ZrO_2 热障涂层热冲击破坏研究 [J]. 中国表面工程, 2004, 3: 17~21.

[11] Berndt C C. Failure during thermal cycling of plasma-sprayed thermal barriercoatings [J]. Thin Solid Films., 1983, 108 (4): 427~437.

[12] Nicholls J R, Deakin M J, Rickerby D S. A comparison between the erosion behavior of thermal spray and electron-beam physical vapor deposition thermal barrier coatings [J]. Wear., 1999, 233-235: 352~361.

[13] Miller R A. Current status of thermal barrier coatings-an overview [J]. Surf. Coat. Technol., 1987, 30: 1~11.

[14] Reinhold E, Botzler P, Deus C. EP-CVD process management for highly productive zirconia thermal barrier coating of turbine blades [J]. Surf. Coat. Technol., 1999, 121: 77~83.

[15] Lugscheider E, Bobzin, Etzkorn A, et al. Electron beamphysical vapor deposition-thermal barrier coatings on laser drilled surfaces for transpiration cooling [J]. Surf. Coat. Technol., 2000, 133: 49~53.

[16] Xu Z, He L, Mu R. Influence of the deposition energy on the composition and thermal cycling behavior $La_2(Zr_{0.7}Ce_{0.3})_2O_7$ coatings [J]. J. Europ. Ceram. Soc., 2009, 29: 1771~1779.

4 陶瓷粉末及涂层微观组织结构分析方法

涂层材料的表征一般可以分成几个大类，首先对制备的陶瓷粉末进行物理化学性质表征，而后对陶瓷涂层材料力学、热学等相关的性质进行进一步的表征。

4.1 X射线衍射技术

4.1.1 X射线衍射技术简介

X射线衍射技术结合XRD动力学模拟拟合是一种无损、快速、高精度的薄膜分析技术，包括摇摆曲线和X射线小角衍射两个方面，可以获得异质外延片内的应变、界面粗糙度、结晶情况、取向情况、成分、厚度等多个参数。

X射线衍射与物质相互作用时，物质原子的电子在电磁场的作用下将产生受迫振动，其振动频率与入射X射线的频率相同。带电粒子作受迫振动时将产生交变电磁场，从而向四周辐射电磁波，其频率与带电粒子的振动频率相同。这就是X射线与物质相互作用的散射现象。X射线被物质散射时的散射现象有两种，即相干散射和非相干散射。其中，相干散射又称为弹性散射，弹性散射过程中，X射线与物质原子的内层电子作用，只改变光的方向，不改变能量，即散射波的波长和频率与入射光相同。这些新的散射波之间会发生相互干涉。因此，这种散射称为相干散射。相干散射是X射线晶体衍射理论的基础。1912年，劳厄(Laue)、弗里德里希（Friedrich）和克里平（Knipping）发现晶体的X射线衍射现象[1]。他们用X射线照射$CuSO_4$晶体，在晶体后面放置底片（透射），就在透射斑点附近观察到一些粗大的、椭圆形的弱斑点。光与物质相互作用时，如果入射光的波长与物质中原子的间距相近，就会产生布拉格衍射。晶体是原子有序排列的物质，可以作为X射线的空间衍射光栅，即当一束X射线通过晶体时将发生衍射。衍射波叠加的结果使射线的强度在某些方向上加强，在其他方向上减弱。在此基础上，英国物理学家布拉格父子（W. H. Bragg 和 W. L. Bragg），于1913年提出了作为晶体衍射基础的著名公式——布拉格定律，通过分析衍射图样就可以确定晶体结构，如图4-1所示。

晶体可以视为天然的三维光栅，晶面间距与X光的波长相近，X射线入射到晶体上可以发生布拉格衍射现象。

光程差 $$\Delta = |BC| + |DC| = 2d\sin\theta$$

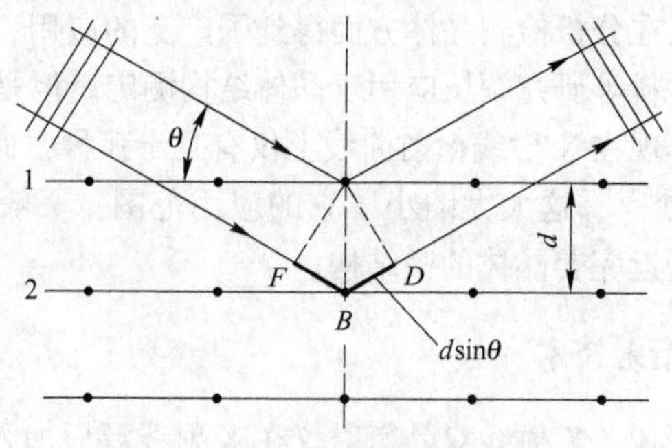

图4-1 X射线在晶体内的衍射图

当光程差是入射光波长的整数倍时产生衍射现象，可以得出以下公式：

$$2d\sin\theta = n\lambda \tag{4-1}$$

式中，d是晶体的晶面间距；θ是衍射光（或入射光）的方向与晶面的夹角；λ为X射线的波长，数值上等于相邻晶面的光程差（波长）；n是一个整数，又称衍射级数，上式称为布拉格公式。

以上计算处理过程忽略了X射线的二次散射，这种理论称为运动学理论，适合处理绝大部分的不完美晶体，而实际上晶体都不是完美的晶体，所以X射线衍射的运动学理论一直是X射线分析的主要理论。但是对于完美的晶体，满足布拉格衍射条件的方向上会产生很强的衍射波，这些衍射波会被周围的其他原子再次散射。这种再考虑衍射波被原子散射的问题的理论称为动力学理论。

X射线衍射方法已经作为材料研究的一个简单手段得以广泛应用。具体来说，依据硬件、软件特点及其器件发展，常见的XRD技术可分为：X射线粉末衍射技术、X射线双晶衍射技术和X射线三晶衍射技术。

4.1.2 X射线粉末衍射技术

由于每种晶体的晶格常数不同，我们可以通过衍射角的不同位置来检测不同晶体，这就是粉末衍射仪的工作原理。粉末衍射仪的几何原理示意图如图4-2所示。

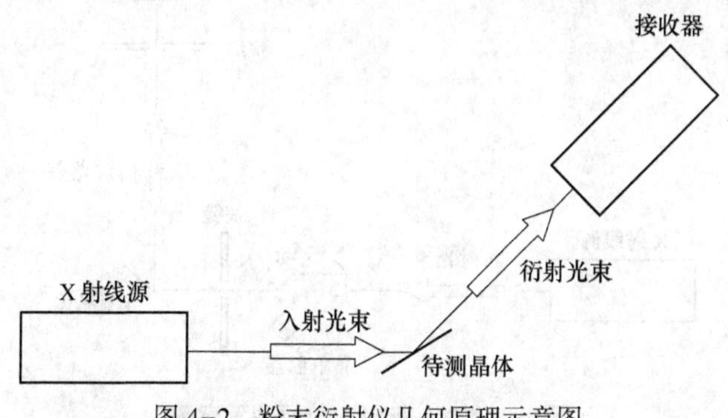

图4-2 粉末衍射仪几何原理示意图

目前粉末衍射仪在分析检测晶体方面得到了广泛的应用，在物理、化学、矿物、冶金、制药、材料等研究领域应用于晶体结构测定。但是，通常近似完美晶体的缺陷、畸变等体现在X射线衍射曲线上仅有几十弧秒，而粉末衍射仪的分辨率仅为180~360弧秒[2]，这大大缩小了它的应用范围，一般只能应用于材料的物相分析，无法分析近完美晶体的微结构。

4.1.3 X射线双晶衍射技术

相比粉末衍射来说，X射线双晶衍射仪在X射线源后加入了一块参考晶体及其他附属装置。参考晶体是一个高度完整、良好抛光的晶体，或者是一块四晶单色器，作用是增强X射线束的单色性。几何原理示意图如图4-3所示，X射线束照射到样品前，首先要经过参考晶体某一晶面的反射。工作时，将第一晶体精密地调整到其衍射位置保持不动，入射光束中只有一定波长的光能够在很小的角度内满足Bragg定律，向一定方向反射。由于受到狭缝的限制而得到近单色反射光束，作为样品的入射光。样品在衍射位置附近摆动，衍射强度随其摆动角度而变化，从而得到双晶摇摆曲线。采用X射线双晶衍射法分析晶体，可以获得外延层的晶体学数据，成分、质量以及与衬底间晶面的状况等等信息。通过实验和理论模拟分析，还可以精确地确定多层膜和超晶格的成分、层厚、失配、晶面弛豫度及弯曲等结构参数[3]。对双晶摇摆曲线研究的结果可以得到以下信息[4]：

（1）从峰的分离角度可以得到点阵失配程度；

（2）当样品绕衬底的衍射矢量旋转时，从峰的分离角度变化能得到外延膜和衬底的取向差；

（3）从干涉条纹的振动周期可以得到膜的厚度；

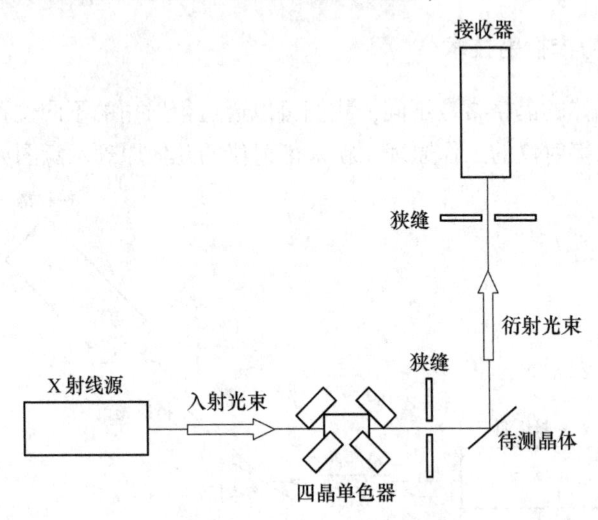

图4-3 双晶衍射几何原理示意图

(4) 从样品扫描时峰的变化可以得到晶片的弯曲度；

(5) 从摇摆曲线的反射峰的半高宽可以得到衬底和膜的完美程度；

(6) 计算机模拟可以得到膜的厚度和成分的变化情况。

4.1.4 X 射线三晶衍射技术

对于双晶衍射而言，三晶衍射的强度降低了，但是其分辨率却得到了提高，可以有效地排除背景衍射的影响，突出信号的信息。三晶衍射仪几何示意图如图 4-4 所示，其工作方式有以下三种[5]：

(1) 固定 X 射线源和单色器，样品在布拉格角附近转动，分析晶体的转动速度是样品的 2 倍。这时探测器可以接收到样品中不同晶面间距的晶面衍射，进而得到点阵常数的变化情况。

(2) 固定 X 射线源、分析器和探测器，样品在布拉格角附近转动，可以得到样品中点阵取向差的信息。

(3) 固定 X 射线源和分析器，样品设定在其布拉格角位置，转动分析晶体，可以探测到不同取向的散射强度的分布情况。

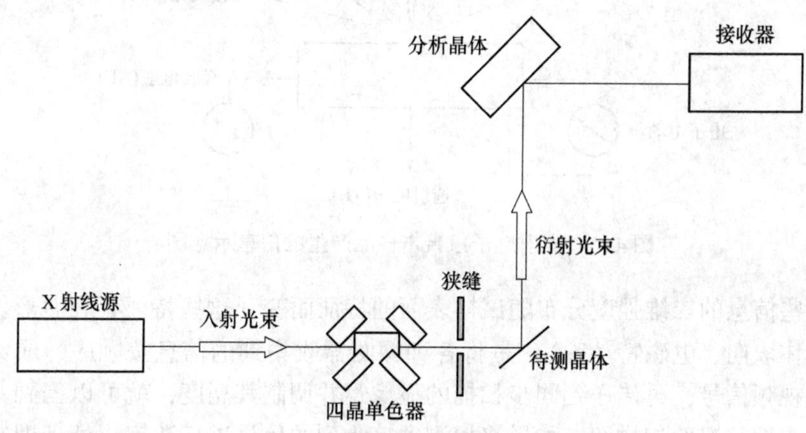

图 4-4 X 射线三晶衍射几何示意图

4.2 扫描电子显微镜

扫描电子显微镜（SEM）是介于透射电镜和光学显微镜之间的一种微观形貌手段，可直接利用样品表面材料的物质性能进行微观成像。扫描电镜的优点是：(1) 有较高的放大倍数，20~20 万倍之间连续可调；(2) 有很大的景深，视野大，成像富有立体感，可直接观察各种试样凹凸不平表面的细微结构；(3) 试样制备简单。

目前的扫描电镜都配有 X 射线能谱仪（EDS）装置，这样可以同时进行显微组织形貌的观察和微区成分分析，因此它是当今应用十分广泛的科学研究仪器。

4.2.1　扫描电子显微镜的工作原理

扫描电镜是对样品表面形态进行测试的一种大型仪器。当具有一定能量的入射电子束轰击样品表面时，电子与元素的原子核及外层电子发生单次或多次弹性与非弹性碰撞，一些电子被反射出样品表面，而其余的电子则渗入样品中，逐渐失去其动能，最后停止运动，并被样品吸收。在此过程中有99%以上的入射电子能量转变成样品热能，而其余约1%的入射电子能量从样品中激发出各种信号。如图4-5所示，这些信号主要包括二次电子、背散射电子、吸收电子、透射电子、电子、电子电动势、阴极荧光、X射线等。扫描电镜设备就是通过这些信号得到讯息，从而对样品进行分析的。

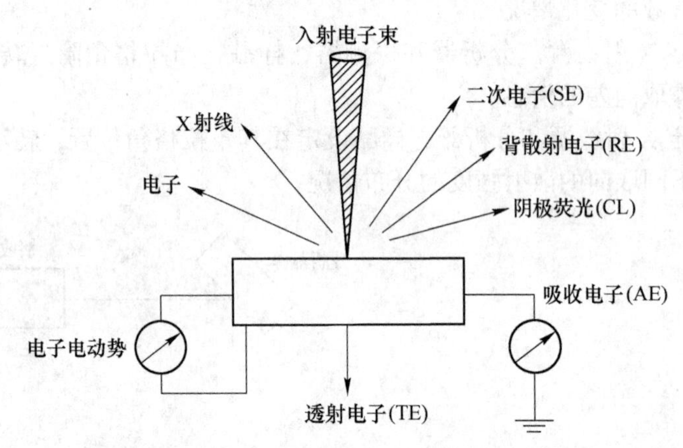

图4-5　入射电子束轰击样品产生的信息示意图

这些信息的二维强度分布随试样表面的特征而变（这些特征有表面形貌、成分、晶体取向、电磁特性等），是将各种探测器收集到的信息按顺序、成比率地转换成视频信号，再传送到同步扫描的显像管并调制其亮度，就可以得到一个反应试样表面状况的扫描图。如果将探测器接收到的信号进行数字化处理即转变成数字信号，就可以由计算机做进一步的处理和存储。各信息见表4-1。

表4-1　扫描电镜中主要信号及其功能

收集信号类型	功　能	收集信号类型	功　能
二次电子	形貌观察	特征X射线	成分分析
背散射电子	成分分析	电子	成分分析

SEM的电子成像原理包括二次电子成像（SEI）、背散射电子成像（BEI）和吸收电子成像。

二次电子成像（SEI）中入射电子与样品相互作用后，使样品原子较外层电子（价带或导带电子）电离产生的电子，称二次电子。二次电子能量比较低，仅在样品表面5~10nm的深度内才能逸出表面。二次电子像是表面形貌衬度，它是利用对样品表面形貌变化敏感的物理信号作为调节信号得到的一种像衬度。二次电子像分辨率比较高，所以适用于显示形貌衬度。二次电子的产生额与入射电子束能量及入射电子束角度有关。

背散射电子成像（BEI）用背散射电子信号进行形貌分析，其分辨率远比二次电子低，因为背散射电子是在一个较大的作用体积内被入射电子激发出来的，成像单元变大是分辨率降低的原因。背散射电子信号随原子序数 Z 的变化比二次电子的变化显著得多，因此图像应有较好的成分衬度。图4-6是含镍材料的SEI图像和BEI图像。

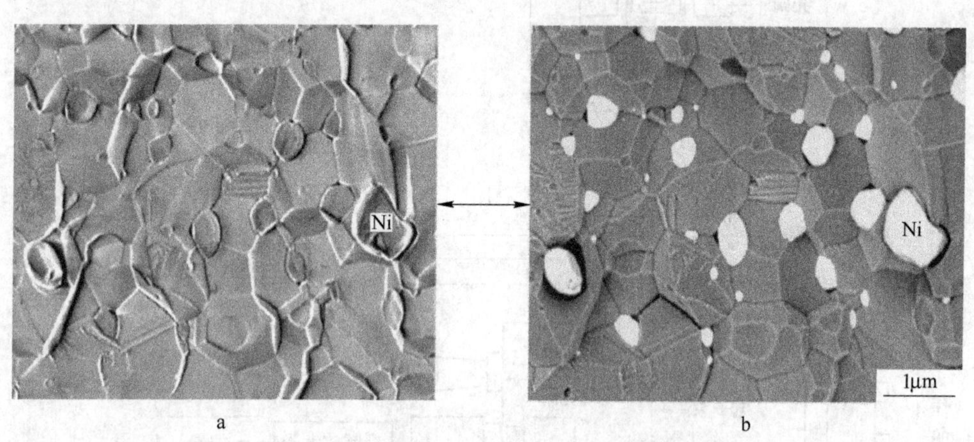

图4-6　含镍材料的SEI图像（a）和BEI图像（b）

吸收电子成像中吸收电子的产额与背散射电子相反，样品的原子序数越小，背散射电子越少，吸收电子越多；反之样品的原子序数越大，则背散射电子越多，吸收电子越少。因此，吸收电子像的衬度是与背散射电子和二次电子像的衬度互补的。背散射电子图像上的亮区在相应的吸收电子图像上必定是暗区。

扫描电镜可做如下观察：

（1）试样表面的凹凸和形状；

（2）试样表面的组成分布；

（3）可测量试样晶体的晶向及晶格常数；

（4）发光性样品的结构缺陷，杂质的检测及生物抗体的研究；

（5）电位分布；

（6）观察半导体器件结构部分的动作状态；

（7）强磁性体的磁区观察等。

4.2.2 扫描电镜的仪器结构

从结构上看，如图 4-7 所示，扫描电镜主要由七大系统组成，即电子光学系统、探测、信号处理、显示系统、图像记录系统、样品室、真空系统、冷却循环水系统、电源供给系统。

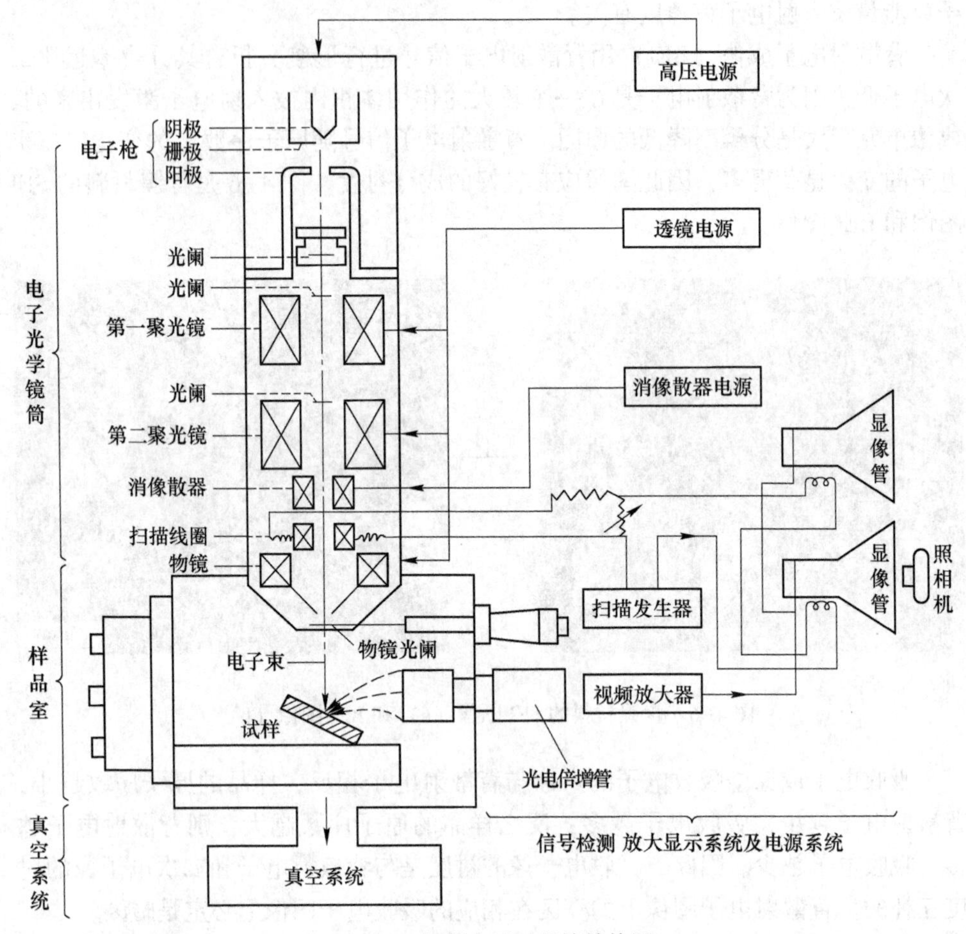

图 4-7 扫描电子显微镜结构图

4.2.2.1 电子光学系统

电子光学系统由电子枪、电磁透镜、扫描线圈和样品室等部件组成。其作用是获得扫描电子束，作为产生物理信号的激发源。为了获得较高的信号强度和图像分辨率，扫描电子束应具有较高的亮度和尽可能小的束斑直径。

（1）电子枪。其作用是利用阴极与阳极灯丝间的高压产生高能量的电子束。目前大多数扫描电镜采用热阴极电子枪。其优点是灯丝价格较便宜，对真空度要求不高，缺点是钨丝热电子发射效率低，发射源直径较大，即使经过二级或三级聚光镜，在样品表面上的电子束斑直径也在5~7nm，因此仪器分辨率受到限制。现在，高等级扫描电镜采用六硼化镧（LaB_6）或场发射电子枪，使二次电子像的分辨率达到2nm。但这种电子枪要求很高的真空度。

（2）电磁透镜。其作用主要是把电子枪的束斑逐渐缩小，把原来直径约为50mm的束斑缩小成一个只有数纳米的细小束斑。其工作原理与透射电镜中的电磁透镜相同。扫描电镜一般有三个聚光镜，前两个透镜是强透镜，用来缩小电子束光斑尺寸。第三个聚光镜是弱透镜，具有较长的焦距，在该透镜下方放置样品可避免磁场对二次电子轨迹的干扰。

（3）扫描线圈。其作用是提供入射电子束在样品表面上以及阴极射线管内电子束在荧光屏上的同步扫描信号。改变入射电子束在样品表面扫描振幅，以获得所需放大倍率的扫描像。

（4）样品室。主要部件是样品台。它能进行三维空间的移动，还能倾斜和转动，样品台移动范围一般可达40mm，倾斜范围至少在50°左右，转动360°。样品室中还要安置各种型号的检测器。信号的收集效率和相应检测器的安放位置有很大关系。近年来，为适应大零件测试的需要，还开发了可放置尺寸在ϕ125mm以上的大样品台。

4.2.2.2 信号收集及显示系统

其作用是检测样品在入射电子作用下产生的物理信号，然后经视频放大作为显像系统的调制信号。不同的物理信号需要不同类型的检测系统，大致可分为三类：电子检测器、应急荧光检测器和X射线检测器。在扫描电子显微镜中最普遍使用的是电子检测器，它由闪烁体、光导管和光电倍增器所组成（图4-8）。

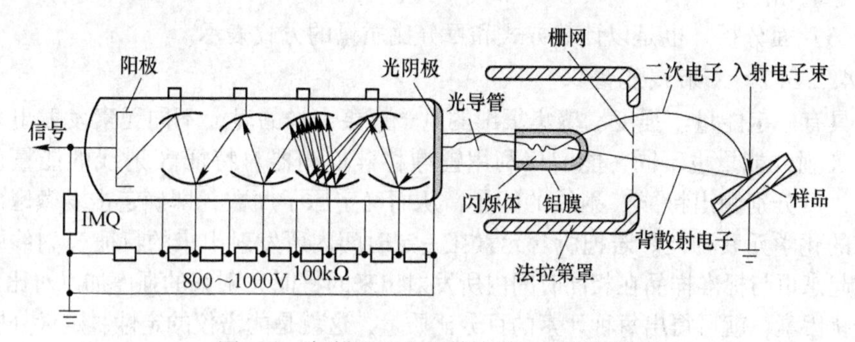

图4-8 扫描电子显微镜中的电子检测器

当信号电子进入闪烁体时将引起电离，当离子与自由电子复合时产生可见光。光子沿着没有吸收的光导管传送到光电倍增器进行放大并转变成电流信号输出，电流信号经视频放大器放大后就成为调制信号。这种检测系统的特点是在很宽的信号范围内具有正比于原始信号的输出，具有很宽的频带（10Hz~1MHz），而且噪声很小。由于镜筒中的电子束和显像管中的电子束是同步扫描的，荧光屏上的亮度是根据样品上被激发出来的信号强度来调制的，而由检测器接收的信号强度随样品表面状况不同而变化，那么由信号监测系统输出的样品表面状态的调制信号在图像显示和记录系统中就转换成一幅与样品表面特征一致的放大的扫描像。

4.2.2.3 真空系统和电源系统

真空系统的作用是为保证电子光学系统正常工作，防止样品污染并提供高的真空度，一般情况下要求保持 10^{-4} ~ 10^{-5} mmHg[❶] 的真空度。电源系统由稳压、稳流及相应的安全保护电路所组成，其作用是提供扫描电镜各部分所需的电源。

4.2.3 配套设备及其用途

4.2.3.1 X 射线波谱仪（WDS）

具有一定能量、聚焦很细的电子束轰击样品时，样品受轰击微区内的物质会发射出多种电子信息、X 射线。不同元素发射出的特征 X 射线在波长、能量方面是各异的。波谱仪利用分光晶体对特征 X 射线产生的衍射效应，可分别测出特征 X 射线的波长，从而确定原子序数，即确定受击发微区内所含有的化学元素种类。若把所含元素在一定时间内所发射出来的特征 X 射线强度累加起来再与标准样品在相同时间内所发射出来的特征 X 射线的强度作对比，排除干扰因素，就可得出每种元素的百分比质量。这就是 X 射线波谱仪的定性、定量分析。

X 射线波谱仪的分析项目：

（1）点分析。通过对点进行定性分析，可以获知所含元素的种类；通过对点进行定量分析，则可得出所含元素的种类及其质量百分值。

（2）线分析。通常以计数方式和百分比质量的方式表示，两种表示方法均为半定量分析。

（3）面分析。也是以计数方式和百分比质量的方式表示。

4.2.3.2 X 射线能谱仪

具有一定能量、强度、聚集很细的电子束轰击样品时，不同元素发射出来的特征 X 射线能量也不同，能谱仪利用锂漂移硅检测器对特征 X 射线的能量色散效应，可分别测出特征 X 射线的能量，从而确定原子序数，即确定击发微区内所含有的化学元素种类。若把所含元素在一定时间内所发射出来的特征 X 射线强度累加起来再与标准样品在相同时间内所发射出来的特征 X 射线的强度加以对比，排除干扰因素，就可得出每种元素的百分比质量，这就是能谱仪的定性、定量分析。

利用 X 射线能谱仪，可以分析以下项目：

（1）点分析。定性点分析，可以得出所含元素种类；定量点分析可以算出所含元素种类及质量百分比含量。

（2）线分析。通常以计数方式和百分比质量的方式表示，也是半定量分析。

（3）面分析。一般是以计数和色标共同表示或是质量百分比与色标共同表

---

❶ 1mmHg = 133.3224Pa。

示的方法。

4.2.3.3 结晶学分析仪

在扫描电镜中，当入射电子束打在样品上时，在样品内部发生非弹性散射，使得电子从样品表面的一个原点向四周发散并以各个方向与晶体学平面碰撞，如果满足布拉格衍射条件，则电子发生弹性散射，形成菊池衍射圆锥。对应每一个布拉格条件的晶面，会产生两个衍射圆锥，一个产生于晶面上侧，一个产生于晶面下侧。衍射圆锥强度由结构因子和多种电子束条件下的动态衍射决定。

结晶学分析仪有多种用途：

（1）物相鉴定。由于每种结晶物质的内部晶体结构不同，故背散射衍射花样图也各异。通过收集背散射花样图谱，并对其进行识别，分析、结合波谱、能谱成分数据，可精确从数据库中检索出物相信息。

（2）晶界参数测定。根据背散射衍射花样图，结晶学分析软件可对七大晶系和11个劳厄群进行标定，给出晶胞参数。

（3）微区晶体结晶取向测定。根据背散射衍射花样图，可对每个晶粒的结晶取向作出标定，通过对分析区域晶粒结晶取向的统计，从而可获得分析区域内晶体的结晶取向。

（4）微织构分析。通过对微区内晶粒结晶取向的统计，可获得微区内组织结构的信息，对材料的开发、应用非常重要。

4.2.3.4 阴极发光（CL）

有些物质受到电子束激发后，价电子被激发到高能级或能带中，这时被激发的物质产生弛豫发光，这种发光现象称为阴极发光。以阴极荧光为信号，通过光过滤器后用光电倍增管转换成电信号，再经视频放大器放大，最后调制到显像管显示出来便得到了扫描阴极发光图像。

利用阴极发光设备，可以进行：

（1）阴极发光图像分析。导致阴极发光大多是由晶格中混杂有少量稀土元素所致的。因此，可根据阴极荧光的波长、颜色，分析晶体中所含有的微量元素及分布。

（2）对晶体结构、环带构造、晶体缺陷进行分析。

（3）阴极发光在地学、材料学、半导体行业应用广泛。

4.3 透射电子显微镜

透射电子显微镜（Transmission Electron Microscopy，缩写TEM），简称透射电镜，是把经加速和聚集的电子束投射到非常薄的样品上，电子与样品中的原子碰撞而改变方向，从而产生立体角散射。散射角的大小与样品的密度、厚度相关，因此可以形成明暗不同的影像，影像经放大、聚焦后在成像器件上显示出来。

由于电子的德布罗意波长非常短，透射电子显微镜的分辨率比光学显微镜高很多，可以达到0.1~0.2nm，放大倍数为几万至几百万倍。因此，使用透射电子显微镜可以用于观察样品的精细结构，甚至可以用于观察仅仅一列原子的结构，比光学显微镜所能够观察到的最小的结构小数万倍。TEM 在中和物理学和生物学相关的许多科学领域都是重要的分析方法，如癌症研究、病毒学、材料科学，以及纳米技术、半导体研究等。

4.3.1 电子的波长与加速电压

1924 年，德布罗意（de Broglie）鉴于光的波粒二相性提出这样的假设：运动的实物粒子（静止质量不为零的那些粒子，如电子、质子、中子等）都具有波动性质，后来被电子衍射实验所证实。运动电子具有波动性使人们想到可以用电子束作为电子显微镜的光源。对于运动速度为 v、质量为 m 的电子波长：

$$\lambda = h/mv \tag{4-2}$$

式中，h 为普朗克常数。

一个初速度为零的电子，在电场中从电位为零处开始运动，因受加速电压 u（阴极和阳极的电压差）的作用获得运动速度为 v，那么加速的每个电子（电子的电荷为 e）所做的功（eu）就是电子获得的全部动能，即：

$$eu = \frac{1}{2}mv^2 \tag{4-3}$$

$$v = \sqrt{\frac{2eu}{m}} \tag{4-4}$$

加速电压比较低时，电子运动的速度远小于光速，它的质量近似等于电子的静止质量，即 $m \approx m_0$，合并式（4-2）和式（4-4）得：

$$\lambda = h/\sqrt{2em_0u} \tag{4-5}$$

把 $h=6.62\times10^{-34}$ J/s，$e=1.60\times10^{-19}$ C，$m_0=9.11\times10^{-31}$ kg 代入，得：

$$\lambda = (1.5/u)^{1/2} \tag{4-6}$$

式中，λ 以 mm 为单位，u 以 V 为单位。上式说明电子波长与其加速电压平方根成反比；加速电压越高，电子波长越短。

对于低于 500eV 的低能电子来说，用式（4-5）计算波长已足够准确，但一般透射电子显微镜的加速电压在 80~500kV 或更高，而超高压电子显微镜的电压在 1000~2000kV。对于这样高的加速电压，上述近似不再满足，因此必修引入相对论校正，即：

$$m = \frac{m_0}{\sqrt{1 - \left(\frac{v}{c}\right)^2}} \tag{4-7}$$

式中，c 为光速。相应的电子动能为：

$$eu = mc^2 - m_0c^2 \tag{4-8}$$

整理式（4-5）、式（4-6）得：

$$\lambda = h/\sqrt{2em_0u(1+eu/2m_0c^2)} \tag{4-9}$$

与式（4-5）相比，式（4-9）中（$1+eu/2m_0c^2$）为相对论校正因子。在加速电压 u 为50kV、100kV和200kV时，这个修正值分别约为2%、5%和10%。表4-2中列出了不同加速电压下电子的波长和速度。从表中可知，电子波长比可见光波长短得多。以电子显微镜中常用的80~200kV的电子波长来看，其波长仅为0.00418~0.00251nm，约为可见光波长的十万分之一。

表4-2 不同加速电压下的电子波长

加速电压 U/kV	电子波长 λ/nm	加速电压 U/kV	电子波长 λ/nm
20	0.00859	120	0.00334
40	0.0601	160	0.00258
60	0.00487	200	0.00251
80	0.00418	500	0.00142
100	0.00371	1000	0.00087

提高加速电压，缩短电子的波长，可提高显微镜的分辨本领；加速电子速度越高，对试样穿透的能力也越大，这样可放宽对试样减薄的要求。厚试样与近二维状态的薄试样相比，更接近三维的实际情况。加速电压与电子的穿透厚度的关系，如图4-9所示，随着加速电压的提高，电子的穿透厚度也增加。在500kV以上时，曲线由上升转为平缓。考虑到实用性、仪器成本、安装方便等因素，目前加速电压400kV左右的透射电镜越来越引起人们的兴趣和重视，将得到广泛的应用。

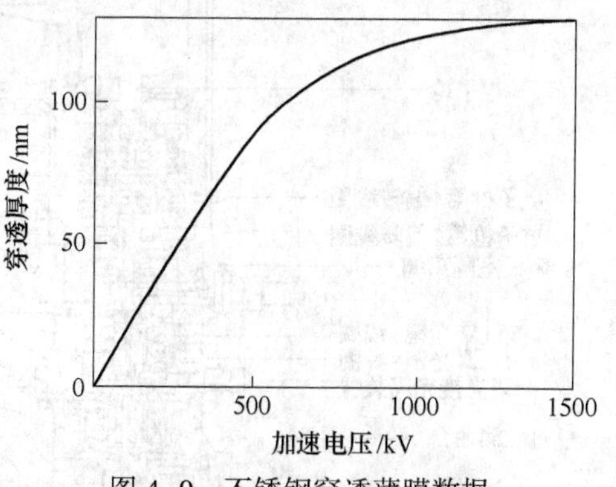

图4-9 不锈钢穿透薄膜数据

4.3.2 透射电镜的构造

透射电镜是以电子束作为光线，用电磁透镜聚焦成像，电子穿透样品，获得透射电子信息的电子光学仪器。目前商品透射电镜的三个主要指标如下：

（1）加速电压（一般在80~3000V之间）；

（2）分辨率（一般点分辨率在0.2~0.35nm）；

（3）放大倍数（一般在30~80万倍之间）。

图4-10为TEM实物图和光学元件布局图。透射电子显微镜一般由电子光学系统（又称镜筒）、真空系统和供电系统三大部分组成。光学系统部分包含：1）照明系统；2）成像系统；3）观察记录系统；4）调校系统（消像散器、束取向调整器和光阑）。

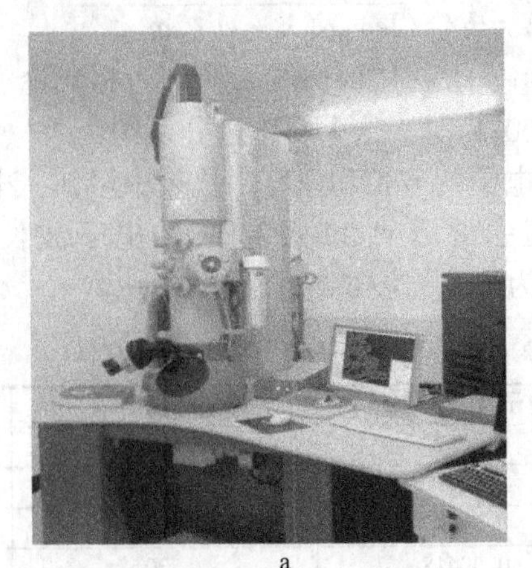

a

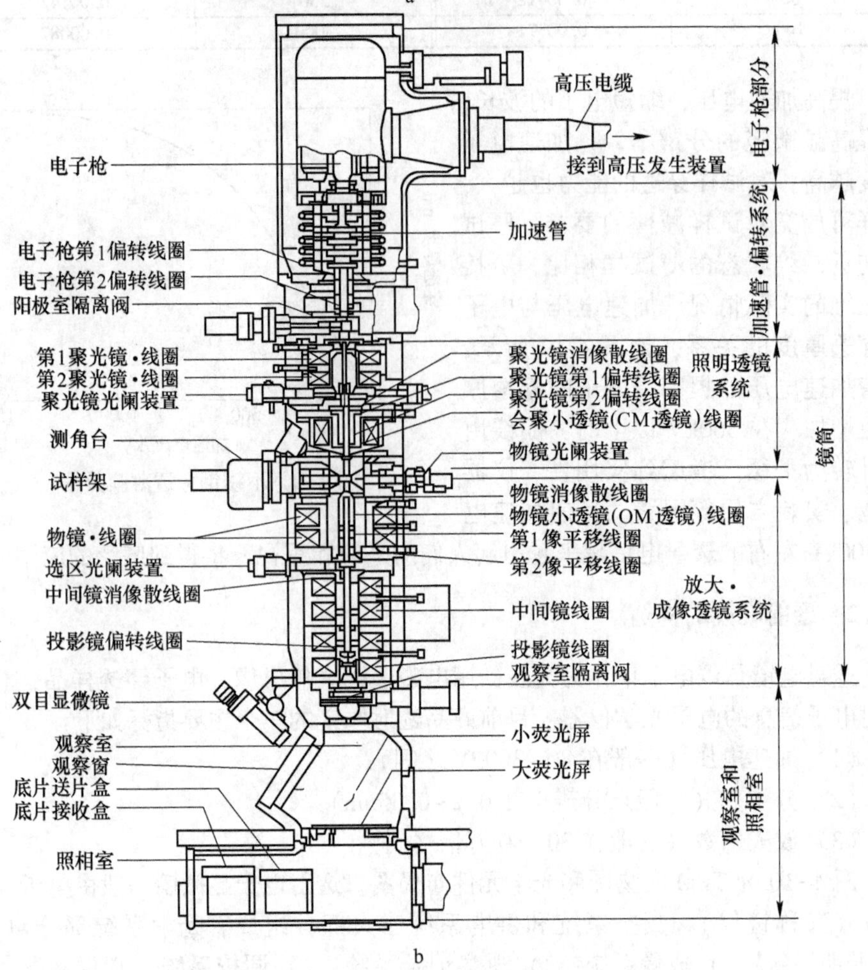

b

图 4-10 基本的 TEM 实物图（a）和光学元件布局图（b）

透射电镜的总体工作原理是：由电子枪发射出来的电子束，在真空通道中沿着镜体光轴穿越聚光镜，通过聚光镜将之会聚成一束尖细、明亮而又均匀的光斑，照射在样品室内的样品上；透过样品后的电子束携带有样品内部的结构信息，样品内致密处透过的电子量少，稀疏处透过的电子量多；经过物镜的会聚调焦和初级放大后，电子束进入下级的中间透镜和第1、第2投影镜进行综合放大成像，最终被放大了的电子影像投射在观察室内的荧光屏板上；荧光屏将电子影像转化为可见光影像以供使用者观察。下面分别对各系统中的主要结构和原理予以介绍[6~8]。

4.3.2.1　照明系统

照明系统由电子枪、聚光镜和相应的平移对中、倾斜调节装置组成，其作用是提供一束亮度高、相干性好和束流稳定的照明源。为满足中心暗物成像的要求，照明电子束可在2°~3°范围内倾斜。

A　电子枪

电子枪是透射电子显微镜的光源，要求发射的电子束亮度高、电子束斑的尺寸小，发射稳定度高。目前常用的是发射式热阴极三级电子枪，它是由阴极、阳极和栅极组成。目前，亮度最高的电子枪是长发射电子枪（FEG），冷场发射不需要任何热能，阴极中的电子在大电场作用下可直接克服势垒离开阴极（称为隧穿效应）。因此，发射的电子能量发散度很小，仅为0.3~0.5eV。阴极为有一尖端（曲率半径<10nm）的W<111>位向的单晶杆，以便获得低功函数和高发射率。这样低的功函数只能在清洁的表面上获得，即表面上无其他种类的原子。所以场发射需要极高的真空度，应为10μPa或更高。但发射在室温下进行，所以在发射极上就会产生残留气体分子的离子吸附而产生发射噪声。同时，伴随着吸附分子层的形成而使发射电流逐渐下降。因此，每天必须进行一次瞬间大电流取出吸附分子层的闪光处理，因而不得不中断研究，这是它的一个缺点。阴极对阳极为负电压，其尖端电场非常强（$>10^{7}$V/cm），以致电子能够借助“隧道”穿过势垒离开阴极。场发射电子枪不需要偏压（栅极），在阴极灯丝下面加一个第一阳极，此电压不能加得太高（只加5kV），以免引起放电把灯丝打坏。在其下再加几十千伏的第二阳极作静电系统，聚焦电子束并加速。

热阴极FEG可克服冷阴极FEG的上述缺点。在施加强电场的状态下，如果将发射极加热到比热电子发射低的温度（1600~1800K），由于电场的作用，电子越过变低的势垒发射出来，这被称为肖特基效应。由于加热，电子的能量发散为0.6~0.8eV，较冷阴极稍大。但发射不产生粒子吸附，发射噪声大大降低，而且不需要闪光处理，可以得到稳定的发射电流。

B　聚光镜（Condonser Lens）

聚光镜处在电子枪的下方，一般由2~3级组成，从上至下依次称为第1、第

2 聚光镜（以 C1 和 C2 表示）。关于电磁透镜的结构和工作原理已经在 4.3.1 节中介绍了，电镜中设置聚光镜的用途是将电子枪发射出来的电子束流会聚成亮度均匀且照射范围可调的光斑，投射在下面的样品上。C1 和 C2 的结构相似，但形状和工作电流不同，所以形成的磁场强度和用途也不相同。C1 为强磁场透镜，C2 为弱磁场透镜，各级聚光镜组合在一起使用，可以调节照明束斑的直径大小，从而改变了照明亮度的强弱，在电镜操纵面板上一般都设有对应的调节旋钮。C1、C2 的工作原理是通过改变聚光透镜线圈中的电流，来达到改变透镜所形成的磁场强度的变化。磁场强度的变化（亦即折射率发生变化）能使电子束的会聚点上下移动，在样品表面上电子束斑会聚得越小，能量越集中，亮度也越大；反之束斑发散，照射区域变大则亮度就减小。通过调整聚光镜电流来改变照明亮度的方法，实际上是一个间接的调整方法，亮度的最大值受到电子束流量的限制。如想更大程度上改变照明亮度，只有通过调整前面提到的电子枪中的栅极偏压，才能从根本上改变电子束流的大小。在 C2 上通常装配有活动光阑，用以改变光束照明的孔径角，一方面可以限制投射在样品表面的照明区域，使样品上无须观察的部分免受电子束的轰击损伤；另一方面也能减少散射电子等不利信号带来的影响。

4.3.2.2　成像系统

A　样品室（Specimen Room）

样品室处在聚光镜之下，内有载放样品的样品台。样品台必须能做水平面上 X、Y 方向的移动，以选择、移动观察视野，相对应地配备了两个操纵杆或者旋转手轮，这是一个精密的调节机构，每一个操纵杆旋转 10 圈时，样品台才能沿着某个方向移动 3mm 左右。现代高档电镜可配有由计算机控制的马达驱动的样品台，力求样品在移动时精确，固定时稳定；并能由计算机对样品做出标签式定位标记，以便使用者在需要做回顾性对照时依靠计算机定位查找，这是在手动选区操作中很难实现的。

生物医学样品在做透射电镜观察时，基本上都是将原始样品以环氧树脂包埋，然后用非常精密的超薄切片机切成薄片，刀具为特制的玻璃刀或者是钻石刀。切下的生物医学样品的厚度通常只有几十纳米（nm），这在一般情况下用肉眼是不能直接看到的，必须让切片漂浮在水面上，由操作熟练的技术人员借助特殊的照明光线，并以特殊的角度才能观察到如此薄的切片。切好的薄片被放在铜网上，经过染色和干燥后才能用于观察。透射电镜样品的制作是一个漫长、复杂而又精密的过程，技术性非常强。但是我们前面介绍过，要想获得优良的电镜影像，制作优良的样品标本乃是非常重要的第一步。

盛放样品的铜网根据需要可以是多种多样的，直径一般均为 3mm，通常铜网上有多少个栅格，我们就把它称作多少目。TEM 样品台的设计包括气闸以允许将样品夹具插入真空中而尽量不影响显微镜其他区域的气压。样品夹具适合夹持标准大小的网格，而样品则放置在网格之上，或者直接夹持能够自我支撑的样品。标准的TEM网格是一个直径3.05mm的环形，其厚度和网格大小只有几微米到100μm。样品放置在内部的网格区域，其直径约为2.5mm。通常的网格材料使用铜、钼、金或者铂制成。这个网格放置在与样品台配套的样品夹具上。大多数的样品台和夹具的设计依赖于需要进行的实验。除了3.05mm直径的网格，2.3mm直径的网格偶尔也在实际中使用。这些网格在材料科学领域中得到广泛应用，这是因为经常需要将样品倾斜很大的角度，而样品材料经常非常稀少。对电子透明的样品的厚度约100nm，但是这个厚度与加速电子的电压相关。

一旦插入仪器，经常需要对样品进行操作以使电子束照射在感兴趣的部分上，例如一个单晶粒在某个特殊的角度的衍射。为了达到这一目的，TEM的样品台需要能使样品在*XY*平面平移，在*Z*方向调节高度，而且通常至少可以在某一方向上对样品进行旋转。因此TEM的样品台必须对样品提供四个运动的自由度。更现代的TEM可以为样品提供两个方向正交的旋转自由度，这种夹具设计称为双倾斜样品夹具。某些顶端进入或者称为垂直插入的样品台设计在高分辨率TEM研究中曾经很普遍，这种样品台仅有*XY*平面的平移能力。TEM样品台的设计准则非常复杂，需要同时考虑到机械和电子光学的限制，因此有许多非常独特的设计。

由于TEM的放大倍数很高，样品台必须高度稳定，不会发生力学漂移。通常要求样品台的漂移速度仅有每分钟几纳米，而移动速度每分钟几微米，精度要求达到纳米的量级。早期的TEM设计通过一系列复杂的机械设备来达到这个目标，允许操作者通过若干旋转杆来精确地控制样品台的移动。现代的TEM样品台采用电子样品台的设计，通过步进电机来移动平台，使操作者可以利用计算机输入设备来移动样品台，如操纵杆或轨迹球。

TEM的样品台主要有两种设计：侧入式和顶入式。每种设计都需要配合相应的夹具以允许样品插入电子束通路的时候不会损害TEM的光学性质或者让气体进入TEM的真空区域。一个单轴倾斜样品夹具，它可以插入TEM的测角仪。倾斜这个夹具可以通过旋转整个测角仪来实现。通常使用的夹具是侧入式的，样品放置在一个较长的金属杆的尖端，金属通常是黄铜或不锈钢，沿着金属杆是一些聚合物真空环，以保证在将样品插入TEM的时候拥有足够的真空气密性。样品台需要配合金属杆设计，而样品根据TEM物镜的设计或者放在物镜之间或者放在物镜附近。当插入样品台的时候，侧入式夹具的尖端伸入TEM的真空腔中，而其末端处在空气中，真空环形成了气闸。侧入式的TEM夹具的插入过程包括将样品旋转以打开一个微开关，使得样品在插入TEM之前就开始对气闸进行抽真空操作。

第二个设计顶入式夹具包括一个几厘米长的小盒，盒沿轴有一个钻孔，样品被放置在洞中，可能需要利用一个小的螺丝来将样品固定在合适的位置。样品盒将被插入气闸中，其钻孔与 TEM 光轴垂直。在密封后，将样品盒通过气闸推到正确位置，这时钻孔将与 TEM 的光轴一致，电子束将穿过样品盒的钻孔射入样品。这种设计通常无法将样品倾斜，因为一旦倾斜就会阻碍电子束的通路，或者与物镜发生干扰。

在性能较高的透射式电镜中，大多采用上述侧插式样品台，为的是最大限度地提高电镜的分辨能力。高档次的电镜可以配备多种式样的侧插式样品台，某些样品台通过金属连接能对样品网加热或者制冷，以适应不同的用途。样品是先盛载在铜网上，然后固定在样品台上的，样品台与样品握持杆合为一体，是一个非常精巧的部件。样品杆的中部有一个“O”形橡胶密封圈，胶圈表面涂有真空脂，以隔离样品室与镜体外部的真空。

样品室的上下电子束通道各设了一个真空阀，用以在更换样品时切断电子束通道，只破坏样品室内的真空，而不影响整个镜筒内的真空。这样在更换样品后样品室重新又抽回真空时，可节省许多时间。当样品室的真空度与镜筒内达到平衡时，再重新开启与镜筒相通的真空阀。

B 物镜（Object Lens）

处于样品室下面，紧贴样品台，是电镜中的第 1 个成像元件，在物镜上产生哪怕是极微小的误差，都会经过多级高倍率放大而明显地暴露出来，所以这是电镜的一个最重要部件，决定了一台电镜的分辨本领，可看作是电镜的心脏。

(1) 特点。物镜是一块强磁透镜，焦距很短，对材料的质地纯度、加工精度、使用中污染的状况等工作条件都要求极高。致力于提高一台电镜的分辨率指标的核心问题，便是对物镜的性能设计和工艺制作的综合考核。尽可能地使之焦距短、像差小，又希望其空间大，便于样品操作，但这中间存在着不少相互矛盾的环节。

(2) 作用。进行初步成像放大，改变物镜的工作电流，可以起到调节焦距的作用。电镜操作面板上粗、细调焦旋钮，即为改变物镜工作电流之用。

为满足物镜的前述要求，不仅要将样品台设计在物镜内部，以缩短物镜焦距；还要配置良好的冷却水管，以降低物镜电流的热漂移；此外，还装有提高成像反差的可调活动光阑，及其要达到高分辨率的消像散器。对于高性能的电子显微镜，都通过物镜装有以液氮为媒质的防污染冷阱，给样品降温。

C 中间镜（Intemediate Lens）和投影镜（Projection Lens）

在物镜下方，依次设有中间镜和第 1 投影镜、第 2 投影镜，以共同完成对物镜成像的进一步放大任务。从结构上看，它们都是相类似的电磁透镜，但由于各自的位置和作用不尽相同，故其工作参数、励磁电流和焦距的长短也不相同。电镜总放大率：

$$M = MO \cdot MI \cdot MP_1 \cdot MP_2$$

即为物镜、中间镜和投影镜的各自放大率之积。当电镜放大率在使用中需要变换时，就必须使它们的焦距长短相应做出变化，通常是改变靠中间镜和第1投影镜线圈的励磁工作电流来达到的。电镜操纵面板上放大率变换钮即为控制中间镜和投影镜的电流之用。

对中间镜和投影镜这类放大成像透镜的主要要求是：在尽可能缩短镜筒高度的条件下，得到满足高分辨率所需的最高放大率，以及为寻找合适视野所需的最低放大率；可以进行电子衍射像分析，做选区衍射和小角度衍射等特殊观察；同样也希望它们的像差、畸变和轴上像散都尽可能地小。

4.3.2.3 观察、记录系统

A 观察室

透射电镜的最终成像结果，显现在观察室内的荧光屏上，观察室处于投影镜下，空间较大，开有1~3个铅玻璃窗，可供操作者从外部观察分析用。对铅玻璃的要求是既有良好的透光特性，又能阻断X线散射和其他有害射线的逸出，还要能可靠地耐受极高的压力差以隔离真空。

由于电子束的成像波长太短，不能被人的眼睛直接观察，电镜中采用了涂有荧光物质的荧光屏板把接收到的电子影像转换成可见光的影像。观察者需要在荧光屏上对电子显微影像进行选区和聚焦等调整与观察分析，这要求荧光屏的发光效率高，光谱和余晖适当，分辨力好。目前多采用能发黄绿色光的硫化锌-镉类荧光粉作为涂布材料，直径在15~20cm。

荧光屏的中心部分为一直径约10cm的圆形活动荧光屏板，平放时与外周荧屏吻合，可以进行大面积观察。使用外部操纵手柄可将活动荧屏拉起，斜放在45°角位置，此时可用电镜置配的双目放大镜，在观察室外部通过玻璃窗来精确聚焦或细致分析影像结构；而活动荧光屏完全直立竖起时能让电子影像通过，照射在下面的感光胶片上进行曝光。

B 照相室

在观察中电子束长时间轰击生物医学样品标本，必会使样品污染或损伤。所以对有诊断分析价值的区域，若想长久地观察分析和反复使用电镜成像结果，应该尽快把它保留下来，将因为电子束轰击生物医学样品造成的污染或损伤降低到最小。此外，荧光屏上的粉质颗粒的解像力还不够高，尚不能充分反映出电镜成像的分辨本领。将影像记录存储在胶片上照相，便解决了这些问题。

照相室处在镜筒的最下部，内有送片盒（用于储存未曝光底片）和接收盒（用于收存已曝光底片）及一套胶片传输机构。电镜生产的厂家、机型不同，片盒的储片数目也不相同，一般在20~50片/盒，底片尺寸日本多采用82.5mm×

118mm，美国常用 82.5mm×101.6mm，而欧洲则采用 90mm×120mm。每张底片都由特制的一个不锈钢底片夹夹持，叠放在片盒内。工作时由输片机构相继有序地推放底片夹到荧光屏下方电子束成像的位置上。曝光控制有手控和自控两种方法，快门启动装置通常并联在活动荧光屏板的扳手柄上。电子束流的大小可由探测器检测，给操作者以曝光指示；或者应用全自动曝光模式由计算机控制，按程序选择曝光亮度和最佳曝光时间完成影像的拍摄记录。

现代电镜都可以在底片上打印出每张照片拍摄时的工作参数，如加速电压值、放大率、微米标尺、简要文字说明、成像日期、底片序列号及操作者注解等备查的记录参数。观察室与照相室之间有真空隔离阀。以便在更换底片时，只打开照相室而不影响整个镜筒的真空。

C 阴极射线管（CRT）显示器

电镜的操作面板上的 CRT 显示器主要用于电镜总体工作状态的显示、操作键盘的输入内容显示、计算机与操作者之间的人机对话交流提示以及电镜维修调整过程中的程序提示、故障警示等。

4.3.2.4 调校系统

A 消像散器

像散（指轴上像散）的产生除了前面介绍的材质、加工精度等原因以外，实际上在使用过程中，会因为各部件的疲劳损耗、真空油脂的扩散沉积，以及生物医学样品中的有机物在电子束照射下的热蒸发污染等众多因素逐渐积累，使得像散也在不断变化。因此，像散的消除在电镜制造和应用之中都成了必不可少的重要技术。

早期电镜中曾采用过机械式消像散器，利用手动机械装置来调整电磁透镜周围的小磁铁组成的消像散器，来改变透镜磁场分布的缺陷。但由于调整的精确性和使用的方便性均难令人满意，现在这种方式已被淘汰。目前的消像散器由围绕光轴对称环状均匀分布的 8 个小电磁线圈构成，见图 4-10，用以消除（或减小）电磁透镜因材料、加工、污染等因素造成的像散。其中每 4 个互相垂直的线圈为 1 组，在任一直径方向上的 2 个线圈产生的磁场方向相反，用 2 组控制电路来分别调节这 2 组线圈中的直流电流的大小和方向，即能产生 1 个强度和方向可变的合成磁场，以补偿透镜中原有的不均匀磁场缺陷（图 4-10 中椭圆形实线），以达到消除或降低轴上像散的效果。

一般电镜在第 2 聚光镜中和物镜中各装有 2 组消像器，称为聚光镜消像散器和物镜消像散器。聚光镜产生的像散可从电子束斑的椭圆度上看出，它会造成成像面上亮度不均匀和限制分辨率的提高。调整聚光镜消像散器（镜体操作面板上装有对应可调旋钮），使椭圆形光斑恢复到最接近圆状即可基本上消除聚光镜中存在的像散。

物镜像散能在很大程度上影响成像质量，消除起来也比较困难。通常使用放大镜观察样品支持膜上小孔在欠焦时产生的费涅尔圆环的均匀度，或者使用专门的消像散特制标本来调整消除，这需要一定的经验和操作技巧。近年来在一些高档电镜机型之中，开始出现了自动消像散和自动聚焦等新功能，为电镜的使用和操作提供了极大的方便。

B 束取向调整器及合轴

电镜最理想的工作状态，应该是使电子枪、各级透镜与荧光屏中心的轴线绝对重合。但这是很难达到的，它们的空间几何位置多多少少会存在着一些偏差，轻者使电子束的运行发生偏离和倾斜，影响分辨力；稍微严重时会使电镜无法成像甚至不能出光（电子束严重偏离中轴，不能射及荧光屏面）。为此电镜采取的对应弥补调整方法为机械合轴加电气合轴的操作。

机械合轴是整个合轴操作的先行步骤，通过逐级调节电子枪及各透镜的定位螺丝，来形成共同的中心轴线。这种调节方法很难达到十分精细的程度，只能较为粗略地调整，然后再辅之以电气合轴补偿。

电气合轴是使用束取向调整器的作用来完成的，它能使照明系统产生的电子束做平行移动和倾斜移动，以对准成像系统的中心轴线。束取向调整器分枪（电子枪）平移、倾斜和束（电子束）平移、倾斜线圈两部分。前者用以调整电子枪发射出电子束的水平位置和倾斜角度，后者用以对聚光镜通道中电子束的调整。均为在照明光路中加装的小型电磁线圈，改变线圈产生的磁场强度和方向，可以推动电子束做细微的移位动作。

合轴的操作较为复杂，不过在合轴操作完成后，一般不需要经常调整。只是束平移调节作为一个经常调动的旋钮，放在电镜的操作面板上，供操作者在改变某些工作状态（如放大率变换）后，将偏移了的电子束亮斑中心拉回荧光屏的中心，此调节器旋钮也称为“亮度对中”钮。

C 光阑

如前所述，为限制电子束的散射，更有效地利用近轴光线，消除球差，提高成像质量和反差，电镜光学通道上多处加有光阑，以遮挡旁轴光线及散射光，光阑有固定光阑和活动光阑两种，固定光阑为管状无磁金属物，嵌入透镜中心，操作者无法调整（如聚光镜固定光阑）。活动光阑是用长条状无磁性金属钼薄片制成的，上面纵向等距离排列有几个大小不同的光阑孔，直径从数十到数百个微米不等，以供选择使用。活动光阑钼片被安装在调节手柄的前端，处于光路的中心，手柄端在镜体的外部。活动光阑手柄整体的中部，嵌有“O”形橡胶圈来隔离镜体内外部的真空。可供调节用的手柄上标有1、2、3、4号定位标记，号数越大，所选的孔径就越小。光阑孔要求很圆而且光滑，并能在X、Y方向上的平面里做几何位置移动，使光阑孔精确地处于光路轴心。因此，活动光阑的调节手柄，应能让操作者在镜体外部方便地选择光阑孔径，调整、移动活动光阑在光路上的空间几何位置。

电镜上常设 3 个活动光阑供操作者变换选用：（1）聚光镜 C2 光阑，孔径为 20~200μm，用于改变照射孔径角，避免大面积照射对样品产生不必要的热损伤。光阑孔的变换会影响光束斑点的大小和照明亮度；（2）物镜光阑，能显著改变成像反差。孔径为 10~100μm，光阑孔越小，反差就越大，亮度和视场也越小（低倍观察时才能看到视场的变化）。若选择的物镜光阑孔径太小时，虽能提高影像反差，但会因电子线衍射增大而影响分辨能力，且易受到照射污染。如果真空油脂等非导电杂质沉积在上面，就可能在电子束的轰击下充放电，形成的小电场会干扰电子束成像，引起像散，所以物镜光阑孔径的选择也应适当。（3）中间镜光阑，也称选区衍射光阑，孔径为 50~400μm，应用于衍射成像等特殊的观察之中。

4.3.2.5　真空系统

电镜镜筒内的电子束通道对真空度要求很高，电镜工作必须保持在 10^{-3} ~ 10Pa 以上的真空度（高性能的电镜对真空度的要求更达 10Pa 以上），因为镜筒中的残留气体分子如果与高速电子碰撞，就会产生电离放电和散射电子，从而引起电子束不稳定，增加像差，污染样品，并且残留气体将加速高热灯丝的氧化，缩短灯丝寿命。获得高真空是由各种真空泵来共同配合抽取的。

A　机械泵（旋转泵）

机械泵因在其他场合使用非常广泛而比较常见，它工作时是靠泵体内的旋转叶轮刮片将空气吸入、压缩、排放到外界的。机械泵的抽气速度每分钟仅为 160L，工作能力也只能达到 0.1~0.01Pa，远不能满足电镜镜筒对真空度的要求，所以机械泵只作为真空系统的前级泵来使用。

B　油扩散泵

扩散泵工作原理是用电炉将特种扩散泵油加热至蒸汽状态，高温油蒸汽膨胀向上升起，靠油蒸汽吸附电镜镜体内的气体，从喷嘴朝着扩散泵内壁射出，在环绕扩散泵外壁的冷却水的强制降温下，油蒸汽冷却成液体时析出气体排至泵外，由机械泵抽走气体，油蒸汽冷却成液体后靠重力回落到加热电炉上的油槽里循环使用，见图 4-10。扩散泵的抽气速度很快，约为每秒钟 570L，工作能力也较强，可达 1~10Pa。但它只能在气体分子较稀薄时使用，这是由于氧气成分较多时易使高温油蒸气燃烧，所以扩散泵通常与机械泵串联使用，在机械泵将镜筒真空度抽到一定程度时，才启动扩散泵。

近年来电镜厂商在制作中为实现超高压、超高分辨率，必须满足超高真空度的要求，为此在电镜的真空系统中又推出了离子泵和涡轮分子泵，把它们与前述的机械泵和油扩散泵联用可以达到 10Pa 的超高真空度水平。

C 真空阀、真空规

真空阀是用于启闭真空通道各部分的关卡，使各部分能独立放气、抽空而不影响整个系统的真空度。

真空规用于镜筒各部位真空度的检测，向真空表和真空控制电路提供信号，根据检测目标的真空度不同，真空规分为皮拉尼规（Pirani Gauge）和潘宁规（Penning Gauge）两种。前者用于低真空检测，后者用于高真空检测，被安装在镜体的不同部位。

D 空气压缩机

电镜中的真空阀多为气动式，动力源自空气压缩机，这是因为如采用电磁动力的真空阀门，易产生干扰电磁场，影响电镜工作。电镜外部专配的空气压缩机能经常、自动地保持在 4atm❶ 以上，以提供足够的气体压力。由空气压缩机输出的高压气体经多根软塑细管送出，先经过在计算机程序控制下动作的“总操纵集合电磁阀”，然后连接到镜体内各部位安装的气动阀门处。这样，就可以通过固定程序（或人为）来操纵控制镜体外部的集合电磁阀，切断或联通任一路软塑细管，间接地启闭镜体内部的任一气动阀。

E 抽气过程

图 4-10 中的真空抽气系统是由两部分组成的，各为 1 套机械泵和扩散泵，分别连接镜体的上半部镜筒部分和下半部照相室部分。抽气过程是：先由机械泵将该部分（如镜筒）真空抽至 10Pa 以下，由真空规监测真空度达到这个值时，提供一个信号送给中央微处理器，由控制电路自动操纵扩散泵启动工作；当（镜筒）真空度达到 10Pa 时，真空规发出可以接通镜体电源电路的信号，而如果镜筒因某种原因突然漏气，真空度一旦低于设定值，真空规将立即“通知”控制电路切断工作电源。在电镜工作中，镜筒总会或多或少漏进一些气体（不可能绝对密封），所以真空泵也一直在不停地工作着，使镜体的真空度维持在一个较高的数值，达到平衡状态。在工作过程之中，如需要更换样品，则控制电路自动操纵控制镜体外部的集合电磁阀，向电子枪阀门和镜筒阀门提供气压动力，令其关闭，只给镜筒中部放气，待到换毕，样品重新抽取真空达到原来真空度时，再切断气压动力使两阀门开启，联通镜筒的上下真空和光路通道，依此类推。

4.3.2.6 电路系统

A 电源变换装置

镜体和辅助系统中的各种电路都需要工作电源，且因性质和用途不同，对电源的电压、电流和稳压度也有不同的要求。如电子枪的阳极需要数十至数百千伏的高电压，它的稳定度应在每分钟不漂移 10 以上（每分钟的偏离量低于十万分

---

❶ 1atm = 101325Pa。

之一)，这专门由高压发生器和高压稳定电路（埋于油箱内）来提供。在物镜电源中则要求电流的稳定度优于10~100。其他透镜电源、操纵控制等电路则要求工作电压从几伏到几百伏，电流从几毫安到几安培不等，全部由相应的电源电路变换配给，其中包括变换电路、稳压电路、恒流电路等。

B 调整、控制电路

这部分电路最为复杂，操纵面板上的每一个变化，都对应到相应元、部件工作状态的变化，每一步骤都要由电路做出一系列相应的动作来实现。调整控制电路实质上是由许多形形色色的操纵、检测、自控、保护等电路交织而成的。

4.3.2.7 水冷系统

水冷系统是由许多曲折迂回、密布在镜筒中的各级电磁透镜、扩散泵、电路中大功率发热元件之中的管道组成的。外接水制冷循环装置，为保证水冷充分(10~25℃之间，不可过高或过低)、充足（4~5L/min)、可靠（0.5~2kg/mm)，在冷却水管道的出口，装有水压探测器，在水压不足时既能报警，又能通过控制电路切断镜体电源，以保证电镜在正常工作时不因为过热而发生故障。水冷系统的工作要开始于电镜开启之前，结束于电镜关闭20min以后。

4.3.2.8 高分辨率TEM影像的拍摄要点

拍摄要点如下。

(1) 样品制作：要求切片（或复型）样品的厚薄适宜，染色好。

(2) 合轴：保证机械合轴与电气合轴的精良。

(3) 消像散：细心消除聚光镜和物镜的像散。

(4) 聚焦：需一定经验，精心调正。

(5) 曝光：以重点观察部位密度为准，对测光结果略加补偿。

(6) 避免电压波动，外界磁场和震动的干扰。

(7) 拍摄倍率不宜太高，以刚能看清细节为界。

4.4 拉曼光谱分析

拉曼散射是印度科学家Raman在1928年发现的，拉曼光谱因之而得名。拉曼光谱得到的是物质的分子振动和转动光谱，是物质的指纹性信息，因此拉曼可以作为认证物质和分析物质成分的一种有力工具。而且拉曼峰的频率对物质结构的微小变化非常敏感，所以也常通过对拉曼峰的微小变化的观察，来研究在某些特定条件下，例如改变温度、压力和掺杂特性等，所引起的物质结构的变化，从而间接推出材料不同部分微观上的环境因素的信息，如应力分布等。

拉曼光谱技术具有很多优点：光谱的信息量大，谱图易辨认，特征峰明显；对样品无接触，无损伤；样品无须制备；能够快速分析、鉴别各种材料的特性与结构；激光拉曼光谱仪的显微共焦功能可做微区微量以及分层材料的分析（1μm左右光斑）；能适合黑色和含水样品以及高低温和高压条件下测量；此外，拉曼光谱仪使用简单，稳固而且体积适中，维护成本也相对较低。

激光拉曼光谱是激光光谱学中的一个重要分支，应用十分广泛。在化学方面可应用于有机化学、无机化学、生物化学、石油化工、高分子化学、催化和环境科学、分子鉴定、分子结构等研究；在物理学方面可以应用于发展新型激光器、产生超短脉冲、分子瞬态寿命研究等，此外在相干时间、固体能谱方面也有极其广泛的应用[9,10]。

4.4.1 基本原理

入射光与物质相互作用时除了发生反射、吸收、透射以及发射等光学现象外，还会发生物质对光的散射作用。相对于入射光的波数，散射光的波数变化会发生三类情况。第一类为瑞利散射，其频率变化小于 3×10^5Hz，波数基本不变或者变化小于 10^{-5}cm^{-1}；第二类为布里渊散射，其频率变化小于 3×10^9Hz，波数变化一般为 0.1~2cm^{-1}；第三类频率改变大于 3×10^{10}Hz，波数变化较大，这种散射被称为拉曼散射。从散射光的强度看，最强的为瑞利散射，一般为入射光的 10^{-3}，最弱的为拉曼散射，它的微分散射面积仅为 10^{-30}cm^2/(mol · sr)，其强度约为入射光的 10^{-10}左右。

经典的物理学理论认为，红外光谱的产生伴随着分子偶极矩的变化，而拉曼散射则伴随着分子极化率的改变，这种极化率的改变是通过分子内部的运动（例如转动、振动等）来实现的。

不同于经典的物理学理论，量子理论认为，入射的光量子与分子之间的碰撞，可以是弹性的也可以是非弹性的。拉曼散射是光量子与分子之间发生的非弹性碰撞过程。在弹性碰撞过程中，散射光的频率保持恒定，分子与光量子之间没有能量交换，这就是瑞利散射，如图 4-11a 所示。但是，一旦分子和光量子之间发生了非弹性碰撞，它们之间就会有能量交换，这种能量交换可以是光量子转移一部分能量给散射分子，也可以是光量子从散射分子中吸收一部分能量，不管是其中的哪一种情况，都会使散射光的频率相对于入射光发生改变。图 4-11a，b 中，E_1 和 E_2 分别表示分子的初始态和终态的能量，光子吸收和放出的能量只能是散射分子两个定态之间能量的差值 $\Delta E=E_2-E_1$。如果光量子将一部分能量传递给散射分子，光量子能量变低，此时光量子将会以较小的频率散射出去，其频率为 $\nu'=\nu_0-\Delta\nu$，称为斯托克斯线。对于散射分子而言，接受光量子的能量同时跃迁到激发态 E_2。如果散射分子已经处于振动或转动的激发态 E_2，入射的光量子将可以从散射分子中取得能量 ΔE（振动或转动能量），并以更高的频率散射，这时的光量子的频率为 $\nu'=\nu_0+\Delta\nu$，称为反斯托克斯线。

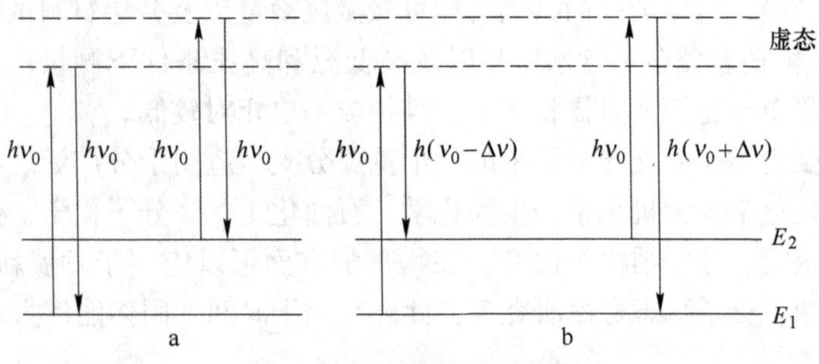

图 4-11 光的散射示意图

因此，在拉曼光谱谱图中会出现三种类型的线（图 4-12），分别是弹性散射线、斯托克斯线和反斯托克斯线。瑞利散射线位于中央，频率为 ν_0，其强度最强；高频的一侧是反斯托克斯线，与瑞利线的频差为 $\Delta\nu$，低频一侧的是斯托克斯线，与瑞利线的频差也为 $\Delta\nu$。斯托克斯线和反斯托克斯线通常都被称为拉曼线，两者对称地分布在瑞利线的两侧，其强度比瑞利线的强度均要弱很多，约为瑞利线强度的几百万分之一。和斯托克斯线相比，反斯托克斯线的强度又要弱很多，这是因为大多数的散射分子处于基态，因此在拉曼谱图中很不容易观察到反斯托克斯线。拉曼散射频率常表示为 $\nu_0 \pm \Delta\nu$，$\Delta\nu$ 称为拉曼频移，其数值取决于散射分子内部振动和转动能级的大小，因此拉曼光谱的频率不受激发光频率的限制。通过拉曼频移，我们可以很好地鉴别和分析散射物质。尽管拉曼频移与激发线的频率无关，但是其强度与入射光的频率是有关系的。因此为了获得质量较高的拉曼谱图，选择合适的激发线也是非常重要的。

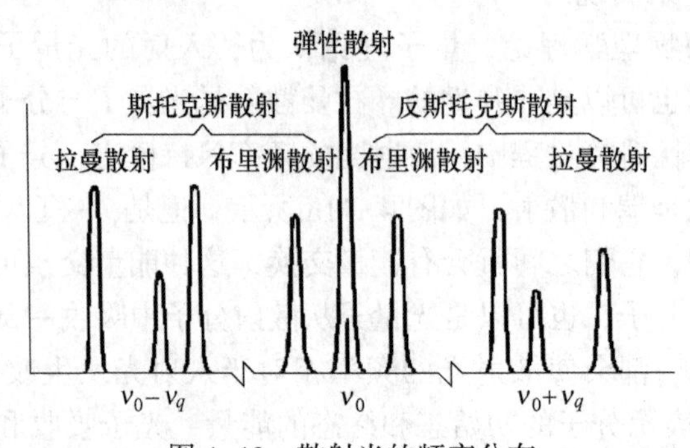

图 4-12 散射光的频率分布

4.4.2 基本构成及其工作原理

在检测拉曼散射光时，不可避免地会收到强度大于拉曼散射至少 1000 倍的瑞利散射光的干扰。提高入射光的强度，可以提高拉曼散射光的强度，但是也会提高瑞利散射的强度。因此，在拉曼光谱仪的设计和使用过程中，既要考虑增强入射光的光强，又要尽可能地抑制和消除来自瑞利散射的背景杂散光，从而最大限度地收集拉曼散射光，提高仪器的信噪比。典型的拉曼光谱仪由图 4-13 所示的五个部分构成。

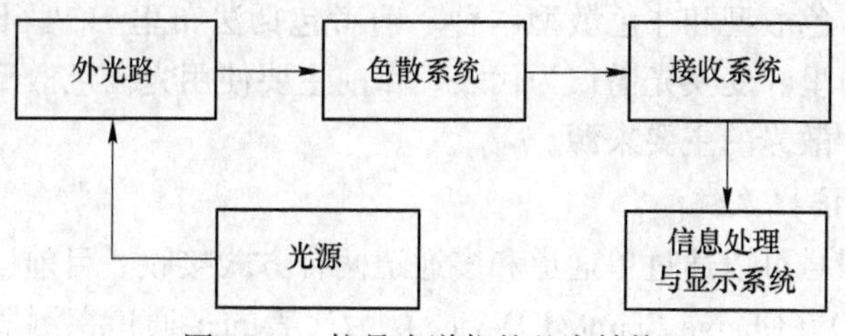

图 4-13 拉曼光谱仪的基本结构

4.4.2.1 光源

目前拉曼光谱仪的光源已全部使用激光光源。入射光采用激光，具有强度高、单色性好、方向性好以及偏振性能优良等优点，应用于拉曼光谱仪的激光线的波长已覆盖紫外到近红外区域，例如氩离子激光器可以提供 514nm 的激光，Nd：YAG 激光器可以提供 1064nm 的激光。

4.4.2.2 外光路

为了更有效地激发样品，收集散射光，外光路常包括聚光、集光、滤光、样品架和偏振等部件。

(1) 聚光。聚光的目的是增强入射光在样品上的功率密度。通过使用几块焦距合适的会聚透镜，可使入射光的辐照功率增强约 10^5 倍。

(2) 集光。为了更多地收集散射光，通常要求收集透镜的相对孔径较大，一般数值在 1 左右。对某些实验样品可在收集镜对面或者照明光传播方向上添加反射镜，从而进一步提高收集散射光的效率。

(3) 滤光。在样品前面和后面均可安置合适的滤光元件。前置的单色器或干涉滤光片，可以滤去光源中非激光频率的大部分光能，从而进一步提高激光的单色性。在样品后面放置的干涉滤光片或吸收盒可以滤去瑞利线的大部分能量，从而提高拉曼散射的相对强度。安置滤光部件的主要目的是为了抑制杂散光以提高拉曼散射的信噪比。

(4) 样品架。样品架的设计一方面要保证能够正确和稳定地放置样品，另一方面要使入射光最有效照射和杂散光最少，特别是要避免入射激光进入光谱仪的入射狭缝，干扰散射光的检测。目前入射光光路和收集散射光方向的不同，样品架光路系统的设计可以分为垂直、斜入射、背反射和前向散射等。

(5) 偏振。和荧光发射光谱一样，拉曼光谱除了对散射分子进行拉曼频移以及拉曼强度的测量，还可以通过测量拉曼光谱的偏振性更好地了解分子的结构。在外光路中加入偏振元件，可以改变入射光和散射光的偏振方向以及消除光谱仪的退偏干扰。

4.4.2.3 色散系统

色散系统是拉曼光谱仪的核心部分，它的作用是将拉曼散射光按频率在空间分开。通常分为色散型和非色散型两种。前者包括法布里-珀罗干涉仪和光栅光谱仪，后者以傅里叶变换光谱仪为代表。目前主要使用光栅色散型光谱仪。光栅的缺陷是仪器杂散光的主要来源。

4.4.2.4 接收系统

拉曼散射信号可以通过单通道和多通道两种方式接收。目前以电荷耦合器件图像传感器 CCD（Charge Coupled Device）为代表的多通道探测器被广泛应用于拉曼光谱仪。

4.4.2.5 信息处理与显示

微弱信号的处理方法包括相干信号的锁相处理、重复信号时域平均处理、离散信号的统计处理以及计算机处理。目前主要通用的是采用后两种方法相结合。最后通过记录仪或者计算机接口软件输出图谱。

4.4.3 拉曼光谱的特点

不同于瑞利散射，拉曼散射是光子和介质之间发生的一种非弹性散射。当改变介质外部条件，如温度和压力时，介质的内部状态会发生变化，这种改变可以通过拉曼光谱来表征。拉曼谱的这个特征是拉曼光谱技术的一大优点，它使得有可能在可见光区研究分子的振动和转动等状态，因此在很多情况下它已成为分子谱中红外吸收方法的一个重要补充。

拉曼光谱和红外光谱均属于分子振动和转动光谱，红外光谱解析中的定性三要素（吸收频率、强度和峰形）对拉曼解析也适用。在许多情况下，拉曼频率位移的程度正好相当于红外吸收频率。因此红外测量能够得到的信息同样也出现在拉曼光谱中。但由于这两种光谱的分析机理不同，在提供信息上也是有差异的，极性官能团的红外谱带较为强烈，而非极性官能团的拉曼散射谱带较为强烈。例如，在许多情况下，C═C 伸缩振动的拉曼谱带比相应的红外谱带强烈，而 C═O 的伸缩振动的红外谱带比相应的拉曼谱带更为显著。此外，分子的对称性越高，拉曼光谱与红外光谱的区别就越大。

不同的光谱产生的机制不同，它们各自具有自己的特点。拉曼散射光谱具有以下几个明显的特点：（1）改变入射光的频率，拉曼频移不变，也就是说对同一样品，同一拉曼谱线的位移只和样品的振动转动能级有关；（2）对于确定方向的晶体或分子，散射光的偏振特性与入射光的偏振状态有关，一般情况下，拉曼散射光谱是偏振的；（3）在拉曼光谱图上，斯托克斯线和反斯托克斯线总是对称地分布在瑞利散射线的两侧；（4）一般情况下，由于 Boltzmann 分布，处于振动基态上的分子数远大于处于振动激发态上的分子数，当非弹性散射发生时，更多的分子将从光子获得能量，而光子的能量降低，因此斯托克斯线强度要比反斯托克斯线的强度大。

4.4.4 拉曼光谱的应用

拉曼光谱技术的应用领域不断扩大，包括：(1) 化学过程的跟踪和实时测量，包括定量测量溶剂混合物及水溶液中各组成成分的含量，跟踪化学反应的中间和末端产物，检查有机污染物等；(2) 检测易燃易爆物、毒品药品、生物武器试剂和炸药；(3) 生物和医学中测量血液和组织的含氧量、总蛋白质及生物溶质含量，决定新陈代谢产物的浓度，在分子水平上对疾病进行诊断；(4) 拉曼光谱作为物质的指纹图谱，可以很好地对有机物和无机物的物理化学性质进行测量、分析；(5) 在药物研究领域可以认定和分析成分，包括关键性的添加剂、填充剂、毒品对药物的纯度和质量的控制；(6) 在食品安全方面，还可以测量食物油中脂肪酸的不饱和度，检测食品中的污染物如细菌，认定营养品和果品饮料中的添加药物；(7) 在考古领域，利用拉曼光谱测量过程中对样品的无损性操作，可以鉴定和分析真假宝石、古玩字画等。

4.5 X射线光电子能谱分析

1954年以瑞典Siegbahn教授为首的研究小组观测光峰现象，不久又发现了原子内层电子能级的化学位移效应，于是提出了ESCA（化学分析电子光谱学）这一概念。由于这种方法使用了铝、镁靶材发射的软X射线，故也称为X光电子能谱（X-ray Photoelectron Spectroscopy）。X光电子能谱分析技术已成为表面分析中的常规分析技术，目前在催化化学、新材料研制、微电子、陶瓷材料等方面得到了广泛的应用。

4.5.1 方法原理

X射线光电子能谱基于光电离作用，当一束光子辐照到样品表面时，光子可以被样品中某一元素的原子轨道上的电子所吸收，使得该电子脱离原子核的束缚，以一定的动能从原子内部发射出来，变成自由的光电子，而原子本身则变成一个激发态的离子。在光电离过程中，固体物质的结合能可以用下面的方程表示：

$$E_k = h\nu - E_b - \phi_s \tag{4-10}$$

式中 E_k——出射的光电子的动能，eV；

$h\nu$——X射线源光子的能量，eV；

E_b——特定原子轨道上的结合能，eV；

ϕ_s——谱仪的功函，eV。

谱仪的功函主要由谱仪材料和状态决定，对同一台谱仪基本是一个常数，与样品无关，其平均值为3~4eV。

在XPS分析中，由于采用的X射线激发源的能量较高，不仅可以激发出原子价轨道中的价电子，还可以激发出芯能级上的内层轨道电子，其出射光电子的能量仅与入射光子的能量及原子轨道结合能有关。因此，对于特定的单色激发源和特定的原子轨道，其光电子的能量是特征的。当固定激发源能量时，其光电子的能量仅与元素的种类和所电离激发的原子轨道有关。因此，我们可以根据光电子的结合能定性分析物质的元素种类。图4-14表示固体材料表面受X射线激发后的光电离过程[11]。

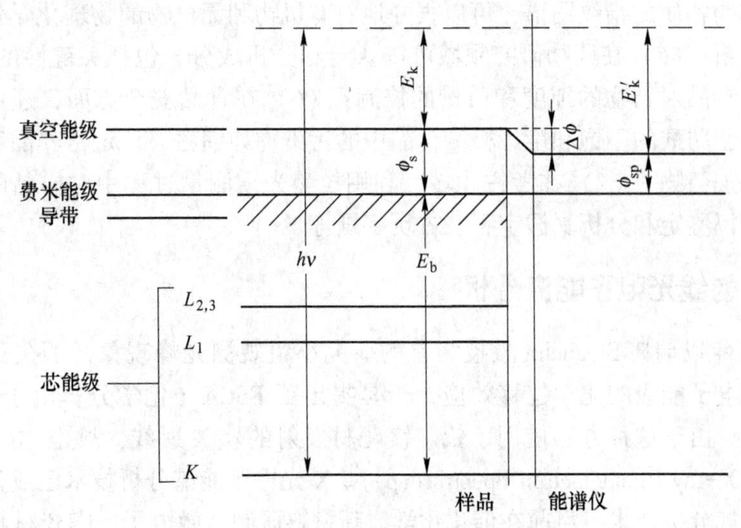

图4-14 固体材料表面光电过程的能量关系

另外，经X射线辐射后，在一定范围内，从样品表面射出的光电子强度与样品中该原子的浓度呈线性关系，因此，可通过XPS对元素进行半定量分析。但由于光电子的强度不仅与原子浓度有关，还与光电子的平均自由程、样品表面的清洁度、元素所处的化学状态、X射线源强度及仪器的状态有关。因此，XPS一般不能得到元素的绝对含量，得到的只是元素的相对含量。

虽然射出的光电子的结合能主要由元素的种类和激发轨道所决定，但由于原子外层电子所处化学环境不同，电子结合能存在一些微小的差异。这种结合能上的微小差异被称为化学位移，它取决于原子在样品中所处的化学环境。一般来说，原子获得额外电子时，化合价为负，结合能降低；反之，该原子失去电子时，化合价为正，结合能增加。利用化学位移可检测原子的化合价态和存在形式。除了化学位移，固体的热效应与表面荷电效应等物理因素也可能引起电子结合能的改变，从而导致光电子谱峰位移，称之为物理位移。因此，在应用 XPS 进行化学价态分析时，应尽量避免或消除物理位移。

在普通的 XPS 谱仪中，一般采用 MgK_{α} 和 AlK_{α} X 射线作为激发源，光子的能量足够促使除氢、氦以外的所有元素发生光电离作用，产生特征光电子。由此可见，XPS 技术是一种可以对所有元素进行一次全分析的方法，这对于未知物的定性分析是非常有效的。

4.5.2 仪器结构和工作原理

4.5.2.1 XPS 谱仪的基本结构

虽然 XPS 方法的原理比较简单，但其仪器结构却非常复杂。图 4-15 是 X 射线光电子能谱仪结构框图。从图上可见，X 射线光电子能谱仪由进样室、超高真空系统、X 射线激发源、离子源、能量分析系统及计算机数据采集和处理系统等组成。下面对主要部件进行简单的介绍。

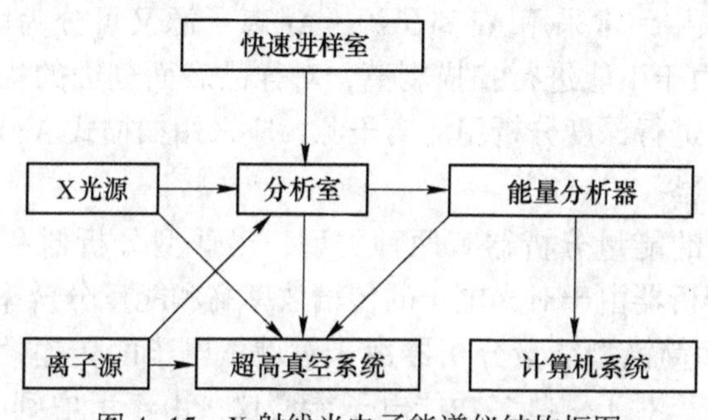

图 4-15 X 射线光电子能谱仪结构框图

A 超高真空系统

在 X 射线光电子能谱仪中必须采用超高真空系统，主要是出于两方面的原因。首先，XPS 是一种表面分析技术，如果分析室的真空度很差，在很短的时间内试样的清洁表面就可以被真空中的残余气体分子所覆盖。其次，由于光电子的信号和能量都非常弱，如果真空度较差，光电子很容易与真空中的残余气体分子发生碰撞作用而损失能量，最后不能到达检测器。在 X 射线光电子能谱仪中，为了使分析室的真空度能达到 3×10^{-8} Pa，一般采用三级真空泵系统。前级泵一般采用旋转机械泵或分子筛吸附泵，极限真空度能达到 10^{-2} Pa；采用油扩散泵或分子泵，可获得高真空，极限真空度能达到 10^{-8} Pa；而采用溅射离子泵和钛升华泵，可获得超高真空，极限真空度能达到 10^{-9} Pa。这几种真空泵的性能各有优缺点，可以根据各自的需要进行组合。现在的新型 X 射线光电子能谱仪，普遍采用机械泵-分子泵-溅射离子泵-钛升华泵系列，这样可以防止扩散泵油污染清洁的超高真空分析室。

B 快速进样室

X 射线光电子能谱仪多配备有快速进样室，其目的是在不破坏分析室超高真空的情况下能进行快速进样。快速进样室的体积很小，以便能在 5~10min 内达到 10^{-3}Pa 的高真空。有一些谱仪，把快速进样室设计成样品预处理室，可以对样品进行加热、蒸镀和刻蚀等操作。

C X 射线激发源

在普通的 XPS 谱仪中，一般采用双阳极靶激发源。常用的激发源有 MgK_αX 射线，光子能量为 1253. 6eV 和 AlK_αX 射线，光子能量为 1486. 6eV。没经单色化的 X 射线的线宽可达到 0. 8eV，而经单色化处理以后，线宽可降低到 0. 2eV，并可以消除 X 射线中的杂线和韧致辐射。但经单色化处理后，X 射线的强度大幅度下降。

D 离子源

在 XPS 中配备离子源的目的是对样品表面进行清洁或对样品表面进行定量剥离。在 XPS 谱仪中，常采用 Ar 离子源。Ar 离子源又可分为固定式和扫描式。固定式 Ar 离子源由于不能进行扫描剥离，对样品表面刻蚀的均匀性较差，仅用作表面清洁。对于进行深度分析用的离子源，应采用扫描式 Ar 离子源。

E 能量分析器

X 射线光电子的能量分析器有两种类型，半球型分析器和筒镜型能量分析器。半球型能量分析器由于对光电子的传输效率高和能量分辨率好等特点，多用在 XPS 谱仪上。而筒镜型能量分析器由于对俄歇电子的传输效率高，主要用在俄歇电子能谱仪上。对于一些多功能电子能谱仪，由于考虑到 XPS 和 AES 的共用性和使用的侧重点，选用能量分析器主要依据那一种分析方法为主。以 XPS 为主的采用半球型能量分析器，而以俄歇为主的则采用筒镜型能量分析器。

F 计算机系统

由于 X 射线电子能谱仪的数据采集和控制十分复杂，商用谱仪均采用计算机系统来控制谱仪和采集数据。由于 XPS 数据的复杂性，谱图的计算机处理也是一个重要的部分。如元素的自动标识、半定量计算，谱峰的拟合和去卷积等。

4. 5. 2. 2 XPS 谱图分析技术工作原理

A 表面元素定性分析

表面元素定性分析是一种常规分析方法，一般利用 XPS 谱仪的宽扫描程序。为了提高定性分析的灵敏度，一般应加大分析器的通能（Pass Energy），提高信噪比。图 4-16 是典型的 XPS 定性分析图。通常 XPS 谱图的横坐标为结合能，纵坐标为光电子的计数率。在分析谱图时，首先必须考虑的是消除荷电位移。对于金属和半导体样品由于不会荷电，因此不用校准。但对于绝缘样品，则必须进行

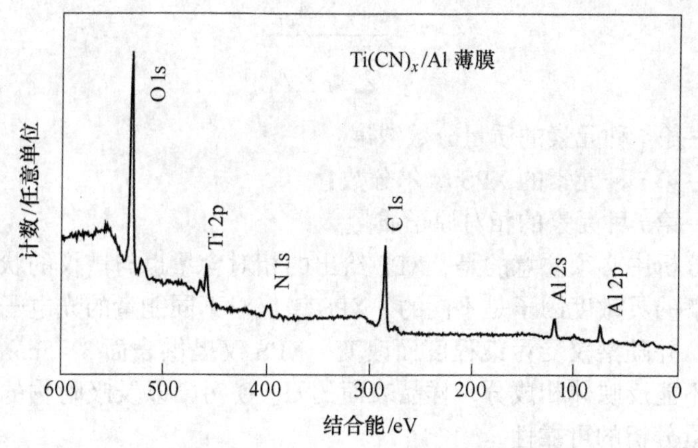

图 4-16　高纯 Al 基片上沉积的 Ti(CN)$_x$ 薄膜的 XPS 谱图
（激发源为 MgK_α）

校准。因为，当荷电较大时，会导致结合能位置有较大的偏移，导致错误判断。使用计算机自动标峰时，同样会产生这种情况。一般来说，只要该元素存在，其所有的强峰都应存在，否则应考虑是否为其他元素的干扰峰。激发出来的光电子依据激发轨道的名称进行标记。如从 C 原子的 1s 轨道激发出来的光电子用 C1s 标记。由于 X 射线激发源的光子能量较高，可以同时激发出多个原子轨道的光电子，因此在 XPS 谱图上会出现多组谱峰。大部分元素都可以激发出多组光电子峰，可以利用这些峰排除能量相近峰的干扰，以利于元素的定性标定。由于相近原子序数的元素激发出的光电子的结合能有较大的差异，因此相邻元素间的干扰作用很小。

由于光电子激发过程的复杂性，在 XPS 谱图上不仅存在各原子轨道的光电子峰，同时还存在部分轨道的自旋裂分峰、$K_{\alpha 2}$ 产生的卫星峰、携上峰以及 X 射线激发的俄歇峰等伴峰，在定性分析时必须予以注意。现在，定性标记的工作可由计算机进行，但经常会发生标记错误，应加以注意。对于不导电样品，由于荷电效应，经常会使结合能发生变化，导致定性分析得出不正确的结果。

从图 4-16 可见，在薄膜表面主要有 Ti、N、C、O 和 Al 元素存在。Ti、N 的信号较弱，而 O 的信号很强。这结果表明形成的薄膜主要是氧化物，氧的存在会影响 Ti(CN)$_x$ 薄膜的形成[12]。

B　表面元素的半定量分析

首先应当明确的是 XPS 并不是一种很好的定量分析方法。它给出的仅是一种半定量的分析结果，即相对含量而不是绝对含量。由 XPS 提供的定量数据是以原子百分比含量表示的，而不是我们平常所使用的质量百分比。这种比例关系可以通过下列公式换算：

$$c_i^{wt} = \frac{c_i \times A_i}{\sum_{i=1}^{i=n} c_i \times A_i} \tag{4-11}$$

式中 c_i^{wt}——第 i 种元素的质量分数浓度；

c_i——第 i 种元素的 XPS 摩尔分数；

A_i——第 i 种元素的相对原子质量。

在定量分析中必须注意的是，XPS 给出的相对含量也与谱仪的状况有关。因为不仅各元素的灵敏度因子是不同的，XPS 谱仪对不同能量的光电子的传输效率也是不同的，并随谱仪受污染程度而改变。XPS 仅提供表面 3~5nm 厚的表面信息，其组成不能反映体相成分。样品表面的 C、O 污染以及吸附物的存在也会大大影响其定量分析的可靠性。

C 表面元素的化学价态分析

表面元素化学价态分析是 XPS 的最重要的一种分析功能，也是 XPS 谱图解析最难，比较容易发生错误的部分。在进行元素化学价态分析前，首先必须对结合能进行正确的校准。因为结合能随化学环境的变化较小，而当荷电校准误差较大时，很容易标错元素的化学价态。此外，有一些化合物的标准数据依据不同的作者和仪器状态存在很大的差异，在这种情况下这些标准数据仅能作为参考，最好是自己制备标准样，这样才能获得正确的结果。有一些化合物的元素不存在标准数据，要判断其价态，必须用自制的标样进行对比。还有一些元素的化学位移很小，用 XPS 的结合能不能有效地进行化学价态分析，在这种情况下，可以从线形及伴峰结构进行分析，同样也可以获得化学价态的信息。

图 4-17 是 PZT 薄膜中碳的化学价态谱。从图 4-17 可见，在 PZT 薄膜表面，C1s 的结合能为 285.0eV 和 281.5eV，分别对应于有机碳和金属碳化物。有机碳是主要成分，可能是由表面污染所产生的。随着溅射深度的增加，有机碳的信号减弱，而金属碳化物的峰增强。这结果说明在 PZT 薄膜内部的碳主要以金属碳化物存在。

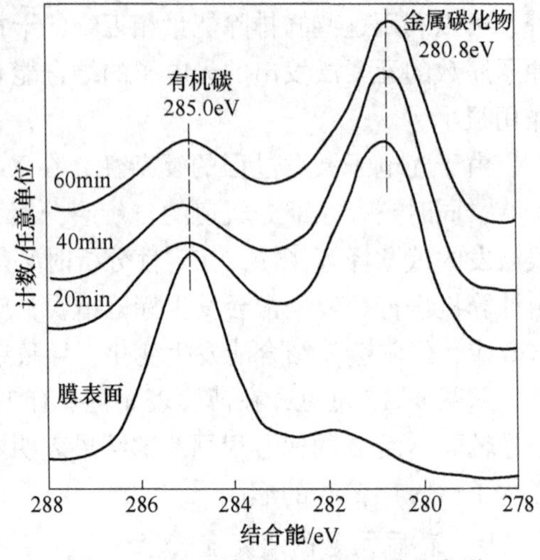

图 4-17 PZT 薄膜中碳的化学价态谱

D 元素沿深度方向的分布分析

XPS 可以通过多种方法实现元素沿深度方向分布的分析，其中最常用的两种方法，它们分别是 Ar 离子剥离深度分析和变角 XPS 深度分析。Ar 离子剥离深度分析方法是一种使用最广泛的深度剖析方法，是一种破坏性分析方法，会引起样品表面晶格的损伤、择优溅射和表面原子混合等现象。其优点是可以分析表面层较厚的体系，深度分析的速度较快。其分析原理是先把表面一定厚度的元素溅射掉，然后再用 XPS 分析剥离后的表面元素含量，这样就可以获得元素沿样品深度方向的分布。由于普通的 X 光枪的束斑面积较大，离子束的束斑面积也相应较大，因此，其剥离速度很慢，深度分辨率也不是很好，其深度分析功能一般很少使用。此外，由于离子束剥离作用时间较长，样品元素的离子束溅射还原会相当严重。为了避免离子束的溅射坑效应，离子束的面积应比 X 光枪束斑面积大 4 倍以上。对于新一代的 XPS 谱仪，由于采用了小束斑 X 光源（微米量级），XPS 深度分析变得较为现实和常用。另一种是变角 XPS 深度分析，它是一种非破坏性的深度分析技术，但只能适用于表面层非常薄（1～5nm）的体系。其原理是利用 XPS 的采样深度与样品表面出射的光电子的接收角的正弦关系，可以获得元素浓度与深度的关系。图 4-18 是 XPS 变角分析的示意图。图中，α 为掠射角，定义为进入分析器方向的电子与样品表面间的夹角。取样深度（d）与掠射角（α）的关系如下：$d=3\lambda\sin\alpha$。当 α 为 90°时，XPS 的采样深度最深，减小 α 可以获得更多的表面层信息，当 α 为 5°时，可以使表面灵敏度提高 10 倍。在运用变角深度分析技术时，必须注意下面因素的影响：（1）单晶表面的点阵衍射效应；（2）表面粗糙度的影响；（3）表面层厚度应小于 10nm。

图 4-19 是 Si_3N_4 样品表面 SiO_2 污染层的变角 XPS 分析。从图中可见，在掠

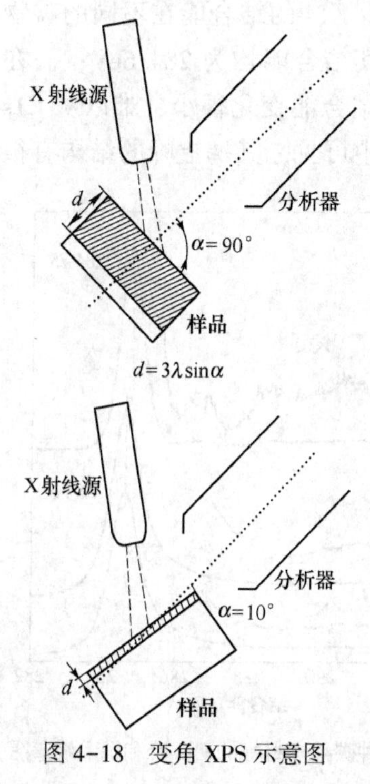

图 4-18 变角 XPS 示意图

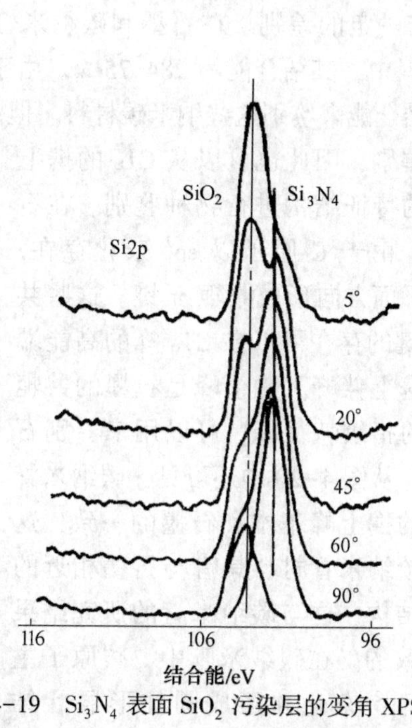

SiO₂ Si₃N₄ Si2p 5° 20° 45° 60° 90° 116 106 96 结合能/eV

图 4-19 Si_3N_4 表面 SiO_2 污染层的变角 XPS 谱

射角为5°时，XPS的采样深度较浅，主要收集的是最表面的成分。由此可见，在Si_3N_4样品表面的硅主要以SiO_2物种存在。在掠射角为90°时，XPS的采样深度较深，主要收集的是次表面的成分。此时，Si_3N_4的峰较强，是样品的主要成分。从XPS变角分析的结果可以认为表面的Si_3N_4样品已被自然氧化成SiO_2物种。

E XPS伴峰分析技术

在XPS谱中最常见的伴峰包括携上峰、X射线激发俄歇峰（XAES）以及XPS价带峰。这些伴峰一般不太常用，但在不少体系中可以用来鉴定化学价态，研究成键形式和电子结构，是XPS常规分析的一种重要补充。

a XPS的携上峰分析

在光电离后，由于内层电子的发射引起价电子从已占有轨道向较高的未占轨道的跃迁，这个跃迁过程就被称为携上过程。在XPS主峰的高结合能端出现的能量损失峰即为携上峰。携上峰是一种比较普遍的现象，特别是对于共轭体系会产生较多的携上峰。在有机体系中，携上峰一般由π-π^*跃迁所产生，也即由价电子从最高占有轨道（HOMO）向最低未占轨道（LUMO）的跃迁所产生。某些过渡金属和稀土金属，由于在3d轨道或4f轨道中有未成对电子，也常常表现出很强的携上效应。

图4-20是几种碳材料的C1s谱。从图上可见，C1s的结合能在不同的碳物种中有一定的差别。在石墨和碳纳米管材料中，其结合能均为284.6eV；而在C_{60}材料中，其结合能为284.75eV。由于C1s峰的结合能变化很小，难以从C1s峰的结合能来鉴别这些纳米碳材料。但从图4-20中可见，其携上峰的结构有很大的差别，因此也可以从C1s的携上伴峰的特征结构进行物种鉴别。在石墨中，由于C原子以sp^2杂化存在，并在平面方向形成共轭π键。这些共轭π键的存在可以在C1s峰的高能端产生携上伴峰。这个峰是石墨的共轭π键的指纹特征峰，可以用来鉴别石墨碳。从图4-20中还可见，碳纳米管材料的携上峰基本和石墨的一致，这说明碳纳米管材料具有与石墨相近的电子结构，这与碳纳米管的研究结果是一致的。在碳纳米管中，碳原子主要以sp^2杂化并形成圆柱形层状结

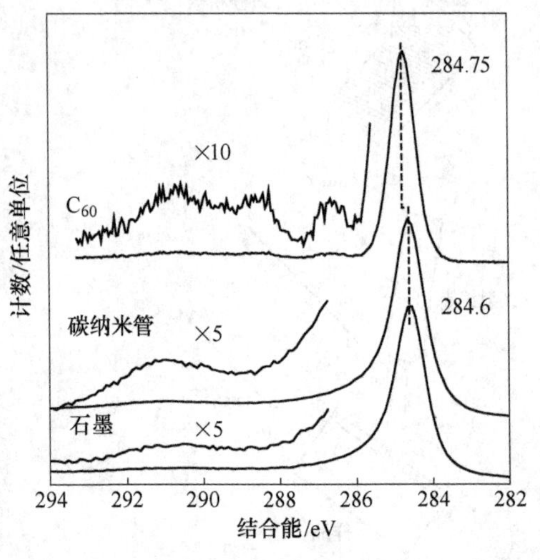

图4-20 几种碳纳米材料的C1s峰和携上峰谱图

构[13]。C_{60}材料的携上峰的结构与石墨和碳纳米管材料的有很大的区别，可分解为5个峰，这些峰是由C_{60}的分子结构决定的。在C_{60}分子中，不仅存在共轭π键，并还存在σ键。因此，在携上峰中还包含了σ键的信息。综上所见，我们不仅可以用C1s的结合能表征碳的存在状态，也可以用它的携上指纹峰研究其化学状态。

b X射线激发俄歇电子能谱（XAES）分析

在X射线电离后的激发态离子是不稳定的，可以通过多种途径产生退激发。其中一种最常见的退激发过程就是产生俄歇电子跃迁的过程，因此X射线激发俄歇谱是光电子谱的必然伴峰。其原理与电子束激发的俄歇谱相同，仅是激发源不同。与电子束激发俄歇谱相比，XAES具有能量分辨率高、信背比高、样品破坏性小及定量精度高等优点。同XPS一样，XAES的俄歇动能也与元素所处的化学环境有密切关系。同样可以通过俄歇化学位移来研究其化学价态。由于俄歇过程涉及三电子过程，其化学位移往往比XPS的要大得多。这对于元素的化学状态鉴别非常有效。对于有些元素，XPS的化学位移非常小，不能用来研究化学状态的变化。不仅可以用俄歇化学位移来研究元素的化学状态，其线形也可以用来进行化学状态的鉴别。

图4-21是几种纳米碳材料的XAES谱。从图4-21可见，俄歇动能不同，其线形有较大的差别。天然金刚石的C KLL俄歇动能是263.4eV，石墨的是267.0eV，碳纳米管的是268.5eV，而C_{60}的则为266.8eV。这些俄歇动能与碳原子在这些材料中的电子结构和杂化成键有关。天然金刚石是以sp^3杂化成键的，

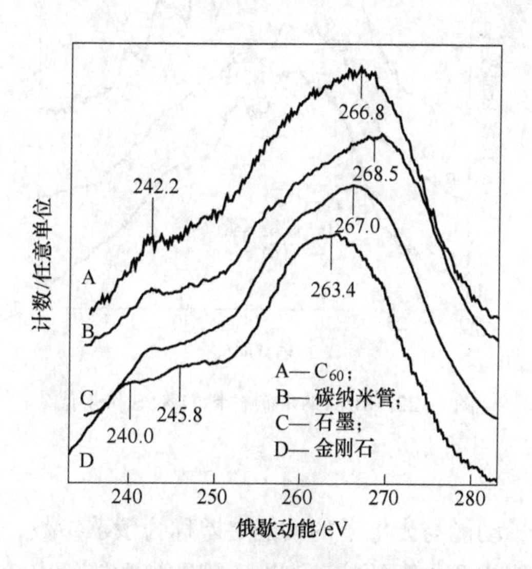

图4-21 几种纳米碳材料的XAES谱[14~17]

石墨则是以 sp^2 杂化轨道形成离域的平面 π 键，碳纳米管主要也是以 sp^2 杂化轨道形成离域的圆柱形 π 键，而在 C_{60} 分子中，主要以 sp^2 杂化轨道形成离域的球形 π 键，并有 σ 键存在。因此，在金刚石的 C KLL 谱上存在 240.0eV 和 246.0eV 的两个伴峰，这两个伴峰是金刚石 sp^3 杂化轨道的特征峰。在石墨、碳纳米管及 C_{60} 的 C KLL 谱上仅有一个伴峰，动能为 242.2eV，这是 sp^2 杂化轨道的特征峰。因此，可以用这伴峰结构判断碳材料中的成键情况。

c　XPS 价带谱分析

XPS 价带谱反映了固体价带结构的信息，由于 XPS 价带谱与固体的能带结构有关，因此可以提供固体材料的电子结构信息。由于 XPS 价带谱不能直接反映能带结构，还必须经过复杂的理论处理和计算。因此，在 XPS 价带谱的研究中，一般采用 XPS 价带谱结构的比较进行研究，而理论分析相应较少。

图 4-22 是几种碳材料的 XPS 价带谱。从图上可见，在石墨，碳纳米管和 C_{60} 分子的价带谱上都有三个基本峰。这三个峰均是由共轭 π 键所产生的。在 C_{60} 分子中，由于 π 键的共轭度较小，其三个分裂峰的强度较强。而在碳纳米管和石墨中由于共轭度较大，特征结构不明显。从图上还可见，在 C_{60} 分子的价带谱上还存在其他三个分裂峰，这些是由 C_{60} 分子中的 σ 键所形成的。由此可见，从价带谱上也可以获得材料电子结构的信息。

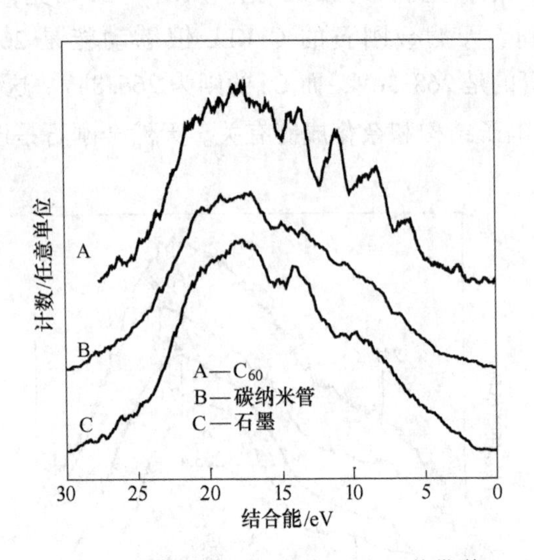

图 4-22　几种纳米碳材料的 XPS 价带谱

d　俄歇参数

元素的俄歇电子动能与光电子的动能之差称为俄歇参数，它综合考虑了俄歇电子能谱和光电子能谱两方面的信息。由于俄歇参数能给出较大的化学位移以及与样品的荷电状况及谱仪的状态无关，因此，可以更为精确地用于元素化学状态的鉴定。

4.6 红外光谱仪

4.6.1 基本原理

红外线和可见光一样都是电磁波，而红外线是波长介于可见光和微波之间的一段电磁波。红外光又可依据波长范围分成近红外、中红外和远红外三个波区，其中红外区（2~2.5μm，4000~400cm^{-1}）能很好地反映分子内部所进行的各种物理过程以及分子结构方面的特征，对解决分子结构和化学组成中的各种问题最为有效，因而中红外区是红外光谱中应用最广的区域，一般所说的红外光谱大都是指这一范围。

红外光谱属于吸收光谱，是由于化合物分子振动时吸收特定波长的红外光而产生的，化学键振动所吸收的红外光的波长取决于化学键动力常数和连接在两端的原子折合质量，即取决于物质的结构特征。这就是红外光谱测定化合物结构的理论依据。

红外光谱作为“分子的指纹”广泛地用于分子结构和物质化学组成的研究。根据分子对红外光吸收后得到谱带频率的位置、强度、形状以及吸收谱带和温度、聚集状态等的关系便可以确定分子的空间构型，求出化学键的力常数、键长和键角。从光谱分析的角度看主要是利用特征吸收谱带的频率推断分子中存在某一基团或键，由特征吸收谱带频率的变化推测临近的基团或键，进而确定分子的化学结构，当然也可由特征吸收谱带强度的改变对混合物及化合物进行定量分析。而鉴于红外光谱的应用广泛性，绘出红外光谱的红外光谱仪也成了科学家们的重点研究对象。

傅里叶变换红外（FT-IR）光谱仪是根据光的相干性原理设计的[18,19]，因此是一种干涉型光谱仪，它主要由光源（硅碳棒、高压汞灯）、干涉仪、检测器、计算机和记录系统组成，大多数傅里叶变换红外光谱仪使用了迈克尔逊（Michelson）干涉仪，因此实验测量的原始光谱图是光源的干涉图，然后通过计算机对干涉图进行快速傅里叶变换计算，从而得到以波长或波数为函数的光谱图，因此，谱图称为傅里叶变换红外光谱，仪器称为傅里叶变换红外光谱仪。

图 4-23 是傅里叶变换红外光谱仪的典型光路系统，来自红外光源的辐射，经过凹面反射镜使成平行光后进入迈克尔逊干涉仪，离开干涉仪的脉动光束投射到一摆动的反射镜 B，使光束交替通过样品池或参比池，再经摆动反射镜 C（与 B 同步），使光束聚焦到检测器上。

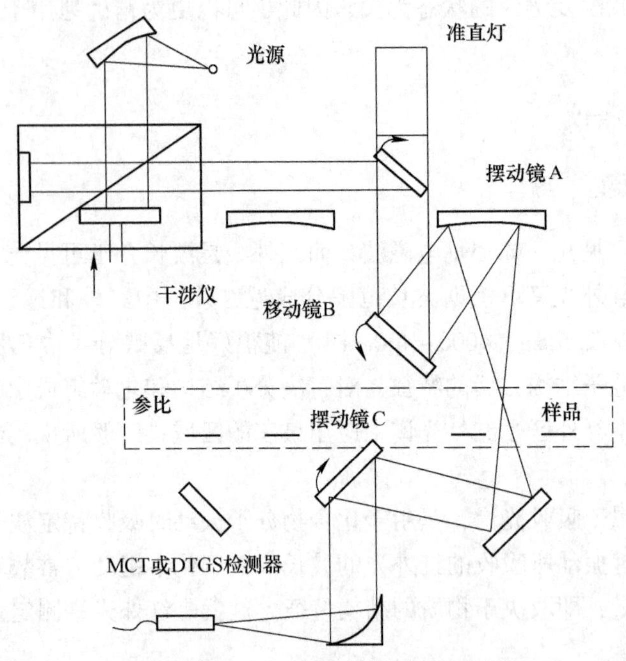

图 4-23　傅里叶变换红外光谱仪的典型光路系统

傅里叶变换红外光谱仪无色散元件，没有夹缝，故来自光源的光有足够的能量经过干涉后照射到样品上然后到达检测器，傅里叶变换红外光谱仪测量部分的主要核心部件是干涉仪。图 4-24 是单束光照射迈克尔逊干涉仪时的工作原理图，干涉仪是由固定不动的反射镜 M_1（定镜），可移动的反射镜 M_2（动镜）及分光束器 B 组成，M_1 和 M_2 是互相垂直的平面反射镜。B 以 45°角置于 M_1 和 M_2 之间，B 能将来自光源的光束分成相等的两部分，一半光束经 B 后被反射，另一半光束则透射通过 B。在迈克尔逊干涉仪中，当来自光源的入射光经光分束器分成两束光，经过两反射镜反射后又汇聚在一起，再投射到检测器上，由于动镜的移动，使两束光产生了光程差，当光程差为半波长的偶数倍时，发生相长干涉，产生明线；为半波长的奇数倍时，发生相消干涉，产生暗线，若光程差既不是半波长的偶数倍，也不是奇数倍时，则相干光强度介于前两种情况之间，当动镜连续移动，在检测器上记录的信号余弦变化，每移动 1/4 波长的距离，信号则从明到暗周期性地改变一次。图 4-25 为辛烷的红外光谱图[20,21]。

4.6.2　红外光谱仪的特点及应用

具体如下：

(1) 多路优点。夹缝的废除大大提高了光能利用率。样品置于全部辐射波长下，因此全波长范围下的吸收必然改进信噪比，使测量灵敏度和准确度大大提高。

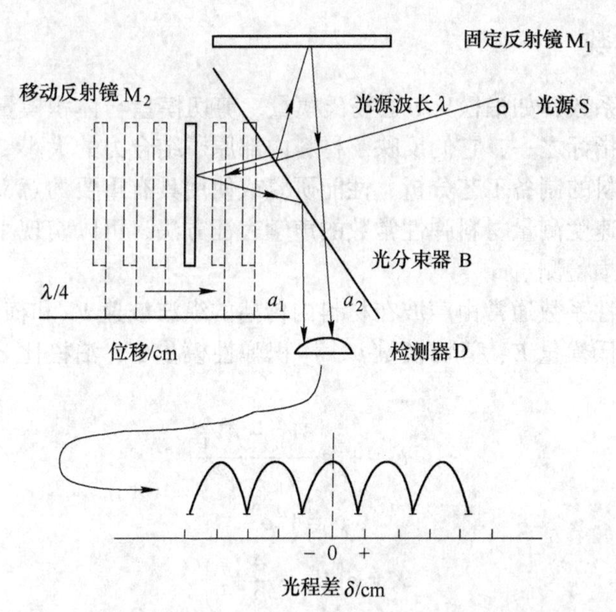

图 4-24 单束光照射迈克尔逊干涉仪时的工作原理图

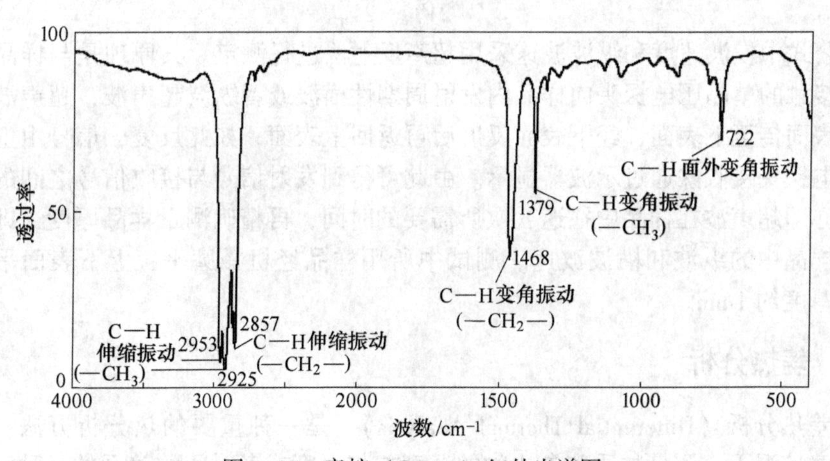

图 4-25 辛烷（Octane）红外光谱图

(2) 分辨率提高。分辨率取决于动镜的线性移动距离，距离增加，分辨率提高，一般可达 0.5cm^{-1}，高的可达 10^{-2}cm。

(3) 波数准确度高，由于引入激光参比干涉仪，用激光干涉条纹准确测定光程差，从而使波数更为准确。

(4) 测定的光谱范围宽，可达 10~$10^4$$cm^{-1}$。

(5) 扫描速度极快，在不到 1s 时间里可获得图谱，比色散型仪器高几百倍。

4.7 弹性系数

材料弹性系数，如泊松比 σ、杨氏模量、剪切模量与体积模量是材料力学性能中最稳定的指标之一，它们反映了材料内部原子结合力的大小。测量材料的弹性常数对于材料的制备工艺分析、性能研究或使用具有重要的意义。利用声波在材料中的传播速度测量材料弹性常数的声学表征方法，可以实现小尺寸试件材料弹性常数的无损检测。

材料的弹性系数通常由声波在材料内传播的纵波波速 V_L 和横波速度 V_T 计算得到。对于杨氏模量 E、剪切模量 μ、体积弹性模量 K、泊松比 σ，其计算公式如下[22,23]：

$$E = V_T^2 \rho \frac{3V_L^2 - 4V_T^2}{V_L^2 - V_T^2} \tag{4-12}$$

$$\mu = V_T^2 \rho \tag{4-13}$$

$$K = \rho\left(V_L^2 - \frac{4}{3}V_T^2\right) \tag{4-14}$$

$$\sigma = \frac{V_L^2 - 2V_T^2}{2V_L^2 - 2V_T^2} \tag{4-15}$$

公式中横波速度和纵波波速采用超声反射法进行测定。其原理是与样品表面紧密接触的单晶压电探头向样品内发射周期性横波或者纵波超声波，超声波由样品上表面传至下表面，经下表面反射后再返回上表面，如此反复，信号由上表面的压电探头接收并通过示波器显示。由此可得到发射信号与接收信号之间的时间差，亦即超声波在样品中往返 n 次所需要的时间，再精确测量样品厚度，即可计算出样品中的纵波和横波波速。测试中所用样品经机械磨平，上下表面平行度高，厚度约 1mm。

4.8 差热分析

差热分析（Differential Thermal Analysis），是一种重要的热分析方法，是指在程序控温下，测量物质和参比物的温度差与温度或者时间的关系的一种测试技术。该法广泛应用于测定物质在热反应时的特征温度及吸收或放出的热量，包括物质相变、分解、化合、凝固、脱水、蒸发等物理或化学反应；广泛应用于无机、硅酸盐、陶瓷、矿物金属、航天耐温材料等领域，是无机、有机，特别是高分子聚合物、玻璃钢等方面热分析的重要仪器。目前，差热分析法与现代各种研究方法综合使用，相互补充，已成为材料研究中最为常用的方法之一。

4.8.1 差热分析的基本原理

差热分析（DTA）是在程序控制温度下测量物质和参比物之间的温度差与温

度（或时间）关系的一种技术。描述这种关系的曲线称为差热曲线或 DTA 曲线。由于试样和参比物之间的温度差主要取决于试样的温度变化，因此就其本质来说，差热分析是一种主要与焓变测定有关并借此了解物质有关性质的技术。

4.8.1.1 差热曲线的形成及差热分析的一般特点

物质在加热或冷却过程中会发生物理变化或化学变化，与此同时，往往还伴随吸热或放热现象。伴随热效应的变化，有晶型转变、沸腾、升华、蒸发、熔融等物理变化，以及氧化还原、分解、脱水和离解等化学变化。另有一些物理变化，虽无热效应发生但比热容等某些物理性质也会发生改变，这类变化如玻璃化转变等。物质发生焓变时质量不一定改变，但温度是必定会变化的。差热分析正是在物质这类性质基础上建立的一种技术。

若将在实验温区内呈热稳定的已知物质（即参比物）和试样一起放入一个加热系统中（图 4-26），并以线性程序温度对它们加热。在试样没有发生吸热或放热变化且与程序温度间不存在温度滞后时，试样和参比物的温度与线性程序温度是一致的。若试样发生放热变化，由于热量不可能从试样瞬间导出，于是试样温度偏离线性升温线，且向高温方向移动。反之，在试样发生吸热变化时，由于试样不可能从环境瞬间吸取足够的热量，从而使试样温度低于程序温度。只有经历一个传热过程试样才能回复到与程序温度相同的温度。

在试样和参比物的比热容、导热系数和质量等相同的理想情况，用图 4-26 装置测得的试样和参比物的温度及它们之间的温度差随时间的变化如图 4-27 所示。图中参比物的温度始终与程序温度一致，试样温度则随吸热和放热过程的发生而偏离程序温度线。当 T_S-T_R 即 ΔT 为零时，图中参比物与试样温度一致，两温度线重合，在 ΔT 曲线则为一条水平基线。

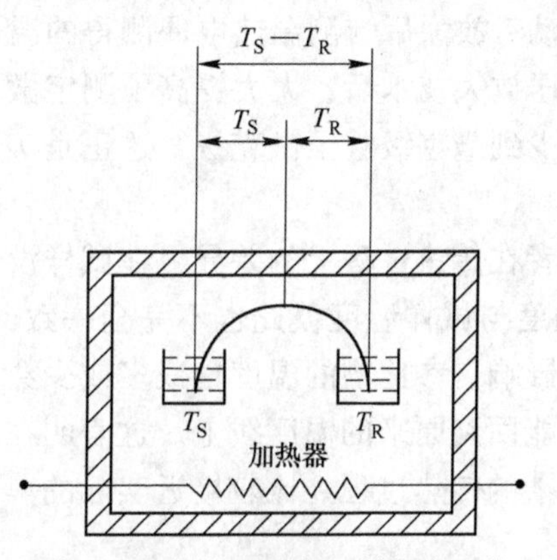

图 4-26 加热和测定试样与参比物温度的装置示意图

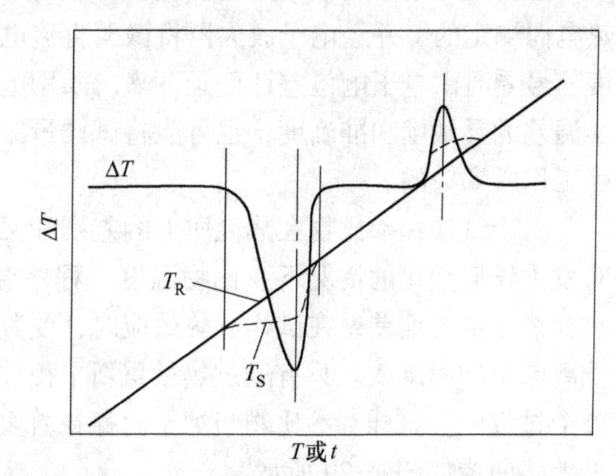

图 4-27 线性程序升温时试样和参比物的温度及温度差随时间的变化

试样吸热时 $\Delta T<0$，在 ΔT 曲线上是一个向下的吸热峰。当试样放热时，$\Delta T>$

0，在 ΔT 曲线上是一个向上的放热峰。由于是线性升温，通过 $T\text{-}t$ 关系可将 $\Delta T\text{-}t$ 图转换成 $\Delta T\text{-}T$ 图。$\Delta T\text{-}t$（或 T）图（图 4-27）即是差热曲线，表示试样和参比物之间的温度差随时间或温度变化的关系。

在用毫克级试样时，ΔT 通常是一个很小的值，不超过 10K，产生的热电势为几十至数百微伏。要想准确地直接测定这样微弱的信号是很困难的。现在大多采用如图 4-28 所示的装置测定差热曲线。试样和参比物分别放入杯状坩埚中，而坩埚通常又放入质量较大的金属或陶瓷块中，该金属或陶瓷块称为均温块，起减小温度波动和利于均匀传热的作用。

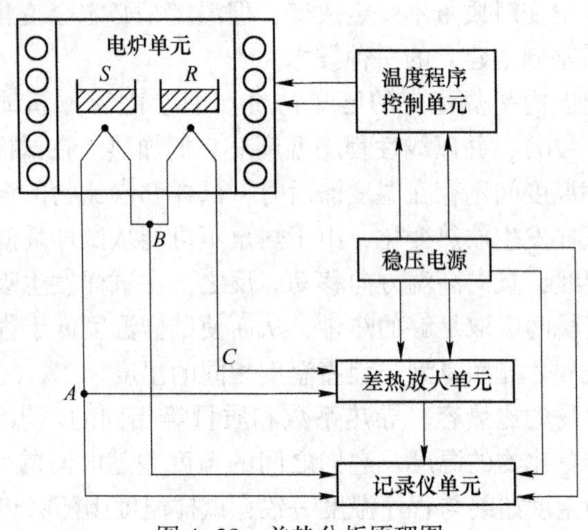

图 4-28　差热分析原理图

温度差是用两支相同热电偶同极（通常为负极）串联（即差接）构成的差热电偶测定的，并经电子放大器将微弱直流电动势放大后与测温热电偶测得的温度信号同时由电子电位差计记录下来。采用电压放大技术后，大大提高了测定微小温差的灵敏度和准确度，也可能将试样量减少到毫克级甚至微克级，这正是实际工作所期望的。

由于试样和参比物在热性质上的差别和两者在传热过程上的差异，在试样没有发生任何变化的情况下参比物温度、程序温度与试样温度彼此也不完全一致，总存在一定的偏差。在试样有热效应时，受其影响，参比物的温度也或多或少会偏离原来的温度线。只有经过热量重新平衡才能回到原来的温度线上。这表明在整个过程中，试样、参比物与炉子间存在着复杂的传热过程。比较接近实际的典型差热曲线如图 4-29 所示。

当试样和参比物在相同条件下一起等速升温时，在试样无热效应的初始阶段，它们间的温度差 ΔT 为近于零的一个基本稳定的值，得到的差热曲线是近于水平的基线（T_1 至 T_2）。当试样吸热时，所需的热量由炉子传入和依靠试样降低

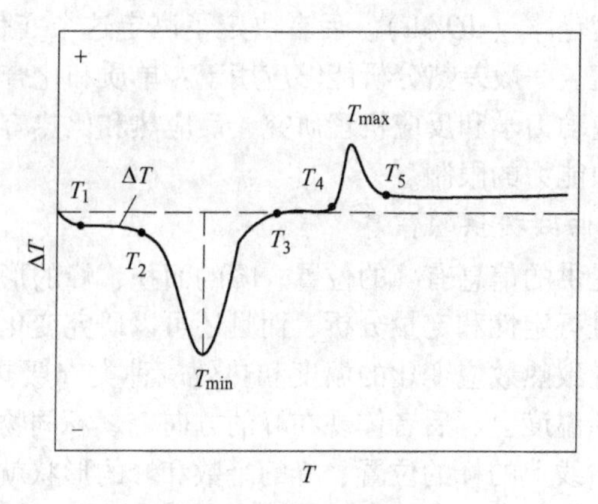

图 4-29 典型的差热曲线

自身的温度得到。由于有传热阻力，在吸热变化的初始阶段，传递的热量不能满足试样变化所需的热量，这时试样温度降低。当达到仪器能测出的温度时，就出现吸热峰的起点（T_2）。在试样变化所需的热量等于炉子传递的热量时，曲线到达峰顶（T_{min}）。当炉子传递的热量大于试样变化所需的热量时，试样温度开始升高，曲线折回。但在实际测量中，有的以参比物的温度表示，有的则以炉子温度表示。温度程序可以是升温、降温、恒温等。试样也是广义的。

由于差热分析主要与试样是否发生伴有热效应的状态变化有关，这就决定了它不能表征变化的性质，即该变化是物理变化还是化学变化，是一步完成的还是分步完成的，以及质量有无改变。关于变化的性质和机理需要依靠其他方法才能进一步确定。差热分析的另一个特点是，它本质上仍是一种动态量热，即量热时的温度条件不是恒定的而是变化的。因而测定过程中体系不处于平衡状态，测得的结果不同于热力学平衡条件下的测量结果。此外，试样和程序温度（以参比物温度表示）之间的温度差比其他热分析方法更显著和重要。差热分析与热重法相比，TG 的实验条件必须调控到能够消除试样焓变引起的自加热或自冷却，以求能精确测定试样的温度。而在 DTA 中，这一自加热和自冷却却是整个测定的必要条件。因为在反应期间，试样的温度无法控制，因此测得的温度不能直接与试样的物理变化或化学反应程度相关联，这在对 DTA 曲线作动力学数据分析时是不利的。DTA 的实验结果一般比 TG 更加依赖于实验条件。因为温度差比 TG 的质量变化更加依赖于传热的机理和条件。只有在理想情况并在严格相同的条件下，TG 和 DTA 测定中，试样发生变化的温度范围才可能相同。

相转变，如沸腾、升华、蒸发、熔化及还原、脱水和有些分解反应通常是吸热的，而氧化、某些分解反应以及结晶是放热的。温度轴上指示的发生变化的起始位置可用来鉴定物质，但只是在给定实验条件下所研究物质的特性参量。对差热分析来说，能否记录下试样的变化，重要的不是释放出或吸收的总热量，而是变化过程中热量的变化率（dQ/dt）。后者决定了测定这个变化所用的 DTA 仪器所必须具有的灵敏度。一般差热分析能够应用于：单质和化合物以及混合物的定性和定量分析，反应动力学和反应机理研究，反应热和比热容的测定。但方法的应用受其检测热现象能力的限制。

4.8.1.2　差热曲线提供的信息

差热曲线直接提供的信息有峰的位置、峰的面积、峰的形状和个数。通过它们不仅可以对物质进行定性和定量分析，而且还可以研究变化过程的动力学。

峰的位置是由导致热效应变化的温度和热效应种类（吸热或放热）决定的。前者体现在峰的起始温度上，后者体现在峰的方向上。不同物质，其热性质是不同的，相应地差热曲线上的峰的位置、峰的个数和峰的形状就不一样。这是用差热分析对物质进行定性分析的依据。但是，DTA 曲线上峰的起始温度只是实验条件下仪器能够检测到的开始偏离基线的温度。无论是化学变化还是物理变化，根据 ICTA 的规定，该起始温度应是峰前缘斜率最大处的切线与外推基线的交点所对应的温度。对于大多数变化，这个温度与热力学平衡温度如熔点也有差别。主要原因是试样里存在温度梯度以及很难直接测准试样变化时的实际温度。若不考虑不同仪器的灵敏度不同等因素，外推起始温度比峰温更接近于热力学平衡温度。一般来说，峰温比较容易测定，但它既不反映变化速率到达最大值时的温度，也不代表放热或吸热结束时的温度，因而它的物理意义是不明确的。它比外推起始温度更容易随加热速率和其他一些实验因素而变化，从而大大降低了峰温在差热曲线上的特殊地位。

在 DTA 测定中，曲线上的峰面积与热效应或反应物的质量之间的关系并不那么简单，必须根据具体情况分别测定。且只有在适当的实验条件下才能获得重复性好的结果，曲线上的峰面积才近似地与反应物的质量成正比，曲线形状与过程的动力学性质有关。这从 DTA 曲线上峰的形成直接与体系的 dQ/dt 相关联就不难理解了。除了上述一些特性外，差热曲线上尚有一些不太显著的特性，如相对静止平衡的形成瞬间、峰的振幅、峰宽和对称性等。

4.8.2　差热曲线的峰面积及过程热效应

4.8.2.1　峰面积与过程热效应关系研究的历史和现状

由差热曲线获得的重要信息之一是它的峰面积。根据经验，峰面积和变化过程的热效应有着直接联系，而热效应的大小又取决于活性物质的质量。于是峰面积与热效应的关系已成为差热分析的一个基本理论问题。

Speil（斯贝尔）等在 1944 年第一次指出峰面积与相应过程的焓变成正比。后经 Kell（凯尔）和 Kulp（库尔泼）改进后得到 Speil 公式：

$$峰面积 = \int_{t_1}^{t_2} \Delta T \mathrm{d}t = \frac{m_a \Delta H}{g\lambda s} \tag{4-16}$$

式中，m_a 为试样中活性物的质量；ΔH 为单位活性物质的焓变；g 为与仪器有关的系数，反映了仪器的几何形状、试样和参比物在仪器中的安置方式对热传导的影响；λ 为光源波长；s 为试样的导热系数即热导率；ΔT 为试样和参比物的温度差（$\Delta T=T_S-T_R$）。当 g 和 s 作常数处理时，式（4-16）可以写成：

$$A=\int_{t_1}^{t_2}\Delta T\mathrm{d}t=Km_a\Delta H \tag{4-17}$$

表达了热效应（m_a，ΔH）同曲线上的峰面积 A 的关系。式中 $K=(g\lambda s)^{-1}$。在此之后，又有许多理论相继出现。这些理论都是在热和质量传递的物理定律基础上经某种简化，例如样品物理性质不随温度变化、线性升温等推得峰面积与热效应关系的数学表达式。之后人们[24~26]又提出了热效应与峰面积的关系式，但也是一些带有经验性的近似式。这是由于传热机理很复杂，并在推导过程中很难将气氛、压力这样的热力学条件及仪器与实验技术的影响等因素考虑在内。因而可以说尚不存在普遍适用的 DTA 曲线的理论解析式。由于这一原因，这些近似式，特别是 Speil 公式，有着极其重要的实际意义。它们在定量分析上是非常有用的。

4.8.2.2 热量测量

A 热量测量的校正

在热量测量中，应用最为广泛的计算式是 Speil 公式：

$$A=\int_{t_1}^{t_2}\Delta T\mathrm{d}t=\frac{m_a\Delta H}{g\lambda s}=K(m_a\Delta H)=KQ_p \tag{4-18}$$

或

$$Q_p=\frac{A}{K} \tag{4-19}$$

式中，A 是差热曲线上的峰面积，由实验测得的差热峰直接得到，K 是系数。在 A 和 K 值已知后，即能求得待测物质的热效应 Q_p 和焓变 ΔH。K 是个变量，它与样品支持器的几何形状，试样和参比物在仪器中的放置方式，导热系数和变化发生的温度范围，以及实验条件和操作因素有关。因实际情况与推导式的假设条件不符引起的偏差，也部分地包含在系数 K 中。因此，K 值通常不是由计算得到的，而是由实验标定的。这样，在热量测定时首先需要标定 K 值。通常选用转变（或反应）温区与实验测定温区相同和焓变是确定的且已用其他方法精确测定过的物质，在与待测试样相同的实验条件下测定其差热曲线，然后按下式计算校正系数 K 的值：

$$K=\frac{A}{m_a\Delta H} \tag{4-20}$$

在经常进行不同温区内的热量测量时，宜用校正曲线提供 K 的值。即预先绘制 K-T 图。计算时由图确定 K 值。当温度范围较窄时，可以认为 K 是常数，或用它的平均值表示。有了校正系数 K 值，就能在与标定时相同的实验条件下测定试样的差热曲线后按式（4-19）计算待测物质的热效应 Q_p 和 ΔH。

除了上面介绍的校正方法外，以下几种方法也是在热量测量时经常使用的：

（1）使用已知热效应的活性标准物质或与惰性参比物的混合物作参比物。由试样和活性参比物的峰面积的比值乘以活性标准物质的转变或反应热得到试样的热效应。这样，一次测定就能得到 Q_p 值。在采用这种方法时，试样和作为参比物的标准物应有相近的比热容和导热系数。

（2）用热量标准物质作内标。

（3）使用小型电加热器校正。这时校正用加热器放置在坩埚里。这是一种测定绝对值的方法。

B 热量测定的误差

影响差热分析的许多因素直接影响着热量测量的准确度和精密度。因此，为了得到准确可靠的测量结果，必须减小它们对测量结果的影响，减小测量误差。最为重要的是在测量时必须使试样和参比物的量、体积、粒度、热性质（C_p，λ）尽量相近，并正确地测定 K 和 A 值。

4.8.3 差热分析的影响因素

由差热曲线测定的主要物理量是热效应发生和结束的温度、峰顶温（T_{max}、T_{min}）、峰面积以及通过定量计算测定转变（或反应）物质的量或相应的转变热。研究表明，差热分析的结果明显地受着仪器类型、待测物质的物理化学性质和采用的实验技术等因素的影响。此外，试验环境的温湿度有时也会带来些影响。应当看到，许多因素的影响并不是孤立存在的，而是互相联系有些甚至还是互相制约的。

4.8.3.1 样品因素

A 试样性质的影响

样品因素中，最重要的是试样的性质。可以说试样的物理和化学性质，特别是它的密度、比热容、导热性、反应类型和结晶等性质决定了差热曲线的基本特征：峰的个数、形状、位置和峰的性质（吸热或放热）。由于这方面的影响比较明确，所以不作详细讨论。

B 参比物性质的影响

作为参比物的基本条件是在试验温区内具有热稳定的性质，它的作用是为获得 ΔT 创造条件。从差热曲线的形成可以看出，只有当参比物和试样的热性质、质量、密度等完全相同时才能在试样无任何类型能量变化的相应温区内保持 $\Delta T=0$，得到水平的基线。实际上这是不可能达到的。与试样一样，参比物的导热系数也受许多因素影响，例如比热容、密度、粒度、温度和装填方式等。这些因素的变化均能引起差热曲线基线的偏移。即使同一试样用不同参比物实验，引起的基线偏移也不一样。因此，为了获得尽可能与零线接近的基线，需要选择与试样导热系数尽可能相近的参比物。然而，参比物的选择在很大程度上还是依靠经验。例如燃料电池的电极分析使用镍粉作参比物。在缺乏可资借鉴的经验时，将参比物和试样的有关性质比较后，通过试验来确定。所选参比物，最终必须满足基线能够重复这一基本要求。一些常用的参比物，例如焙烧过的 Al_2O_3、MgO 和 NaCl 均有吸湿性，吸湿后会影响差热曲线起始段的真实性。

C 惰性稀释剂性质的影响

惰性稀释剂是为了实现某些目的而掺入试样，覆盖或填于试样底部的物质。理想的稀释剂应不改变试样差热分析的任何信息。然而在实际使用中已发现尽管稀释剂与试样之间没有发生化学作用，但稀释剂的加入或多或少会引起差热峰的改变并往往降低差热分析的灵敏度。试样均匀稀释后，混合物的热性质主要取决于稀释剂和试样的热性质及与之有关的参量。混合物的导热系数通常可用加和法估算。如果稀释剂同时用作参比物，那么混合后的试样与参比物在物理性质上的差别将随稀释剂用量的增加而减小。当稀释剂的比热容大于试样时，稀释剂的加入还利于试样的比热容保持相对恒定，但使峰高降低。一旦稀释剂使试样的导热系数增加，峰高一般也要下降。

4.8.3.2 实验条件的影响

A 试样量的影响

试样量对热效应的大小和峰的形状有着显著的影响。一般而言，试样量增加，峰面积增加，并使基线偏离零线的程度增大。然而只有在均温块与坩埚的大小、形状等条件一定时，试样用量才可能是一个相对独立的影响因素。试验表明，只有在适当条件下峰面积才与试样用量成正比。增加试样量的另一个影响是这将使试样内的温度梯度增大，并相应地使变化过程所需的时间延长，从而影响峰在温度轴上的位置。另外，对有气体参加或释放气体的反应，因气体扩散阻力加大抑制了反应的进行，常使变化过程延长。变化过程的延长，将造成相邻变化过程峰的重叠和分辨率降低，这是实验中所不希望发生的。

试样量增加，也会改变测温热电偶与试样中心的相对位置。这种影响还与试样所发生的变化类型和动力学有关。一般来说，试样量小，差热曲线出峰明显、分辨率高，基线漂移也小，不过对仪器灵敏度的要求也高。对贵金属试样用量小，还有经济意义；对剧烈分解的物质（如起爆药等），还较安全。然而试样量过少，会使本来就很小的峰消失；在试样均匀性较差时，还会使试验结果缺乏代表性。

B 升温速率的影响

升温速率对差热曲线的影响可以归结为以下几点：

(1) 对有质量变化的反应（如化学反应）和没有质量变化的反应（如相变反应），其影响途径有着明显的差别，而且对前者的影响更大，这反映在加热速率增加使峰温、峰高和峰面积均增加，而与反应时间对应的峰宽减小。

(2) 如果以在试样中直接测量的温度作温度轴，对没有质量变化的反应，升温速率对峰温 T_p 几乎没有影响，但影响峰的振幅和曲线下面的面积。

C 炉内气氛的影响

气氛对差热分析的影响由气氛与试样变化关系所决定。当试样的变化过程有气体释出或能与气氛组分作用时，气氛对差热曲线的影响就特别显著。

在差热分析中，常用的气氛有静态和动态两种。气氛组成可以是活性的或是惰性的，气氛压力可以是常压、高压甚至真空。对于静态气氛，在试样局部的气氛组成和压力是无法控制的，这时实验结果往往重复性不好。在动态气氛中，试样可以在选定的压力、温度和气氛组成等条件下完成变化过程。当差热分析仪配有完善的气氛控制系统时，能在实验中保持和重复所需的动态气氛，得到重复性好的实验结果。惰性气氛并不参与试样的变化过程，但它的压力大小对试样的变化过程（包括反应机理）也会产生影响。

在实际差热分析时，通过组合、选择或改变气氛的组成、压力和温度，可以达到预期的实验目的。

D 试样预处理的影响

在实践中，为了实现某一研究目的，在测定前需要对试样进行某些化学处理或磨碎等物理处理，这些处理均可能对差热分析带来影响。化学处理的目的大多是为了简化曲线或消除由试样中存在的杂质所引起的曲线波动。

E 温度差（ΔT）的灵敏度和记录仪走纸速率的影响

ΔT 的检测灵敏度指的是仪器对温度差 ΔT 的放大倍数，与通常所说的满量程时差热的微伏值有关。ΔT 相同但放大倍数不同时，仪器记录的纵坐标上的距离不同，而且仪器能够感知的最小湿度差值也不同。通常，当试样量减少，或者差热电偶获得的热电动势较小，以及为了检测微小变化在差热曲线上产生的峰时，通过提高差热灵敏度可以获得较明显的峰。但是，这可能容易使基线漂移。

不同的记录走纸速率，对差热曲线的峰形也有影响。对于快速反应或两个紧相邻的快速反应，走纸速率快将有助于明显地反映出反应的变化过程，而且差热曲线上的峰形也较合理。

需要指出的是，ΔT 的测量灵敏度和记录纸速只与信号检满和记录方式有关，而与试样变化本质并无联系。

4.8.3.3 仪器因素

对于实验人员来说，仪器通常是固定的，一般只能在某些方面，如坩埚或热电偶作有限的选择。但是在分析不同仪器获得的实验结果或考虑仪器更新时，仪器因素却是不容忽视的。

A 加热方式、炉子形状和大小的影响

常见的加热方式是电阻炉加热，此外还有红外辐射加热与高频感应加热。加热方式不同，向样品的传热方式不同。炉子形状和大小是决定炉内温度均匀一致区域的大小及炉子热容量的主要因素。它们影响差热曲线基线的平直、稳定和炉子的热惯性。

B 样品支持器

样品支持器的影响尤其是均温块，对热量从热源向样品传递及对发生变化的试样内释出或吸收热量的速率和温度分布都有着明显的影响。因此，在差热分析中，样品支持器是与差热曲线的形状、峰面积的大小和位置、检测温度差（ΔT）的灵敏度及峰的分辨率直接有关的基本因素之一。

研究表明，无论无质量变化的相变还是有质量变化的化学反应，它们的差热曲线受均温块的影响常是显著的。通常，导热系数低的材料如陶瓷均温块，对吸热过程有较好分辨率，测得的峰面积较大，差热曲线比较理想，但对放热峰的分辨率较低。用导热系数高的金属均温块，差热曲线的基线漂移小，得到的差热峰通常较窄，而且放热峰的形状常比吸热峰的理想；金属均温块对高温下放热过程分辨率有较高的灵敏度。与此相反，陶瓷均温块在较低温度下的灵敏度较高。由于多孔陶瓷均温块允许气体分解产物扩散到炉子气氛中，由此降低试样内气体的浓度，使释放气体的反应加快和反应时间缩短，并使峰温移向较低的温度和峰宽变窄。

均温块中的样品腔是放置样品坩埚的，其形状、大小和对称性，对有质量变化的过程明显影响峰的振幅、温度区间和变化时间，而对没有质量变化的过程仅影响峰的振幅。均温块的比热容、辐射率和质量对差热曲线也有影响。作为样品支持器的一个部件，坩埚对差热曲线也有影响，它的影响不仅与材料、大小、质量、形式及参比物坩埚和试样坩埚的相似程度直接有关，而且还和与坩埚大小直接相关的试样装填直径大小及装填量紧密相关。制作坩埚的常用材料是金属或陶瓷，它们对试样应是惰性的，从所用材料来看，它们对差热分析的影响与用它们制作的均温块和均温块中的样品腔对差热曲线的影响是类似的。坩埚直径一般决定了试样的装填直径。装填直径越小，试样内的温度梯度就越小。于是，反应区间变短及峰变窄，而且峰温 T_p 下降。以试样温度作曲线的横坐标时，T_p 比以参比物温度为横坐标时下降得少得多。这是宜以试样温度作横坐标的一个原因。目前有些微量化的仪器已不再使用均温块，这种样品支持器有高的灵敏度和分辨率。

C 温度测量和热电偶的影响

差热曲线上的峰形、峰面积及峰在温度轴上的位置，均受热电偶的影响，其中影响最大的是热电偶的接点位置、类型和大小。测温热电偶接点的位置以及温度轴上的温度测量方法，对差热曲线的分析是非常重要的。测温热电偶接点的位置不同，测出的温度可能相差数十摄氏度。差热曲线上各特征点的意义，在以温度轴的数值直接表征时，主要由温度轴数值的测量方法所决定。如果 $\Delta T-T$ 关系中的 T 以试样表面温度表示，这时曲线开始偏离基线的温度对应于变化温度；如果 T 是试样中心温度，且当试样表面温度是线性增加时，峰温才对应于变化温度；如果 T 是参比物中心温度，起始偏离点的温度和峰温均与变化温度无直接关系。

由不同材料制成的热电偶，它们的温度电势特性并不一样。单位温度电势大的热电偶，对温度信号的灵敏度和放大能力就大，但差热曲线的基线稳定性差。同种材料制成的热电偶，它们的温度电势特性也不完全一致；由于老化、污染或因挠曲引起的寄生电势等，也都会改变温度-电势关系，因而难以直接将测得的电势准确地转换成温度。差热电偶的对称性，对差热曲线基线的稳定性也有影响，它也有污染与老化等问题。热电偶的导线会传递一部分热量，对测量结果产生影响，该影响的大小与热电偶和导线材料的导热系数、热容及长度有关。测温热电偶的自由端偏离控制的温度（往往是零度），也会使温度测量值发生变化，带来系统误差。随着差热分析仪的微量化，平板型热电偶得到了广泛应用，它的重复性和灵敏度均优于接点式热电偶。

D 电子仪器的工作状态的影响

影响最大的是仪器低能级微伏直流放大器的抗干扰能力、信噪比、稳定性和对信号的响应能力，以及记录仪的测量精度、灵敏度和动态响应特性等。

由以上讨论可以看出，影响差热分析的因素是极其复杂的，目前已经知道的影响规律或结论，大多还只是实践经验的总结。

在实际测量中，有时很难控制这些影响因素。在进行差热分析前，必须正确选择实验条件，并认真分析，方可得到正确结论。

4.9 陶瓷涂层的热物理性能的测量

4.9.1 陶瓷涂层的热物理性能的理论基础

4.9.1.1 热障涂层陶瓷的导热理论

不同的物质以及物质所处的不同状态，由于结构上的差别，导热的机理不相同，相应的导热能力也大不一样。在固体中能量的载体可以有自由电子、声子（点阵波）和光子（电磁辐射）。而在无机介质中，热量的传导主要是通过晶体点阵或者晶格的振动来实现的。除此之外，高温下热辐射（光子）作用也不容忽视。

理想无机介质总的理论热导率可以表示为：

$$k = k_p + k_r$$

式中 k_p——晶格振动对热导率的贡献；

k_r——热辐射对热导率的贡献。

4.9.1.2 声子导热机理

由于晶格振动的能量是量子化的，把晶格振动的“量子”称为声子。晶体的导热可以看做是声子的相互作用。把晶格振动的格波和物质的相互作用理解为声子和物质的碰撞。格波在晶体中传播受到散射的过程，可以理解为声子与声子间以及声子与晶界、点阵缺陷等的碰撞。

根据德拜的设想，认为介电体中的导热过程是声子间的碰撞，热导率的数学表达式应与气体中的热导率的数学表达式相同，即[27]：

$$k_p = 1/3C_v vl$$

式中 k_p——声子导热系数，W/(m·K)；

C_v——单位体积的声子的热容，J/(m^3·K)；

v——声子运动的平均速度，m/s；

l——声子的平均自由程，m。

从热导率的表达式可以看出，影响介电体热导率的主要因素是声子的平均自由程 l。l 的大小基本上由两个散射过程决定：声子间的碰撞引起的散射，声子与晶体的晶界、各种缺陷、杂质作用引起的散射。

（1）声子间相互作用。

（2）在较高温度下，声子平均自由程与温度的倒数成正比。即

当 $T>\Theta$
$$l \propto 1/T \tag{4-21}$$

式中 T——温度，K；

Θ——德拜温度，K；

l——声子平均自由程，m。

声子的平均自由程随温度升高而减小，是因为温度的升高使声子振动加剧，声子间的相互作用或碰撞亦加强，从而使值减小。

在较低温度范围，有：

$$l \propto e^{\Theta/\sigma T} \tag{4-22}$$

式中 l——声子平均自由程，m；

Θ——德拜温度，K；

σ——常数。

这表明，当温度下降时，声子的平均自由程将迅速地增大。

（3）声子与晶体不完整性、各种缺陷、晶界、杂质位错及晶体表面作用。

在较高温度下，由晶体不完整性引起的这一类声子散射与温度无关。在很低温度下，声子间的相互作用的散射机构对声子平均自由程的影响迅速减弱，而晶

体不完整性、缺陷等引起的这类散射机构则直接影响和决定 l 值的大小。晶体的不完整性、缺陷、晶粒间界、杂质等还会引起晶格振动的非谐性，从而使声子间作用引起的散射加剧，进一步减小声子的平均自由程，导致晶体导热系数的降低。

在晶胞中掺入其他离子，则由于掺入原子与主原子的原子质量不同所引起的声子散射率为：

$$\frac{1}{\tau_{\Delta M}(\omega)}=\frac{ca^3\omega^4}{4\pi v^3}\left(\frac{\Delta M}{M}\right)^2 \tag{4-23}$$

式中　$\tau_{\Delta M}$——弛豫时间，s；

a^3——原子体积，m^3；

v——横波速度，m/s；

ω——声子频率，s^{-1}；

c——单位体积中点缺陷数目与点阵位置数目的比值；

M——主原子的原子质量，kg；

$M+\Delta M$——掺入原子的原子质量，kg。

可见，对于同一个主原子来说，声子的散射率与掺入原子和主原子质量差的平方成反比，考虑到原子质量和相对原子质量的正比关系，即声子的散射率与掺入原子和主原子相对原子质量差的平方成反比，也就是说，掺入原子的相对原子质量越大，声子的散射率就越大。

下面简单介绍光子导热机理，在介电体中除了振动能以外还有一小部分是较高频率的电磁辐射能。在温度不太高的情况下，由于较高频率的电磁辐射能在总的能量中所占比重非常小，所以通常可忽略不计。但当温度升到足够高时，这部分辐射能所占比重增大，因为辐射能与绝对温度的 3 次方成正比。由较高频率的电磁辐射所产生的辐射热导率可以表示为[27]：

$$k_r=\frac{16}{3}\sigma n^2T^3l_r \tag{4-24}$$

式中　k_r——辐射能对热导率的贡献，W/(m · K)；

σ——Stefan-Boltzman 常数；

n——折射率；

l_r——辐射能的平均自由程，m。

4.9.1.3　热障涂层陶瓷的热膨胀理论

表征物体受热时长度或体积增大程度的线膨胀系数或体膨胀系数，是材料的重要热物理性能之一。在工程技术中，对于那些处于温度变化条件下使用的机构材料，线（或体）膨胀系数不仅是材料的重要使用性能而且是进行结构设计的关键参数。当物质被加热后，温度从 T_1 上升到 T_2，体积也相应地从 V_1 变化到 V_2，则该物质在 T_1 到 T_2 的温度范围内，平均体膨胀系数 $\bar{\beta}$ 为：

$$\bar{\beta}=\frac{V_2-V_1}{V_1(T_2-T_1)} \tag{4-25}$$

物质的平均线膨胀系数$\bar{\alpha}$可表示为：

$$\bar{\alpha}=\frac{L_2-L_1}{L_1(T_2-T_1)} \tag{4-26}$$

线膨胀系数与晶格能E之间成反比关系，可以表示为[28]：

$$\alpha=\frac{a}{E+b} \tag{4-27}$$

式中，a，b为常数。其中晶格能可以表示为：

$$E=N_{\mathrm{A}}\frac{Z_{+}Z_{-}}{4\pi\varepsilon_0 r_0}Ae^2\left(1-\frac{1}{n}\right) \tag{4-28}$$

式中 A——马德龙常数；

N_{A}——阿伏伽德罗常数；

n——与离子的电子层构型有关的常数；

Z_{+}——正离子电荷的数值；

Z_{-}——负离子电荷的数值；

r_0——离子间距，m；

ε_0——真空电容率，$\varepsilon_0=8.85419\times10^{-12}\mathrm{C}^{-2}\cdot\mathrm{N}^{-1}\cdot\mathrm{m}^{-2}$；

e——电子电荷，$e=1.60217733\times10^{-19}\mathrm{C}$。

可以看出，线膨胀系数与晶格能成反比，而晶格能与离子间距成反比，所以线膨胀系数与离子间距成正比。

样品的线膨胀系数α由高温热膨胀仪测定，主要是通过高精度位移计测量样品在升温（ΔT）过程中长度的变化ΔL，然后按下式计算得到，标样采用圆棒状Al_2O_3，长度为25mm。测试温度范围为室温至1350℃，升温速度为5℃/min，测试气氛为空气。

$$\alpha=\frac{\Delta L/L}{\Delta T} \tag{4-29}$$

4.9.2 热扩散系数的测量

热扩散系数直接关系到基体材料实际承受的温度以及热循环过程中的热应力，因此，准确测定TBCs的热扩散系数对热端部件的材料体系设计、涂层寿命评估和工程应用都有十分重要的意义。尽管热扩散系数的测定方法很多，但大多数测试主要使用以下3种方法：激光脉冲法、3ω法和光声法。研究表明，3ω法适用于厚度很小的薄涂层，并且到目前为止，其应用温度一般低于500℃；光声法的应用也受声-电转换器工作温度范围的限制。激光脉冲法是热扩散系数测定中应用最广泛的光热法，对于热障涂层，该方法在目前实际测试中还存在许多不足，如激光穿透性、脆性涂层薄片难以从基体上取下等。测量的基本原理[29]是在一定的设定温度下由闪光氙灯瞬时发射的脉冲打在被测样品的下表面，然后在吸收光能后其表层温度会瞬时升高，通过传导的方式能量传递到被测样品的上表面，根据红外检测器检测样品上表面中心部位温度变化过程，再根据温升-时间曲线就可以计算出在受到脉冲闪射后被测样品上表面的温度升高至最大值的1/2时所需的时间 t_{50}，然后在此温度下被测样品的热扩散系数 α 即可由相关公式计算出来。热扩散系数和热导率的关系如下：

$$\alpha = \frac{\lambda}{\rho C} \tag{4-30}$$

式中 α——热扩散系数，m^2/s；

λ——导热系数，W/(m · K)；

ρ——密度，kg/m^3；

C——比热容，J/(kg · K)。

根据式（4-30），可用热扩散系数来衡量热导率。对于热扩散系数计算模型的选择，在低温条件下或透光性差的样品多采用Cape-Lehman模型，而对于高温条件下或者高致密度（透光性好）样品则采用辐射模型。

此外，根据热导仪中热扩散系数的测试方法，热扩散系数可以很好地衡量材料降低局部热源温度的本领。

4.10 密度测定及孔隙率测定

样品的实际密度按照阿基米德原理，以去离子水为介质测得。其过程是将试样清洗烘干后，测得其干重 G_1；然后将样品放入去离子水中，置于真空环境下排除开口气孔，直到饱和；测量饱和样品在水中的湿重 G_2，并将样品取出轻拭掉表面水滴后测得其饱和干重 G_0。这样样品的实际密度 ρ 即可表示为：

$$\rho = \rho_{水} \times \frac{G_1}{G_0 - G_2} \tag{4-31}$$

材料的理论密度 ρ_0 通常根据XRD测得的点阵参数、化合物相对分子质量以及材料晶体结构计算得到。材料的气孔率则可表示为：

$$\phi = 1 - \frac{\rho}{\rho_0} \tag{4-32}$$

4.11 涂层断裂韧性的测定

断裂韧性是反映材料抵抗裂纹失稳扩展的性能指标，对陶瓷涂层断裂韧性的研究已成为表面工程技术的一个热点，目前主要有三种表征方法，即临界应力强

度因子 K_{IC}、临界裂纹扩展能量释放率 G_{IC} 和裂纹密度 β。

4.11.1 临界应力强度因子 K_{IC}

临界应力强度因子 K_{IC} 表示在平面应变条件下材料抵抗裂纹失稳扩展的能力。它属于力学性能指标，只与材料成分、组织结构等有关，而与载荷及试样尺寸无关[30]。目前测量 K_{IC} 大都采用压痕法，即由压痕周围裂纹的长度、数量以及载荷、涂层硬度、涂层弹性模量等参量，根据不同的力学模型计算涂层的断裂韧性。相关模型主要有四个。

模型一采用 Vickers 硬度计在涂层表面压制压痕并使其周围产生裂纹，利用公式[31]：

$$K_{IC} = \delta\left(\frac{E}{H}\right)^{1/2} \frac{P}{C^{3/2}} \tag{4-33}$$

式中，P 是载荷；C 是压痕裂纹长度；δ 是与压头形状有关的无量纲常数，对于标准 Vickers 压头，$\delta=0.016$。E/H 的值可用下述 Knoop 压痕法来确定。

模型二采用检测涂层断面维氏硬度压痕的特征，再依式（4-34）计算涂层的断裂韧性 K_{IC}[32]：

$$K_{IC} = 0.028Ha^{1/2}\left(\frac{E}{H}\right)^{1/2}\left(\frac{a}{C}\right)^{3/2} \tag{4-34}$$

式中，C 为压痕尖端的裂纹长度；a 为压痕对角线半长；H 为维氏硬度值；E 为涂层的弹性模量。

模型三采用固定载荷和加载时间，在每个试样上测试多点维氏硬度值，计算出所有压痕的平均裂纹长度和对角线长度。采用式（4-35）[33]计算 K_{IC}：

$$K_{IC} = 0.129\left(\frac{H\sqrt{a}}{\phi}\right)\left(\frac{E\phi}{H}\right)^{0.4}\left(\frac{a}{C}\right)^{3/2} \tag{4-35}$$

式中，H 为涂层硬度；a 为压痕对角线半长；ϕ 为限制因子，$\phi=3$；E 为涂层弹性模量；C 为压痕四角的裂纹长度总和。

模型四是在涂层断面上用维氏硬度计制取硬度压痕，借助扫描电镜观察压痕及其裂纹的形态，再用 EVANS 模型计算断裂韧性[34]：

$$K_{IC} = 0.079\frac{P}{a^{3/2}}\lg\left(4.5\frac{a}{C}\right) \tag{4-36}$$

式中，P 为维氏硬度施加载荷，N；a 为压痕对角线半长，μm；C 为裂纹长度，且 $C=a+L$(μm)，L 为裂纹顶端到压痕边界的距离，μm。本式需满足 $0.6\leq C/a\leq 4.5$。

4.11.2 临界裂纹扩展能量释放率 G_{IC}

裂纹扩展单位面积时系统释放势能的数值称为裂纹扩展能量释放率。当它增加到某一临界值，裂纹便能克服扩展阻力，发生失稳扩展。这个临界值即是 G_{IC}，表示涂层抵抗裂纹失稳扩展时单位面积所消耗的能量。G_{IC}也是材料的性能指标，只与材料成分、组织结构等有关，而与载荷以及试样尺寸和形状无关。G_{IC}的检测方法主要有临界载荷法、断裂强度法及硬度压痕法。

4.11.2.1 临界载荷法

临界载荷法[35]采用双悬臂梁试样（DCB）测量涂层的断裂韧性。但由于所用试样的柔度与裂纹长度呈非线性关系，所以测量涂层的断裂韧性时需准确测量裂纹长度，给检测工作带来不便。Mostovoy 提出了一种改进的曲边双悬臂梁试样法（CDCB）[36]，通过改变试样的形状可使柔度与裂纹长度成线性关系。此时，G_{IC}只与断裂载荷有关，与裂纹长度无关。Mostovoy 等[36]在 CDCB 试样的基础上，设计了顶端收缩的双悬臂梁试样（TDCB），比 CDCB 试样容易加工，使陶瓷涂层断裂韧性的检测更加方便。王卫泽等[35]通过对 TDCB 试样进行柔度标定，得到：

$$G_{IC} = 9.48 \times 10^{-5} F_C^2 \tag{4-37}$$

由式（4-37）可见，在试验中无需测量裂纹的扩展长度，只要得到涂层开裂时的临界载荷 F_C，即可得到涂层的临界裂纹扩展能量释放率 G_{IC}。研究表明 TDCB 试样可以用来测量涂层的断裂韧性。

实验方法：将涂层试样与经喷砂粗化的对偶件用 E-7 胶粘接成 G_{IC}试样。黏结时在两臂之间预留 10~12mm 的预制裂纹，裂纹长度以加载点为原点计量。采用上述试样进行拉伸试验，拉伸断裂时的载荷即为 F_C。试样拉断后对断口进行宏观分析，断面在胶层或涂层与基体界面处的试样数据无效，只有断在涂层内部的试样结果有效。

4.11.2.2 断裂强度法

杨班权等[37]采用声发射辅助动态拉伸法对钢基体上陶瓷涂层的断裂韧性进行了检测。试验方法见图 4-30。

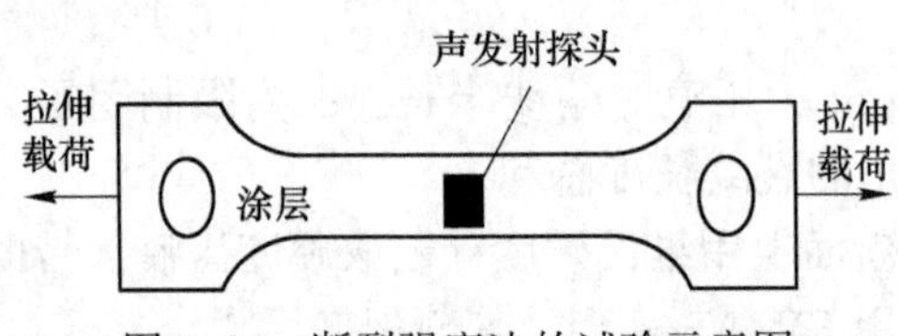

图 4-30 断裂强度法的试验示意图

在试验前期，声发射仪可记录脆性涂层从损伤到微裂纹萌生、基体变形和环境干扰等声音信号；当加载到一定时间之后，声发射连续捕捉到涂层开裂的信号，此时通过光学显微镜能观察到裂纹的出现，而钢基体还处于弹性阶段。根据第一个最大振幅信号所对应的断裂强度以及涂层在室温下的弹性模量，可由式（4-38）[38]求得涂层的断裂韧性 G_{IC}：

$$G_{IC} = \frac{1}{2} \times \frac{\sigma_C^2 h}{E_1} \pi g(\alpha, \beta) \tag{4-38}$$

式中，σ_C 为涂层的断裂强度；h 为涂层的厚度；$g(\alpha, \beta)$ 为取决于 α 和 β 的无量纲常数，而 α 和 β 为 Dundurs 参数[39]，对于平面应变问题，α 和 β 分别为：

$$\alpha = \frac{\overline{E}_1 - \overline{E}_2}{\overline{E}_1 + \overline{E}_2} \tag{4-39}$$

$$\beta = \frac{G_1(1 - 2\nu_2) - G_2(1 - 2\nu_1)}{2G_1(1 - \nu_2) + 2G_2(1 - \nu_1)} \tag{4-40}$$

式中，$\overline{E}=E_i/(1-\nu_i^2)$，$i=1, 2$；$E_1$、$G_1$ 和 ν_1 分别为涂层的弹性模量、剪切模量和泊松比，E_2、G_2 和 ν_2 分别为基体的弹性模量、剪切模量和泊松比。这些参数可由手册查得。

4.11.2.3 *硬度压痕法*

采用显微硬度压痕法计算涂层断裂韧性的模型见式（4-41）[40]：

$$G_{IC} = 6.115 \times 10^{-4}(a^2P/C^3) \tag{4-41}$$

式中，a 为压痕对角线的半长；C 为压痕中心到裂纹尾段的长度；P 为载荷。

4.11.3 裂纹密度 β

该方法通过测试硬度压痕周围的裂纹长度和数量，采用裂纹密度 β 来评价涂层的断裂韧性[41]。

对于线弹性体而言，β 是裂纹几何与分布的函数，即

$$\beta = \frac{2N_c}{\pi}\left\langle\frac{S_2}{P}\right\rangle \tag{4-42}$$

式中，N_c 为单位体积里微裂纹的数量；S_2 为单个微裂纹的面积；P 为单个微裂纹的周长；符号〈〉表示平均数。

对于脆性陶瓷涂层来说，在制备过程中，涂层内部存在许多缺陷。通过外加载荷在涂层中容易形成裂纹并使裂纹扩展，统计裂纹的几何参数，计算涂层中的裂纹密度 β，则可以定量地评价涂层的断裂韧性。比如，对于涂层厚度为 δ，裂纹长度为 L 的单个裂纹而言，其面积 S 可由下式计算：

$$S = L \times \delta \tag{4-43}$$

由于与金属基体相比，陶瓷涂层脆而易裂，因此可假设裂纹只在涂层内扩展，此时裂纹周长 P 按式（4-44）计算：

$$P = 2(L + \delta) \tag{4-44}$$

$$\frac{S^2}{P} = \frac{L^2 \times \delta^2}{2 \times (L + \delta)} = \frac{L \times \delta^2}{2 \times (1 + \delta/L)} \tag{4-45}$$

将式（4-45）进行 Tailor 级数展开，得：

$$\frac{S^2}{P} = \frac{1}{2}L \times \delta^2 \times \left[1 - \frac{\delta}{L} + \left(\frac{\delta}{L}\right)^2 + \cdots\right] \tag{4-46}$$

陶瓷涂层的裂纹很容易形成并扩展，所以 δ/L 值一般较小。当 $\delta/L \ll 1$ 时，$(\delta/L)^2$ 等高次项可忽略不计。此时，由式（4-46）推出：

$$\frac{S^2}{P} = \frac{1}{2}L \times \delta^2 \times \left(1 - \frac{\delta}{L}\right) \tag{4-47}$$

代入式（4-48）可得到裂纹密度 β 的近似计算公式：

$$\beta = \frac{1}{\pi} \times \sum \left[L \times \delta^2 \times \left(1 - \frac{\delta}{L}\right)\right] \tag{4-48}$$

可见，通过测量和计算所有压痕裂纹的 δ/L 值以及裂纹数量，便可由式（4-48）求出裂纹密度 β。对于偏折裂纹，由于裂纹呈折线，实际长度比直线长度要大，采用式（4-48）进行计算时须添加一个系数 k，k 一般取 1.1~1.2。

以上三类方法在原理上都具有一定的合理性，但与实际应用的准确性还无法判断。尽管如此，采用这些方法对不同涂层或同一涂层的不同状态进行断裂韧性的定量对比，也会给涂层性质的判断带来很大的帮助。

4.12　涂层隔热性能测试

对于原始的热障涂层系统一般由陶瓷涂层、黏结层和基底组成，如图 4-31 所示。设各层厚度分别为 d_1、d_2、d_3，其导热系数分别为 $\bar{k}_1$、$\bar{k}_2$、$\bar{k}_3$，同时假设热障涂层上表面的温度为 T_1，黏结层上表面的温度为 T_2，基底上表面的温度为 T_3，基底下表面的温度为 T_4，热流密度为 q。假设在快速加热快速冷却实验测试中，不考虑材料的热辐射和对流换热。设置坐标原点位于陶瓷层表面处，沿基底厚度方向为正，如图 4-31 所示。

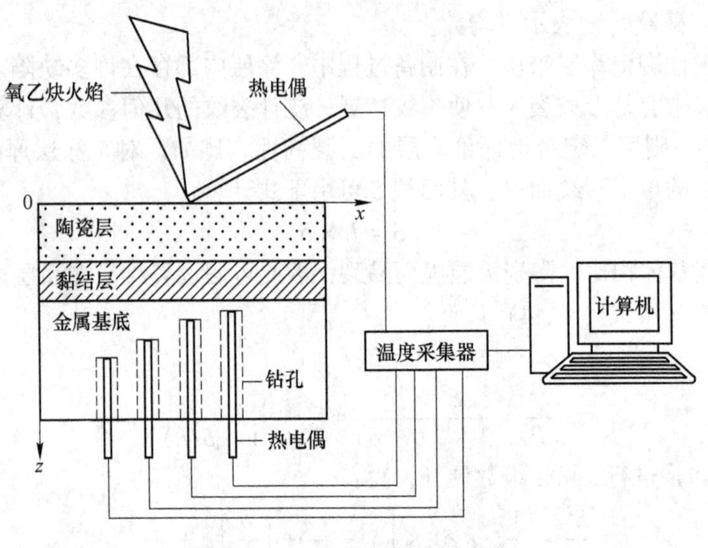

图 4-31　一般的热障涂层系统

在高温测试过程中，本实验假设各层材料的导热系数随温度成线性变化关系。与温度的函数表达式分别为：

$$\bar{k}_1 = k_{01} \times \left(1 + b_1 \times \frac{T_1 + T_2}{2}\right)$$

$$\bar{k}_2 = k_{02} \times \left(1 + b_2 \times \frac{T_2 + T_3}{2}\right)$$

$$\bar{k}_3 = k_{03} \times \left(1 + b_3 \times \frac{T_3 + T_4}{2}\right) \tag{4-49}$$

式中，k_{01}、k_{02}、k_{03}、b_1、b_2、b_3 是拟合系数。对于实验中所研究的一维稳态温度场，傅里叶传导定律可以简化为 $q=-\bar{k} \cdot \partial T(z)/\partial z$。根据各层边界条件，并对厚度 z 方向积分后，可以得到各层热传导方程：

陶瓷涂层：

$$q = \frac{\bar{k}_1(T_1 - T_2)}{d_1} \tag{4-50}$$

黏结层：

$$q = \frac{\bar{k}_2(T_2 - T_3)}{d_2} \tag{4-51}$$

金属基底：

$$q = \frac{\bar{k}_3(T_2 - T_3)}{d_2} \tag{4-52}$$

有：

$$T_2 = T_1 - \frac{qd_1}{\bar{k}_1} = T_1 - \frac{qd_1}{k_{01} \times \left(1 + b_1 \times \frac{T_1 + T_2}{2}\right)} \tag{4-53}$$

整理后有：

$$k_{01} b_1 T_2^2 + 2k_{01} T_2 - (2T_1 k_{01} + T_1^2 k_{01} b_1 - 2qd_1) = 0 \tag{4-54}$$

由 $T_2 \geqslant 0$，求解上式并舍去负根有：

$$T_2 = -\frac{1}{b_1} + \sqrt{\left(\frac{1}{b_1} + T_1\right)^2 - \frac{2qd_1}{k_{01} b_1}} \tag{4-55}$$

同理可得：

$$T_2 = -\frac{1}{b_2} + \sqrt{\left(\frac{1}{b_2} + T_2\right)^2 - \frac{2qd_2}{k_{01} b_2}} \tag{4-56}$$

对于陶瓷内任意一点温度场（$0 \leqslant z \leqslant d_1$）有：

$$qz = \bar{k}_1 [T_1 - T(z)] \tag{4-57}$$

综合以上各式，得出：

$$T(z) = T_1 - \frac{qz}{k_{01} \times \left(1 + b_1 \times \frac{T_1 + T_2}{2}\right)} \tag{4-58}$$

同理对于黏结层（$d_1 \leqslant z \leqslant d_1+d_2$）内任意一点温度场为：

$$q(z_1 - d_1) = \bar{k}_2[T_2 - T(z)] \tag{4-59}$$

可得：

$$T(z) = T_2 - \frac{q(z - d_1)}{k_{02} \times \left(1 + b_2 \times \frac{T_2 + T_3}{2}\right)} \tag{4-60}$$

对于金属基底（$d_1+d_2 \leqslant z \leqslant d_1+d_2+d_3$），任意位置处的温度场是：

$$q[z - (d_1 + d_2)] = \bar{k}_3[T_3 - T(z)]$$

由上式综合可得：

$$T(z) = T_3 - \frac{q(z - d_1 - d_2)}{k_{03} \times \left(1 + b_3 \times \frac{T_3 + T_4}{2}\right)} \tag{4-61}$$

如果已知热障涂层温度分布的边界条件，即陶瓷上表面温度 T_1 和金属基底下表面温度 T_4，就可以估算出热障涂层系统沿厚度方向的温度梯度分布情况，进而可评估热障涂层的隔热性能。

4.13　热震试验

抗热震性是指材料承受温度骤变的能力，它是材料力学性能和热学性能对受热条件的综合反应。陶瓷材料的热震破坏可分为热冲击作用下的瞬时断裂和热冲击循环作用下的开裂、剥落直至整体破坏两类。鉴于陶瓷材料热震破坏方式的不同，目前被人们普遍接受的热震评价理论主要有两种：一种是基于热弹性理论的临界应力断裂理论；一种是以断裂力学为基础的热震损伤理论[42,43]。

4.13.1　热应力断裂理论

热震断裂是指材料固有强度不足以抵抗热冲击温度 ΔT 引起的热应力而产生的材料瞬时断裂。Kingery 基于热弹性理论，以热应力 σ_H 和材料固有强度 σ_f 之间的平衡条件作为判断热震断裂的依据，即

$$\sigma_H \geqslant \sigma_f \tag{4-62}$$

当温度骤变（ΔT）引起的热冲击应力 σ_H 超过了材料的固有强度 σ_f，则发生瞬时断裂，即热震断裂。由于热冲击产生的瞬态热应力比正常情况下的热应力要大得多，它是以极大的速度和冲击形式作用在物体上的，所以也称热冲击。对于无任何边界约束的试件，热应力的产生是由试件表面和内部温度场瞬态不均匀分布造成的。当试件受到一个急冷温差 ΔT 时，在初始瞬间，表面收缩率为 $\alpha \propto \Delta T$，而内层还未冷却收缩，于是表面层受到一个来自里层的拉（张）力，而内层受到来自表面的热应力，这个由于急剧冷却而产生于材料表面的拉应力表

示为：

$$\sigma_t = \frac{E\alpha}{1-\gamma} \times \Delta T \tag{4-63}$$

式中，E，α，γ 分别为材料的弹性模量、线膨胀系数和泊松比。

试件内、外温差随时间的增长而变小，表面热应力也随之减小，所以式（4-63）代表热应力的瞬态峰值。相反，若试件受急热，则表面受到瞬态压应力，内层受到拉应力。由于脆性材料表面受到拉应力比受到压应力更容易引起破坏，所以陶瓷材料的急冷比急热更危险。

一般将表面热应力达到材料固有强度 σ_f 作为临界状态，临界温度 ΔT_c 为抗热震系数 R，根据式（4-63）可得到下式：

$$R = \Delta T_c = \frac{\sigma_f(1-\gamma)}{Ea}$$

$$R' = \frac{\sigma_f(1-\gamma)}{Ea}K \tag{4-64}$$

式中，σ_f 为抗拉强度；K 为热传导率。

这两个参数对于精细致密陶瓷比较适用，而对于颗粒较大、气孔较多的耐火材料并不适用。对于气孔率很小的精细陶瓷，必须避免热应力裂纹的形成和热冲击应力产生的瞬时快速断裂。从热震断裂抗力式（4-64）可以看出，陶瓷材料应同时具有高的强度、低的弹性模量和低的线膨胀系数，才能得到高的热震断裂抗力。

4.13.2 热冲击损伤理论

材料的热震损伤是指在热冲击应力作用下，材料出现开裂、剥落直至破裂或整体断裂的热损伤过程。热震损伤理论基于断裂力学理论，分析材料在温度变化条件下的裂纹成核、扩展及抑制等动态过程，以热弹性应变能 W 和材料的断裂能 U 之间的平衡条件作为判断热震损伤的依据：

$$W \geqslant U \tag{4-65}$$

当热应力导致的储存于材料中的应变能 W 足以支付裂纹成核和扩展及新生表面所需的能量 U，裂纹就形成和扩展。设有一个半径为 r 的受热球体，沿径向的温度分布为抛物线型。当球体中心的热应力相当于材料的断裂强度 σ_f 时，球体所蕴藏的总弹性应变能是：

$$W = \frac{4\pi r^3 \sigma_f^2 (1-\nu)}{3nE} \tag{4-66}$$

式中，n 为几何因子。

若该弹性应变能因产生了 N 个裂纹面为 $2A$ 的裂纹而消耗殆尽，则新生裂纹所需的总表面能为：

$$U = 2ANr_f \tag{4-67}$$

式中，r_f 为新生裂纹的断裂表面能。

由于 $W=U$，则：

$$A = \frac{2\pi r^3(1-v)}{3nEr_f}\sigma_f^2 \tag{4-68}$$

得到裂纹面 A 与球体截面积 πr^2 之比为：

$$\frac{A}{\pi r^2} = \frac{2(1-v)}{3nEr_f}\sigma_f^2\left(\frac{r}{N}\right) \tag{4-69}$$

由上式可以看出：球体越大，相对于裂纹面积 $A/\pi r^2$ 越大，热应力裂纹产生就越多，相对裂纹面积越小。因此裂纹面积是构件损伤的一种量度。$A/\pi r^2$ 越小，则构件的抗热震损伤能力越强，若把与试样形状有关的几何因素除外，其 $A/\pi r^2$ 的倒数可以作为材料热震损伤参数 R^{IV}，其表达式为：

$$R^{IV} = \frac{Er_f}{\sigma_f^2(1-v)} \tag{4-70}$$

利用 $K_{IC}=(2Er_f)^{1/2}$ 代入式，可得：

$$R^{IV} = \frac{1}{2(1-v)}\left(\frac{K_{IC}}{\sigma_f}\right)^2 \tag{4-71}$$

根据上式可以看出，抗热震损伤性能好的材料应具有尽可能高的弹性模量、断裂表面能和尽可能低的强度。不难看出，这些要求正好与高热震断裂抗力的要求相反，或者说，要提高材料的热震损伤抗力应当尽可能提高材料的断裂韧性，降低材料的强度。实际上，陶瓷材料中不可避免地存在或大或小数量不等的微裂纹或气孔，在热震环境中出现的微裂纹也不总是导致材料立即断裂，例如：气孔率为10%~20%的非致密性陶瓷中的热震裂纹往往受到气孔的抑制。这里气孔的存在不仅起着钝化裂纹尖端，减小应力集中作用，而且促使热导率下降而起隔热作用；相反，致密高强陶瓷在热震作用下则易发生炸裂。热冲击对陶瓷材料的损伤主要体现在强度衰减上。一般情况下，陶瓷材料受到热冲击后，残余强度的衰减反映了该材料的抗热冲击性能。

4.14 抗高温氧化性

一般按美国 ASTM G54—91 简单静态氧化（900℃）试验标准执行。将试样加热至高温保温，经一定的时间间隔，检查表面的氧化情况，其中质量的变化是最主要的测试项目，可以给出总的氧化量；但是局部氧化如晶界氧化、界面氧化引起的破坏更大，也应重点检查。具体的加热试验多种多样，如有：加热炉氧化试验、火炬试验、燃烧器加热试验、低压氧化试验、热腐蚀试验等。

高温氧化试验采用热处理炉，将实验试样放置在氧化铝陶瓷坩埚内置于1050℃炉内保温100h，分别在1h、10h、20h、30h、40h、50h、60h、70h、80h、90h、100h取出试样缓冷至室温，用感量为1/10000g的电子分析天平称重，测定试样的氧化增重情况，绘出氧化动力学曲线，用试样总的净增重来评价涂层的抗高温氧化能力。

4.15 耐磨损性

涂层硬度经常可以反映耐磨性的大小，但硬度和耐磨性的关系并不固定，耐磨性的准确度量应在服役条件下，由磨损试验求得，摩擦环境不同，材料配副不同，所受载荷不同，所求磨损量也不同，因此，试验方法多种多样。耐磨性评定常用对比法。在相同摩擦条件下，单位行程或单位时间内的磨损量越大，耐磨性越差。评定的关键是如何准确测出磨损量大小，常用称重法和磨痕法。

4.16 涂层结合强度

涂层与基体的结合强度是评价涂层质量最关键的指标[44~46]，是保证涂层满足机械、物理和化学等使用性能的前提。有效的涂层结合强度测试方法应满足：（1）能使涂层从基体剥离并有良好的物理模型；（2）可准确测定有关力学参量，试验值对界面状态敏感并和其他非界面因素如涂层、基体特性等无关。然后才是方法简单易行，可无损检测，易于自动化和标准化等。

现行的涂层结合强度测试方法可归纳为定性和定量两大类。定性法以经验判断和相对比较为主，一般难以给出力学参量，但简单快速，一般不需专门设备。定性方法大多是破坏性的，不适合产品零件的质量检验。定量的方法有黏结拉伸法、压入法、断裂力学法和动态结合强度测定方法等。压痕试验法、划痕试验法等比较适合于薄膜涂镀层。

4.16.1 黏结拉伸法

目前普遍采用黏结拉伸法，各国制定了类似的试验标准。将涂层试样与配副胶粘起来进行拉伸，涂层被拉脱时的载荷与涂层面积之比为结合强度。此法较简单，能在质量控制方面作出较好评价，但也有不足：（1）黏结剂的抗拉强度必须高于涂层的结合强度，因此，只适于低中结合强度测量。（2）涂层内晶粒之间为内聚性断裂，而涂层与基体之间属黏结性断裂。拉伸试验时，可能是内聚性和黏结性断裂共存的混合性断裂。此时的结合强度测定值不纯真，包含了涂层本身的强度，无法保证测出真正的结合强度值。（3）加载方式不是涂层使用时的典型应力状态，因而涂层的使用性能可能与测得的结合强度无直接关系。（4）试样加载不对中、试样尺寸、黏结剂渗入涂层细孔、黏结剂固化改变残余应力分布等因素会影响测量值，使试验结果分散，需大量试验并统计分析后才能对结合强度作出较好的评价。此外，该法属破坏性试验，生产中质量控制不便。

4.16.2 界面压入法

通过维氏压头将一定载荷作用在涂层与基体界面上使之开裂。根据界面处裂纹长度衡量结合强度，长度越短，结合强度越高；或者测定不同固定载荷下界面裂纹的长度，通过断裂力学分析，用临界应变能释放率 G_C 和界面韧性 K_C 表征结合强度。该法测定裂纹长度是在卸载后进行，由于存在裂纹闭合效应和裂纹长度测试准确性的影响，测得的裂纹长度不一定是在试验载荷下裂纹的真实长度。加载、卸载过程中的弹塑性变形行为、涂层的开裂和剥落等情况缺乏动态检测。最新进展是采用专用的涂层压入仪，它具有连续加、卸载功能，声发射动态监测压入过程和涂层开裂。用开裂时的临界载荷 P_C 值表征结合强度。该法可用一般的维氏硬度计进行，无须特别准备试样，较好地解决了黏结拉伸法不能测定高结合强度涂层和断裂部位不在涂层与基体界面等问题，是一种具有优势的方法。

4.16.3 断裂力学法

这是涂层结合强度测定中，既能反映内聚强度，又能反映黏结（结合）强度的方法。应用较多的是悬臂梁法（DCB），将涂层试样与无涂层试样粘结成复合试样测试。该法能了解涂层黏结特性，区分内聚性和黏结性断裂，还能了解涂层失效机制；另外，涂层的断裂力学参量 G_{IC} 等对涂层的晶粒形状和大小、孔隙、裂纹等显微组织特性变化敏感。因此，该法可为研究涂层特性和涂层断裂失效机制与原料粉末性能、制备工艺、组织等之间的关系，优化涂层工艺和指导涂层设计提供有用的手段。

由于涂层几何的特殊性，测定复合试样时，线弹性断裂力学所要求的各向同性和连续性假设只能做特殊的定义，这是该测试法的特殊之处，也是试验方法上需进一步解决的问题，另一个问题是试样制作较困难。

4.16.4 动态结合强度测试法

整体材料在动态与静态下使用性能不同。同样，涂层材料大多在耐热、耐磨等动态条件下使用，其使用寿命显然与动态性能相关。研究表明，静、动态结合强度有很大的差异动态，结合强度试验更接近涂层服役状况，更能反映涂层的实际使用寿命。该法主要有拉-拉动态加载法、循环加载接触疲劳法、热循环法等。动态条件下测定和评价涂层的结合性能，预测服役过程中涂层寿命的研究，对于涂层使用寿命考核和工程设计具有重要指导意义。

近年来，涂层粉末技术的测试技术已经十分完善，而涂层材料的性能测试技术已有很大发展，成功地解决了涂层性能测试方面的一些关键问题，但与涂层技术的实际需要还有很大差距。涂层材料性能测试技术应向着定量准确、设备简单、操作方便、尽量不破坏试样，并易于实现自动化和标准化的方向发展。

参考文献

［1］Muthu S，Schuurmans F J，Pashleg M D. Red green and blue LED based white light generation issues and control ［C］. IEEE Industry Application Conference. ［s. l.］：［s. n.］，2002：327~333.

［2］Shi J J，Xia C X，Wei S Y，et al. Exciton states in wurtzite InGaN strained coupled quantum dots effects of piezoelectricity and spontaneous polarization ［J］. J. Appl. Phys.，2005，97（8）：083704~083707.

［3］Leroux M，Grandjean N，Laugt M，et al. Quantum confined stark effect due to built-interal polarization fields in AlGaN/GaN quantum wells ［J］. Physcical Review B.，1998，58（20）：13371~13374.

［4］Traetta G，Carlo A D，Reale A，et al. Charge storage and screening of the interal field in GaN/AlGaN quantum wells ［J］. J. Crystal Growth，2001，230（3）：492~496.

［5］Lai Weichih，Chang Shooujinn，Meiso Yokogam，et al. InGaN/AlInGaN multiquantum - well LEDs ［J］. IEEE Photon Technol. Lett.，2001，13（6）：559~561.

［6］刘文西，等. 材料结构电子显微分析［M］. 天津：天津大学出版社，1989.

［7］殷敬华，等. 现代高分子物理学［M］. 北京：科学出版社，2003.

［8］戎咏华，姜传海，等. 材料组织结构的表征［M］. 上海：上海交通大学出版社，2012.

［9］杨序纲，吴琪琳. 拉曼光谱的分析与应用［M］. 北京：国防工业出版社，2008.

［10］陆同兴，路轶群. 激光光谱技术原理及应用［M］. 合肥：中国科学技术大学出版社，2006.

［11］Yang P，Yan R，Fardy M. Semiconductor nanowire：what's next? ［J］. Nano Lett，2010，10，1529~1536.

［12］Chen L Y，Yin Y T，Chen C H. Influence of polyethyleneimine and ammonium on the growth of ZnO nanowires by hydrothermal method ［J］. J. Phys. Chem. C，2011，115，20913~20919.

［13］Wang S，Yang S. Growth of crystalline Cu_2S nanowires arrays on copper surface：effect of copper surface structure，reagent gas composition，and reaction temperature ［J］. Chem. Mater.，2001，13，4794~4799.

［14］Hou L，Chen L，Chen S. Interfacial self-assembled fabrication of petal-like CdS/dodecylamine hybrids toward enhanced photoluminescence ［J］. Langmuir，2009，25，2869~2874.

［15］Kong X Y，Ding Y，Yang R，et al. Single-crystal nanorings formed by epitaxial self-coiling of polar-nanobelts ［J］. Science，2004，303，1348~1351.

［16］Shen G Z，Chen D. Self-coiling of $Ag_2V_4O_{11}$ nanobelts into perfect nanorings and microloops

[J]. J. Am. Chem. Soc., 2006, 128, 11762~11763.

[17] Rodriguez-Castro J, Dale P, Mahon M F, et al. Deposition of antimony sulfide thin films single-source antimony thiolate precursors [J]. Chem. Mater., 2007, 19, 3219~3226.

[18] 邱颖，陈兵，贾东升．红外光谱技术应用的进展［J］．环境科学导刊，2008，27（增刊）：23~26.

[19] 刘敏娜，王桂清，卢其斌．红外光谱技术的进展及其应用［J］．精细化工中间体，2001，31（6）：1~3.

[20] 杜俊剀，石景森，吴瑾光，等．傅立叶变换红外光谱用于肿瘤细胞株检测的研究［J］．光谱学与光谱分析，2008，28（1）：51~54.

[21] Diehl J W, et al. Determination of aromatic hydrocarbons in gasoline by gas chromatography/fourier transform infrared spectroscopy [J]. Anal Chem., 1995, 671.

[22] 关振铎，张中太，焦金生．无机材料物理性能［M］．北京：清华大学出版社，1992.

[23] Shimamura K, Arima T, Idemitsu K, et al. Thermophysical properties of rare-earth-stabilized zirconia and zirconate pyrochlores as surrogates for actinide - doped zirconia [J]. Inter. J. Thermophys, 2007, 28: 1074~1084.

[24] Boersma S L. A theory of differential thermal analysis and new methods of measurement and interpretation [J]. J. Am. Ceram. Soc., 1955, 38: 281~284.

[25] Borchardt H J, Daniels F. The application of differential thermal analysis to the study of reaction kinetics [J]. J. Am. Chem. Soc., 1957, 79: 41~46.

[26] Wang Y G, Liu J L. First-principles investigation on the corrosion resistance of rare earth disilicates in water vapor [J]. Journal of the European Ceramic Society, 2009, 29: 2163~2167.

[27] Liu Z G, Ouyang J H, Zhou Y. Preparation and thermophysical properties of $(Nd_xGd_{1-x})_2Zr_2O_7$ ceramics. J Mater Sci, 2008, 43: 3596~3603.

[28] Cao X Q, Vassen R, Tietz F, et al. New double-ceramic-layer thermal barrier coatings based on zirconia-rare earth composite oxides. J Eur Ceram Soc, 2006, 26: 247~251.

[29] 马连湘，崔琪，何燕，等．炭黑对轮胎胎面胶比热容影响的试验研究［J］．轮胎工业，2008，27（4）：248~250.

[30] 束德林．工程材料力学性能［M］．北京：机械工业出版社，2004.

[31] 李美姮，胡望宇，孙晓峰，等．EB-PVD 热障涂层的弹性模量和断裂韧性研究［J］．稀有金属材料与工程，2006，35（4）：577~580.

[32] Smith B L, Schaffer T E, Viani M, et al. Molecular mechanistic origin of the toughness of natural adhesives, fibres and composites [J]. Nature, 1999, 399: 761~763.

[33] Evans A G, Charles A. Fracture toughness determinations by indentation [J]. Journal of the American Ceramic Society, 1976 (7-8): 371~372.

[34] Liu Yourong. Comparison of HVOF and plasma-spayed alumina-titanium coating [J]. Surface and Coating Technology, 2003, 167: 68~76.

[35] 王卫泽，李长久．用顶端收缩的双悬臂斜形梁试样研究等离子喷涂涂层的断裂韧性［J］．稀有金属，2006，30（5）：615~618.

[36] Mostovoy S, Crosley P B, Ripling E J. Use of crack - lineloaded specimens for measuring

plane-strain fracture toughness [J]. J. Materials, 1967, 2 (3): 661~663.
[37] 杨班权，张坤，陈光南，等. 涂层断裂韧性的声发射辅助拉伸测量方法 [J]. 兵工学报，2008，29 (4)：420~424.
[38] Beuth J L. Cracking of thin bonded films in residual tensions [J]. International Journal of Solidsand Structures, 1992, 29 (13): 1657~1675.
[39] Dundurs J. Edge-bonded dissimilar or thogonal elastic wedges [J]. Journal of Applied Mechanics, 1969, 36: 650~652.
[40] 牛二武，阎殿然，何继宁. SHS 等离子喷涂制备 $Fe-Al_2O_4-Al_2O_3-Fe$ 纳米复合涂层的研究 [J]. 物理学报，2006，55 (10)：5535~5538.
[41] 郑立允，王玉果，赵立新，等. TiN/TiAlN 涂层的断裂韧性研究 [J]. 稀有金属材料与工程，2008，37 (1)：753.
[42] 张巍，韩亚苓. 氧化铝基陶瓷抗热震性的研究进展 [J]. 陶瓷学报，2008，29 (2)：193~196.
[43] 王昕，谭训彦，尹衍升，等. 纳米复合陶瓷增韧机理分析 [J]. 陶瓷学报，2000，21 (2)：107~111.
[44] 胡奈赛，等. 涂镀层的结合强度评定 [J]. 中国表面工程，1998 (1)：31~35.
[45] 刘福田，李兆前，王志，等. 复合陶瓷增韧机理研究 [J]. 机械工程材料，2002，26 (3)：1~4.

5 传统热障涂层

Y_2O_3 稳定化的 ZrO_2(Yttria-Stabilized Zirconia)，简称 YSZ。ZrO_2 具有一定良好的热学与力学性能，包括高熔点（2700℃），低热导率（2.17W/(m·K)），与基体材料相对接近的线膨胀率（15.3×10^{-6}℃$^{-1}$），良好的高温化学稳定性，成为目前应用最广泛的绝热陶瓷涂层之一。

5.1 ZrO_2 的物理化学性质

高纯 ZrO_2 是一种白色晶体粉末，存在三种同素异形体，室温下通常以单斜相存在，其熔点高，为 2680℃，热导率低，电导率高，硬度中等。ZrO_2 的 Zr—O 键强约为 Si—O 键强的 94%，SiO_2 中一个 Si 与 4 个 O 配位，而 ZrO_2 中一个 Zr 和 7 个以上的 O 配位，因此可以推知，具有很高的化学稳定性。氧化锆是一种具有酸性和碱性的双性氧化物，因此对碱溶液以及许多酸性溶液（热浓 H_2SO_4、HF、H_3PO_4、HNO_3 除外）都具有足够的稳定性，它对含有硫化物、磷化物等腐蚀气体的高温燃气也具有一定的稳定性，在高温氧化性气氛和略带还原性气氛的高温气体中性能稳定。许多硅化物的熔融物及矿渣等对烧结氧化锆亦不起作用。强碱与氧化锆在高温下反应生成相应的锆酸盐：在高温条件下，熔融碱式硅酸盐以及含有碱土金属的熔融硅酸盐对烧结氧化锆有侵蚀作用，降低使用寿命；在高温（2220℃以上）的真空中，氧化锆和碳作用生成 ZrC，和氢或氮气作用生成相应的氢化物或氮化物。

5.2 ZrO_2 的晶体结构及相变特点

5.2.1 ZrO_2 的晶体结构

ZrO_2 具有较高的熔点（2700℃）、较低的热导率、接近金属材料的线膨胀系数以及良好的高温稳定性和抗热震性能。基于上述优点，ZrO_2 基陶瓷是目前应用最广泛的 TBCs 材料。纯相 ZrO_2 有三种晶型：单斜相（Monoclinic，m）、四方相（Tetragonal，t）和立方相（Cubic，c）。然而，纯 ZrO_2 具有同素异晶转变，在特定条件下，ZrO_2 将会发生如下相变。

$$\text{单斜相} \underset{1170℃}{\overset{950℃}{\rightleftharpoons}} \text{四方相} \underset{2370℃}{\rightleftharpoons} \text{立方相} \underset{2680℃}{\rightleftharpoons} \text{熔点}$$

纯 ZrO_2 发生 t→m 相变，将伴随约 3.5%的体积膨胀；而 m→t 相变将会发生约7%的体积收缩。因此，在每次升降温循环过程中，ZrO_2 伴随晶型转变而产生的体积变化是不可逆的。然而将每次循环残留的不可逆体积变化进行累积，将会形成很大的热应力，最终导致涂层剥落、失效。因此，纯 ZrO_2 制备的热障涂层性能并不好。

所以通常称立方相和四方相为高温相，单斜相为低温相。立方氧化锆属萤石型结构，由于 Zr^{4+} 离子直径大于 O^{2-} 离子直径，所以一般认为 Zr^{4+} 占据面心立方点阵中1/2的八面体空隙，O^{2-} 占据面心立方点阵所有四个四面体空隙；四方晶型 ZrO_2 相当于萤石型结构沿着 c 轴伸长而变形的晶体结构。立方相和四方相的空间群分别为 Fm3m 和 $P4_2/nmc$[1]，而单斜晶型则可以看作四方晶型沿着 β 角偏转一个角度而成的，其空间群为 $P2_1/c$。图5-1给出了氧化锆的三种晶型的结构示意图，表5-1则列出了氧化锆晶体的各项参数。相变导致材料结构的变化，必然会带来材料物性的变化，表5-2列出了三种晶型的各项物理参数[2]。

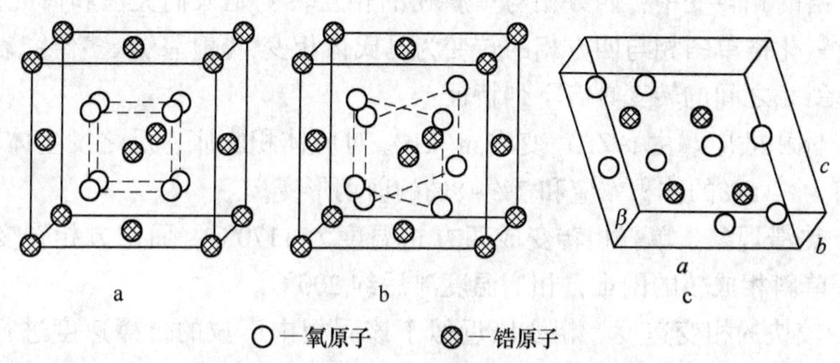

图5-1 氧化锆的三种晶型的结构

a—立方；b—四方；c—单斜

表5-1 氧化锆晶体的各项参数

晶型	稳定温度/℃	晶胞参数/nm		原子位置			
		a, b, c	β	原子	x	y	z
单斜	<1170	a=0.51507 b=0.52028 c=0.53165	99.23	Zr	0.2754	0.0395	0.2083
				O_I	0.07	0.3317	0.3477
				O_{II}	0.4416	0.7569	0.4792
四方	1170~2370	a=b=0.3653 c=0.5293	90	Zr	0	0	0
				O	0.25	0.25	0.2044
立方	2370~2715	a=b=c=0.5117	90	Zr	0	0	0
				O	0.25	0.25	0.25

表 5-2　三种晶型的各项物理参数

晶　型		立　方	四　方	单　斜
密度/g · cm^{-3}		5.60~5.91	6.10	5.65
硬度（HV500g）/GPa		7~17	12~13	6.6~7.3
线膨胀系数（0~1000℃）/K^{-1}		$7.5\times10^{-6}\sim13\times10^{-6}$	$8\times10^{-6}\sim10\times10^{-6}$ ‖ a-axis $10.5\times10^{-6}\sim13\times10^{-6}$ ‖ c-axis	$6.8\times10^{-6}\sim8.4\times10^{-6}$ ‖ a-axis $1.1\times10^{-6}\sim3.0\times10^{-6}$ ‖ b-axis $12\times10^{-6}\sim14\times10^{-6}$ ‖ c-axis
热导率/W ·（m · K）$^{-1}$	100℃	1.675		
	1300℃	2.094		
折射率/%		2.15~2.18		

5.2.2　ZrO_2 的相变特点

氧化锆的相转变中，四方相与单斜相的相互转变是人们关注和研究的热点，最早指出氧化锆单斜相与四方相的转变为马氏体相变，随后的众多研究表明，四方相与单斜相之间的转变具有下列特征：

（1）体积效应。由 t-ZrO_2 变成 m-ZrO_2 对应体积膨胀，反之发生体积缩小。相变伴随 3%~5%的体积效应和 7%~8%的剪切形变。

（2）热滞现象。单斜相转变成四方相温度为 1170℃，而四方相转变成单斜相时由于单斜相成核的困难，相变温度滞后约 200℃。

（3）较快的相变速度。相变以近似于该固相中声波的传播速度进行，比裂纹扩展的速度大一倍。这一特征为吸收断裂能和材料增韧提供了必要条件[3]。

（4）相变为非热过程。相变过程不是在特定温度下而是在一个温度范围内进行的。相变的产物量不是等温下时间的函数，而是随温度的变化而异。

（5）相变受力学约束状态影响。处于压应力状态时，t→m 相变将受到抑制，反之，则有利于相变的发生。

（6）具有颗粒尺寸效应。当颗粒小于某一临界尺寸时，t-ZrO_2 可保留至室温而不发生相变。

（7）相变为无扩散过程。四方晶和单斜晶中原子排列顺序相同，仅其位置略有差异。相变时各原子只需在小于原子间距的范围内移动，相变无须伴随原子扩散。

5.2.3　ZrO_2 的相变稳定

鉴于纯的相变特点，尤其是四方相转变为单斜相的体积膨胀足以超过 ZrO_2 晶粒的弹性限度，从而导致 ZrO_2 材料的开裂，除非利用较特殊的工艺[4,5]，否则很难制备出纯材料。为了避免这一相变，保证高温相的室温存在，材料科学家进行了广泛的研究，采取的措施主要有掺杂稳定及晶粒纳米化。

5.2.3.1 稳定剂对 ZrO_2 的掺杂稳定的研究

（1）单一稳定剂对掺杂稳定性的研究。常见的 ZrO_2 稳定剂是稀土或碱土氧化物，而且只有离子半径与 Zr^{4+} 半径相差小于40%的氧化物才能作为氧化锆的稳定剂。其中较常用的是 CaO、Y_2O_3、MgO 和 CeO_2 等。目前稳定剂的稳定机理还不十分清楚，一般解释为 Y^{3+}、Mg^{2+}、Ce^{4+}、Ca^{2+} 等稳定剂的阳离子在 ZrO_2 中具有一足的溶解度，可以置换其中的 Zr^{4+} 而形成置换型固溶体，阻碍四方晶型（t）向单斜晶型（m）的转变，从而降低氧化锆陶瓷相变的温度，使 t-ZrO_2 亚稳至室温。加入不同量的稳定剂可获得相组成不同的氧化锆陶瓷，若使部分 t-ZrO_2 亚稳至室温，就得到部分稳定氧化锆（partially stabilized zirconia，简称 PSZ），若使 t-ZrO_2 全部亚稳至室温，获得仅含四方氧化锆的多晶体（tetragonal zirconia polycrystals，简称 TZP）；若继续增加稳定剂的含量可使 c-ZrO_2 亚稳至室温，获得 c-ZrO_2 单相材料，即全稳定氧化锆（fully stabilized zirconia，简称 FSZ）。表5-3列出了部分单一稳定剂对 ZrO_2 进行掺杂稳定后制备的材料性能[6]。

表 5-3 单一稳定剂稳定的氧化锆陶瓷的物理性能

性 能	Y-TZP	Y-PSZ	Ce-TZP	Ca-PSZ	Mg-PSZ
弯曲强度/MPa	1000	650~1400	350	400~690	800
杨氏模量/GPa	205	210~238	215	200~217	205
断裂韧性/MPa · $m^{1/2}$	9.5	6	15~20	6~9	8~15
线膨胀系数/$℃^{-1}$	10×10^{-6}	10.2×10^{-6}	8×10^{-6}	9.2×10^{-6}	10×10^{-6}
热导率/W · $(m \cdot K)^{-1}$	2	1~2	2	1~2	1.8

（2）多种稳定剂对掺杂稳定性的影响。众多研究表明，利用多种稳定剂的共同稳定作用可在一定程度上弥补相互间单独稳定时的不足，除具有改善材料的烧结性能、材料的热稳定性能、材料的力学性能和电性能外，还具有细化晶粒、改变相组成等作用。添加适量的 CeO_2 到 Y-TZP 材料中，可以有效地抑制低温老化现象，甚至使 Y-TZP 在 100℃热水中完全不发生性能老化，还可以抑制磨损中相变的发生[7]。Sc_2O_3 和 CeO_2 共掺杂的 ZrO_2[8] 在热处理达到 1250~1550℃ 期间没有显示物相的转变，在 300~1100℃ 范围内比 YSZ 有更高的电导率，比其他的 Sc-ZrO_2 基电解质具有更好的长期稳定性。而加入的少量 MgO 和 CaO 可以作 Y-PSZ 的良好助烧剂[9]，它们的加入提高了低温下 t-ZrO_2 的稳定性，抑制了微晶的增长。

尽管多种稳定剂对氧化锆的掺杂可以大大改善和提高材料的性能，但也使得材料的组成和结构趋于复杂化，引发了许多新的问题，如复合稳定剂的添加量、配比，以及添加方式等对氧化锆材料性能的影响，复合稳定剂的协同作用机理等，这也是科研工作者需要解决的问题。

5.2.3.2　氧化锆晶粒纳米化对 ZrO_2 的稳定性的影响

热力学理论[10]认为由于单斜氧化锆具有比四方氧化锆大的表面能，随着氧化锆粒径的长大，单斜相与四方相结构之间的表面能差逐渐减少，当粒子长到一定尺寸时，四方氧化锆可以在低温下存在，并计算出了室温下非束缚态的 t-ZrO_2 临界晶粒尺寸约为 30nm。这一临界尺寸的存在已被随后的众多实验所证实，但是对于临界尺寸的大小还存在争论。

5.3　氧化锆陶瓷的增韧机制

早在 1975 年，Garvie 以 CaO 为稳定剂制得部分稳定氧化锆陶瓷（Ca-PSZ），并首次利用 ZrO_2 马氏体相变的增韧效应提高了韧性和强度，大大提高了氧化锆陶瓷的力学性能及热学性能，扩展了 ZrO_2 在结构陶瓷领域的应用。要将其用作结构材料，尽可能提高其韧性是问题关键。ZrO_2 陶瓷材料的增韧机制主要有以下几种。

5.3.1　应力诱发相变增韧机理

在氧化锆陶瓷材料中，除了最外表面和晶体粒子外，其余粒子都处于基体的约束状态下，此时，t-ZrO_2 趋于稳定。约束条件下相变的热力学条件为：

$$\Delta G_{t/m} = -\Delta G_{chem} + \Delta U_T - \Delta U_a + \Delta S \tag{5-1}$$

式中，$\Delta G_{t/m}$ 为单位体积 t 相向 m 相转变所引起的自由能变化；ΔG_{chem} 为 m 相和 t 相之间的自由能差；ΔU_T 为相变弹性应变能的变化；ΔU_a 是激发相变所需的外加能量；ΔS 为两相界面能差，一般较小，可以忽略。

当材料受到外力作用时，外力部分解除了基体的约束力，当 $\Delta U_T < \Delta G_{chem} + \Delta U_a$ 时，t-ZrO_2 转变为 m-ZrO_2 的马氏体相变得以顺利进行，此为诱发相变。相变过程中消耗了外加能量，抑制了裂纹的扩展，从而提高了材料的强度和韧性。

高镰[11]提出的应力诱发相变的临界强度因子的修正表达式为：

$$K_{IC} = \sqrt{K_0^2 + \frac{2h\Delta V_i E_c(\Delta G_{t\to m}^c + \Delta U_{str} + \Delta U_s)}{1 - \nu_c^2}} \tag{5-2}$$

式中，h 为与裂纹有关的相变区的尺寸；ΔV_i 为应力诱发下可相变的 t-ZrO_2 的体积分数；ΔU_{str}、ΔU_s 分别为相变引起的应变能和表面能的变化；$\Delta G_{t\to m}^c$ 为相变的化学自由能变化；ν_c 为材料的泊松比；K_0 为没有相变时材料的临界应力强度因子；E_c 为材料的杨氏模量。

从式（5-2）可以看出，ΔU_{str} 和 ΔV_i 越大，增韧效果越好；$\Delta G_{t\to m}^c$ 越大，则增韧效果越差。

5.3.2 表面强化增韧

陶瓷材料的断裂往往是从表面拉应力超过断裂应力开始的。由于 ZrO_2 陶瓷烧结体表面存在基体的约束较少，t-ZrO_2 容易转变为 m-ZrO_2，而内部 t-ZrO_2 由于受基体各方向的压力保持亚稳定状态。因此表面的 m-ZrO_2 比内部的多，而相变产生的体积膨胀使材料表面产生残余的压应力，可以抵消一部分外加的拉应力，从而造成表面强化增韧，提高材料的强度。诱导相变的方法有研磨、喷砂、低温处理、表面涂层和化学处理等[12]。具有压应力层的陶瓷对表面小缺陷不敏感，有一定抵抗接触损伤的能力。

5.3.3 微裂纹的增韧机理

微裂纹增韧是多种陶瓷材料的一种增韧机理，由于大多数情况下陶瓷体内存在裂纹，当受外力或存在应力集中时，裂纹会迅速扩展，致使陶瓷受到破坏，因此，防止裂纹扩展，消除应力集中是提高陶瓷韧性的关键。

氧化锆在由四方相向单斜相转变时产生的体积膨胀，在一定条件下一旦超过晶粒的弹性形变便会产生微裂纹；这样无论是陶瓷在冷却过程产生的相变诱发裂纹，还是裂纹在扩展过程中其尖端区域形成的应力诱发相变导致的微裂纹，都将起到分散主裂纹尖端能量的作用，从而提高断裂能，即微裂纹增韧。

当陶瓷受到张应力的作用时，在主裂纹的尖端形成塑性区，在塑性区内，原先存在的大量的微裂纹发生延伸，增加许多新的裂纹表面。另外，在张应力作用下，延伸后形成的较大微裂纹将与主裂纹汇合，导致主裂纹的扩展路径发生扭曲和分叉，增加裂纹的扩展路径，吸收更多的弹性应变能，进一步提高材料的断裂韧性。

5.3.4 弥散增韧机理

弥散增韧主要是在陶瓷基质中加入第二相 ZrO_2 粒子，这种颗粒在基质材料受拉伸时阻止横向截面收缩，而要达到和基体相同的横向收缩，就必须增加纵向拉应力，这样就使材料消耗了更多的能量，起到增韧作用。同时，高弹性模量的颗粒对裂纹起钉扎作用，使裂纹发生偏转、绕道，耗散了裂纹前进的动力，也起到增韧作用。颗粒的强化在于颗粒与基体的热膨胀失配，使外加载荷重新分配，提高承载能力，防止基体内位错运动，达到强化的目的。合理地控制 ZrO_2 弥散粒子的尺寸和颗粒分布状态、优化添加 ZrO_2 的体积分数并均匀弥散 ZrO_2 颗粒、选择与 ZrO_2 粒子线膨胀系数相匹配的陶瓷基体以及控制 ZrO_2 粒子的化学性质和相变温度，是微裂纹增韧及弥散增韧必须遵循的原则。

综合以上分析，氧化锆相变增韧陶瓷的研究和应用得到迅速发展，主要有三种类型，分别为部分稳定氧化锆陶瓷（PSZ）、四方氧化锆多晶体陶瓷（Tetragonal Polycrystalline Zirconia，TZP）及氧化锆增韧陶瓷（Zirconia Toughened Ceramics，ZTC）。

（1）当 ZrO_2 中稳定剂加入量在某一范围时，高温稳定的 c-ZrO_2 通过适当温度下时效处理使 c-ZrO_2 大晶粒中析出许多细小纺锤状的 t-ZrO_2 晶粒，形成立方相和四方相组成的双相组织结构。其中 c 相是稳定的，而 t 相是亚稳定的并一直保存到室温。这种陶瓷称之为部分稳定氧化锆（PSZ），当稳定剂为 CaO、MgO 和 Y_2O_3 时，分别表示为 Ca-PSZ、Mg-PSZ 和 Y-PSZ 等。

（2）当 ZrO_2 中稳定剂加入量控制在适当量时可以使 t-ZrO_2 以亚稳状态稳定保存到室温，那么块体氧化锆陶瓷的组织结构是亚稳的 t-ZrO_2 细晶组成的四方氧化锆多晶体，称之为四方氧化锆多晶体陶瓷（TZP）。当加入的稳定剂是 Y_2O_3、CeO_2，则分别表示为 Y-TZP、Ce-TZP 等。

（3）如果在不同陶瓷基体中加入一定量的 ZrO_2 并使亚稳四方氧化锆多晶体均匀地弥散分布在陶瓷基体中，利用氧化锆相变增韧机制使陶瓷的韧性得到明显的改善。这种氧化锆相变增韧陶瓷称为氧化锆增韧陶瓷（ZTC）。如果陶瓷基体是 Al_2O_3、莫来石（Mullite）等，分别表示为 ZTA、ZTM 等。

5.4 ZrO_2 粉体的制备

锆英石的主要成分是 $ZrSiO_4$，一般均采用各种火法冶金与湿化学法相结合的工艺，即先采用火法冶金工艺将 $ZrSiO_4$ 破坏，然后用湿化学法将锆浸出，其中间产物一般为氯氧化锆或氢氧化锆，中间产物再经煅烧可制得不同规格、用途的 ZrO_2 产品，目前国内外采用的加工工艺主要有碱熔法、石灰烧结法、直接氯化法、等离子体法、电熔法和氟硅酸钠法等。

用传统工艺制备的 ZrO_2 是 $ZrO_2 \cdot 8H_2O$ 化合物，是制备 ZrO_2 超细粉和其他 ZrO_2 制品的原料。氧化锆超细粉末（Ultra-fine powder）的粒径一般为 10~100nm 之间，具有一系列优异的性质（表面效应、小尺寸效应、量子效应、隧道效应等）。氧化锆超细粉末的制备方法很多，目前普遍采用共沉淀法、溶胶-凝胶法、等离子法、醇盐分解法、喷雾热解法、水热合成法及气相沉积法等十余种工艺，它们各有特点[13]。

5.4.1 化学共沉淀法

化学共沉淀法和以共沉淀为基础的沉淀乳化法、微乳液沉淀反应法的主要工艺路线是：以适当的碱液如氢氧化钠、氢氧化钾、氨水、尿素等作沉淀剂（控制 pH≈8~9），从 $ZrOCl_2 \cdot 8H_2O$ 或 $Zr(NO_3)_4$、$Y(NO_3)_3$（作为稳定剂）等盐溶液中沉淀析出含水氧化锆 $Zr(OH)_4$（氢氧化锆凝胶）和 $Y(OH)_3$（氢氧化钇凝胶），再经过过滤、洗涤、干燥、煅烧（600~900℃）等工序制得钇稳定的氧化锆粉体。工艺流程图如图 5-2 所示。

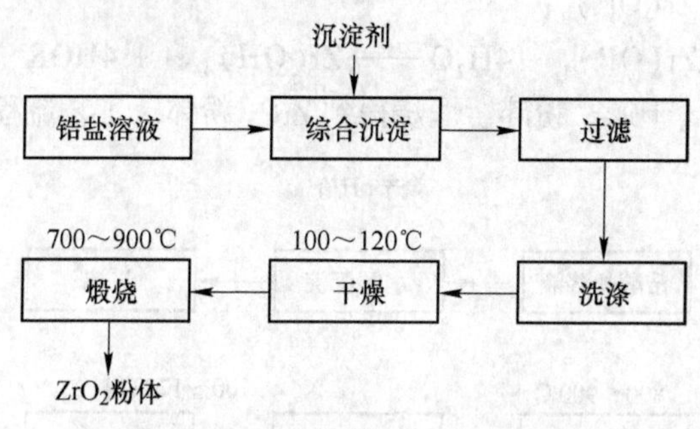

图 5-2 中和沉淀法工艺流程图

此法由于设备工艺简单，生产成本低廉，且易于获得纯度较高的纳米级超细粉体，因而被广泛采用。目前国内大部分氧化锆生产企业，如九江泛美亚、深圳南玻、上海友特、广东宇田等，采用的都是这种方法。但是共沉淀法的主要缺点是没有解决超细粉体的硬团聚问题，粉体的分散性差，烧结活性低。

5.4.2 水解沉淀法

水解沉淀法分为锆盐水解沉淀和锆醇盐水解沉淀两种方法。

（1）锆盐水解沉淀法是长时间地沸腾锆盐溶液，使之水解生成的挥发性酸不断蒸发除去，从而使如下水解反应平衡不断向右移动：

$$ZrOCl_2 + (3+n)H_2O \longrightarrow Zr(OH)_4 \cdot nH_2O + 2HCl\uparrow$$

$$ZrO(NO_3)_2 + (3+n)H_2O \longrightarrow Zr(OH)_4 \cdot nH_2O + 2HNO_3\uparrow$$

然后经过过滤、洗涤、干燥、煅烧等过程制得 ZrO_2 粉体。工艺流程图如图 5-3 所示。

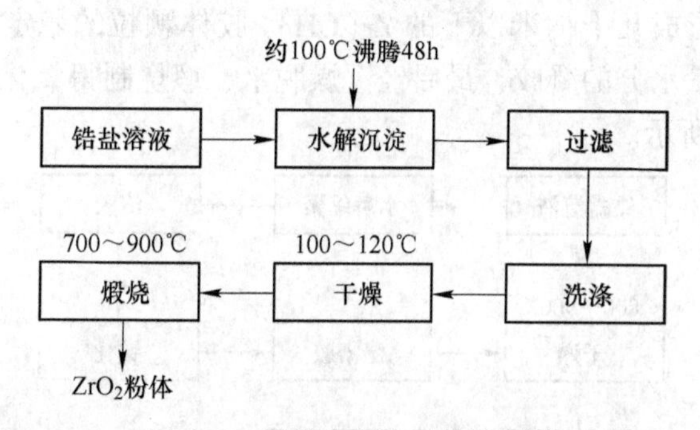

图 5-3 锆盐水解法工艺流程图

$ZrOCl_2$ 浓度控制在 0.2~0.3mol/L。此法的优点是操作简便，缺点是反应时间较长（>48h），耗能较大，所得粉体也存在团聚现象。

（2）锆醇盐水解沉淀法是利用锆醇盐极易水解的特性，在适当 pH 值的水溶液中进行水解得到 $Zr(OH)_4$：

$$Zr(OR)_4 + 4H_2O \longrightarrow Zr(OH)_4 \downarrow + 4HOR$$

然后经过过滤、干燥、粉碎、煅烧得到 ZrO_2 粉体。工艺流程图如图 5-4 所示。

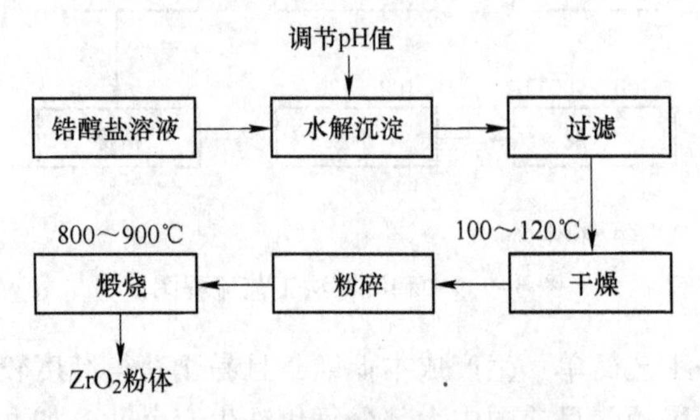

图 5-4 锆醇盐水解法工艺流程图

此法的优点是：（1）几乎全为一次粒子，团聚很少；（2）粒子的大小和形状均一；（3）化学纯度和相结构的单一性好。缺点是原料制备工艺较为复杂，成本较高。

共沉淀法和水解沉淀法的最后工序都是煅烧，其温度越高，则粉体的晶粒度越大，团聚程度越高。这是由于煅烧升温过程当完成了从非晶态转变为晶态的成核过程以后便开始了晶粒长大阶段，并且晶粒中成晶结构单元的扩散速度随温度升高而增大，相互靠近的颗粒容易形成团聚。

5.4.3 溶胶-凝胶法

溶胶-凝胶法是被广泛采用的制备超细粉体的方法。它是借助于胶体分散体系的制粉方法，形成几十纳米以下的 $Zr(OH)_4$ 胶体颗粒的稳定溶胶，再经适当处理形成包含大量水分的凝胶，最后经干燥脱水、煅烧制得氧化锆超细粉。工艺流程图如图 5-5 所示。

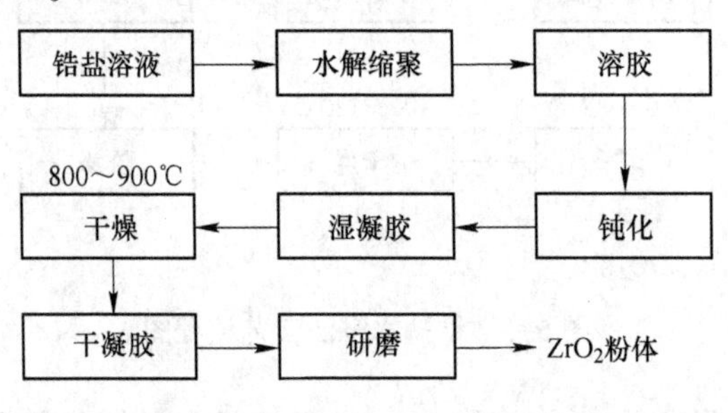

图 5-5 溶胶-凝胶法工艺流程图

此法的优点：(1) 粒度细微，亚微米级或更细；(2) 粒度分布窄；(3) 纯度高，化学组成均匀，可达分子或原子尺度；(4) 烧成温度比传统方法低400~500℃。

缺点：(1) 原料成本高且对环境有污染；(2) 处理过程的时间较长；(3) 形成胶粒及凝胶过滤、洗涤过程不易控制。

5.4.4 水热法

在高压釜内，锆盐（$ZrOCl_2$）和钇盐（$Y(NO_3)_3$）溶液加入适当化学试剂，在高温（>200℃）、高压（约10MPa）下反应直接生成纳米级氧化锆颗粒，形成钇稳定的氧化锆固溶体。其工艺流程见图5-6。

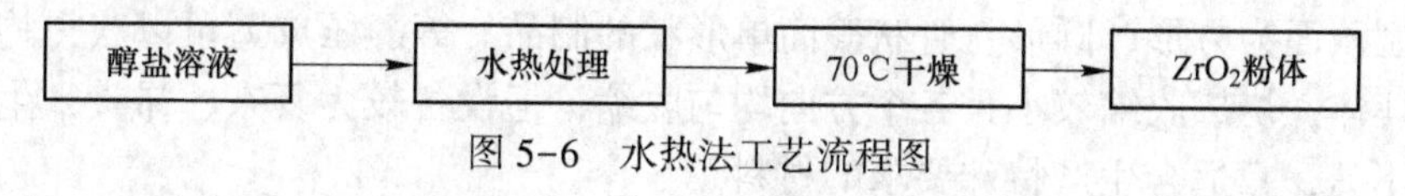

图5-6 水热法工艺流程图

反应方程式为：

$$ZrOCl_2+H_2O \longrightarrow ZrO_2+2HCl$$

其反应的机理是：溶液中反应前驱物 $Zr(OH)_4$、$Y(OH)_3$ 在水热条件下达到过饱和状态，从而析出溶解度更小、更稳定的 $ZrO_2(Y_2O_3)$ 相，两者溶解度之差便是反应进行的驱动力。优点为粉料粒度极细，可达到纳米级，粒度分布窄，省去了高温煅烧工序，颗粒团聚程度小。缺点为设备复杂昂贵，反应条件较苛刻，难于实现大规模工业化生产。

5.5 氧化锆陶瓷的成型方法

氧化锆陶瓷以粉体为原料，所谓粉体即是大量固相颗粒和空气的混合物，必须把这种松散的混合物先制成具有所需的尺寸和形状并有一定强度的固相颗粒集合体，再通过高温烧结，使这种颗粒集合体变成致密的固相烧结体。成型方法主要有以下几类。

5.5.1 干法成型

所谓干法成型即用干粉料（固体颗粒和空气的混合物）为原料成型，为了减少摩擦和增强强度，粉料中可能含有少量液体、黏结剂包裹在颗粒外面，为了密实化，通常采用加压的方法迫使颗粒互相靠近，将空气尽可能排除。干法成型不能成型出复杂形状的制品。常用的干法成型有以下两种。

5.5.1.1 干压成型

干压成型采用压力将陶瓷粉料压制成一定形状的坯体。其实质是在外力作用下，粉体颗粒在模具内相互靠近，并借内摩擦力牢固地结合起来，保持一定的形状。干压生坯中主要的缺陷为层裂，这是由于粉料之间的内摩擦以及粉料与模具壁之间的摩擦，造成坯体内部的压力损失。干压成型优点是坯体尺寸准确，操作简单，便于实现机械化作业；干压生坯中水分和结合剂含量较少，干燥和烧成收缩较小。它主要用来成型简单形状的制品，且长径比要小。模具磨损造成的生产成本增高是干压成型的不足之处。

5.5.1.2 等静压成型

等静压成型是在传统干压成型基础上发展起来的特种成型方法。它利用流体传递压力，从各个方向均匀地向弹性模具内的粉体施加压力。由于流体内部压力的一致性，粉体在各个方向承受的压力都一样，因此能避免坯体内密度的差别。等静压成型有湿袋式等静压和干袋式等静压之分。湿袋式等静压可以成型形状较为复杂的制品，但只能间歇作业。干袋式等静压可以实现自动化连续作业，但只能成型截面为方形、圆形、管状等简单形状的制品。等静压成型可以获得均匀致密的坯体，烧成收缩较小且各个方向均匀收缩，但设备较为复杂、昂贵，生产效率也不高，只适合生产特殊要求的材料。

5.5.2 湿法成型

所谓湿法成型是先在粉料中加入液体制成料浆，把料浆注入模具内，再使其固化，形成坯体。料浆可以看成固相颗粒与液体的两相混合体，颗粒间有液体包围，流动性远好于干粉料，可均匀地充满模具，非常有利于制造复杂形状的制品，但是干燥收缩大，容易变形、开裂。常用的湿法成型工艺有以下几种。

5.5.2.1 注浆成型

注浆成型过程与流延成型类似，不同的是其成型过程包括物理脱水过程和化学凝聚过程，物理脱水通过多孔的石膏模的毛细作用排除浆料中的水分，化学凝聚过程是因为在石膏模表面 $CaSO_4$ 的溶解生成的 Ca^{2+} 提高了浆料中的离子强度，造成浆料的絮凝。在物理脱水和化学凝聚的作用下，陶瓷粉体颗粒在石膏模壁上沉积成型。注浆成型适合制备形状复杂的大型陶瓷部件，但坯体质量，包括外形、密度、强度等都较差，工人劳动强度大且不适合自动化作业。

5.5.2.2 热压铸成型

热压铸成型是在较高温度下（60~100℃）使陶瓷粉体与黏结剂（石蜡）混合，获得热压铸用的料浆，料浆在压缩空气的作用下注入金属模具，保压冷却，脱模得到蜡坯，蜡坯在惰性粉料保护下脱蜡后得到素坯，素坯再经高温烧结成瓷。热压铸成型的生坯尺寸精确，内部结构均匀，模具磨损较小，生产效率高，适合各种原料。蜡浆和模具的温度需严格控制，否则会引起欠注或变形，因此不适合用来制造大型部件，同时两步烧成工艺较为复杂，能耗较高。

5.5.2.3 流延成型

流延成型是把陶瓷粉料与大量的有机黏结剂、增塑剂、分散剂等充分混合，得到可以流动的黏稠浆料，把浆料加入流延机的料斗，用刮刀控制厚度，经加料嘴向传送带流出，烘干后得到膜坯。此工艺适合制备薄膜材料，为了获得较好的柔韧性而加入大量的有机物，要求严格控制工艺参数，否则易造成起皮、条纹、薄膜强度低或不易剥离等缺陷。所用的有机物有毒性，会产生环境污染，应尽可能采用无毒或少毒体系，减少环境污染。

5.5.2.4 凝胶注模成型

凝胶注模成型技术是美国橡树岭国家实验室的研究者在20世纪90年代初首先发明的一种新的胶态快速成型工艺。凝胶注模成型方法的工艺流程如图5-7所示。其核心是使用有机单体溶液，该溶液能聚合成为高强度的、横向连接的聚合物-溶剂的凝胶。陶瓷粉体溶于有机单体的溶液中所形成的浆料浇注在模具中，单体混合物聚合形成胶凝的部件。由于横向连接的聚合物-溶剂中仅有10%~20%（质量分数）的聚合物，因此，易于通过干燥步骤去除凝胶部件中的溶剂。同时，由于聚合物的横向连接，在干燥过程中，聚合物不能随溶剂迁移。此方法可用于制造单相的和复合的陶瓷部件，可成型复杂形状、准净尺寸的陶瓷部件，而且其生坯强度高达20~30MPa以上，可进行再加工。该方法存在的主要问题是致密化过程中坯体的收缩率比较高，容易导致坯体变形；有些有机单体存在氧阻聚而导致表面起皮和脱落；温度诱导有机单体聚合工艺，引起温度梯度，导致内应力存在使坯体开裂破损等。

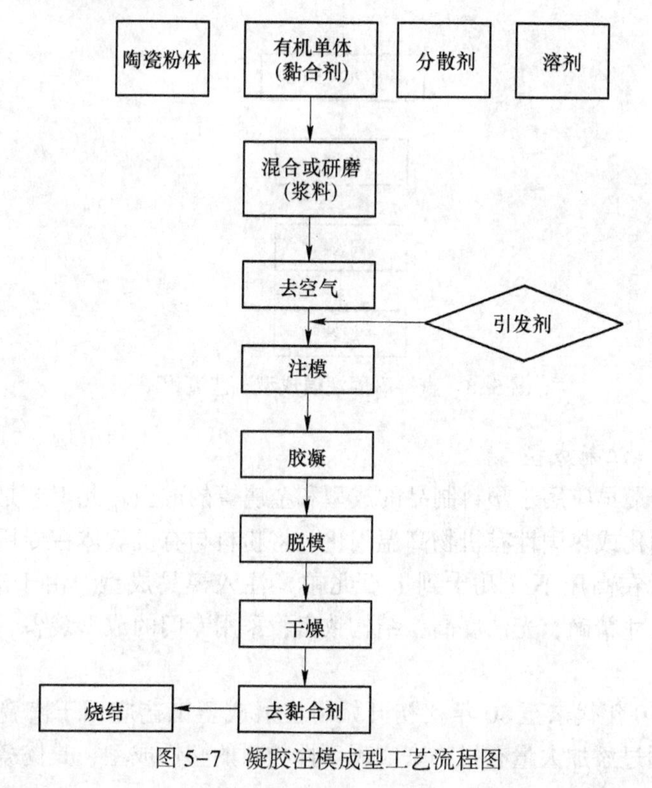

图5-7 凝胶注模成型工艺流程图

5.5.2.5 直接凝固注模成型

直接凝固注模成型是由苏黎世联邦工学院开发的一种成型技术，它的工艺流程如图 5-8 所示。将溶剂水、陶瓷粉体和有机添加剂充分混合形成静电稳定、低黏度、高固相含量的浆料，在其中加入可改变浆料 pH 值或增加电解质浓度的化学物质，然后将浆料注入到无孔模具中。工艺过程中控制化学反应的进行。使注模前反应缓慢进行，浆料保持低黏度，注模后反应加快进行，浆料凝固，使流态的浆料转变为固态的坯体。得到的生坯具有很好的力学性能，强度可以达到 5kPa。生坯经脱模、干燥、烧结后，形成所需要形状的陶瓷部件。它的优点为不需或只需少量的有机添加剂（小于 1%），坯体不需要脱脂，坯体密度均匀，相对密度高（55%~70%），可以成型大尺寸复杂形状陶瓷部件。它的缺点是添加剂价格昂贵，反应过程中一般有气体放出。

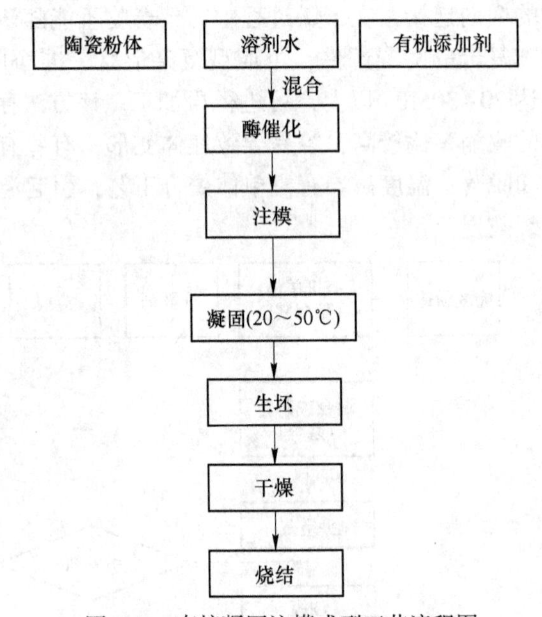

图 5-8 直接凝固注模成型工艺流程图

5.5.2.6 注射成型

注射成型最早应用于塑料制品的成型和金属模的成型。此工艺是利用热塑性有机物低温固化或热固性有机物高温固化，将粉料与有机载体在专用的混炼设备中混炼，然后在高压下（几十到上百兆帕）注入模具成型。由于成型压力大，得到的坯体尺寸精确，光洁度高，结构致密；采用专门的成型装备，使生产效率大大提高。

20 世纪 70 年代末至 80 年代初开始将注射成型工艺应用于陶瓷零部件的成型，该工艺通过添加大量有机物来实现瘠性物料的塑性成型，是陶瓷可塑成型工艺中最普遍的一种。在注射成型技术中，除了使用热塑性有机物（如聚乙烯、聚苯乙烯），热固性有机物（如环氧树脂、酚醛树脂），或者水溶性的聚合物作为主要的黏结剂以外，还必须加入一定数量的增塑剂、润滑剂和偶联剂等工艺助剂，以改善陶瓷注射悬浮体的流动性，并保证注射成型坯体的质量。注射成型工艺具有自动化程度高、成型坯体尺寸精密等优点。但注射成型陶瓷部件的生坯中有机物含量（体积分数）多达50%，在后续烧结过程要排除这些有机物需要很长时间，甚至长达几天到数十天，而且容易造成质量缺陷。因此，排胶始终是制约其应用的一个关键环节，至今尚未完全突破。

5.5.2.7 胶态注射成型

为解决传统注射成型工艺中有机物加入量大、排除困难等问题，清华大学创造性地提出了陶瓷的胶态注射成型新工艺，自主开发了胶态注射成型样机，实现了瘠性陶瓷料浆的注射成型。其基本思路是将胶态成型同注射成型相结合，利用专有的注射设备与胶态原位凝固成型工艺所提供的新型固化技术来实现。这一新工艺，使用的有机物最多不超过4%（体积分数），利用水基悬浮体中少量的有机单体或有机化合物在注入模具后快速诱发有机单体聚合生成有机网络骨架，将陶瓷粉体均匀包裹其中，不但使排胶时间大为缩短，同时也大大降低了排胶开裂的可能性。

陶瓷的注射成型与胶态成型存在着巨大的差别，最主要区别在于前者属于塑性成型的范畴，后者属于浆料成型即浆料没有可塑性，是瘠性料。胶态成型由于浆料没有塑性，无法采用传统的陶瓷注射成型的思路。如果胶态成型同注射成型相结合，即利用专有的注射设备与胶态原位成型工艺所提供的新型固化技术，实现陶瓷材料的胶态注射成型。陶瓷的胶态注射成型新工艺，既区别于一般的胶态成型，又区别于传统的注射成型，将既具有胶态原位凝固成型坯体均匀性好，有机物含量低的特色，又具有注射成型自动化程度高的优点，是胶态成型工艺的一种质的升华，将成为高技术陶瓷走向产业化的希望所在。

5.6 传统的热障涂层

5.6.1 经典的8YSZ型热障涂层

目前使用最为广泛的掺杂材料是Y_2O_3。Y_2O_3对ZrO_2热导率影响不大，掺杂后由于晶格中大量存在的氧空位、置换原子等点缺陷，能对声子进行有效散射，可以降低热导率。图5-9为Y_2O_3-ZrO_2在ZrO_2富集区的相图[14]。

从YSZ相图可以看出，12%~20%（质量分数）的Y_2O_3完全稳定的ZrO_2为立方相结构，从理论上来说，完全稳定化的ZrO_2可以避免高温工作过程中单斜→四方相的转变。但是通过对不同含量Y_2O_3掺杂的YSZ等离子喷涂涂层在1100℃

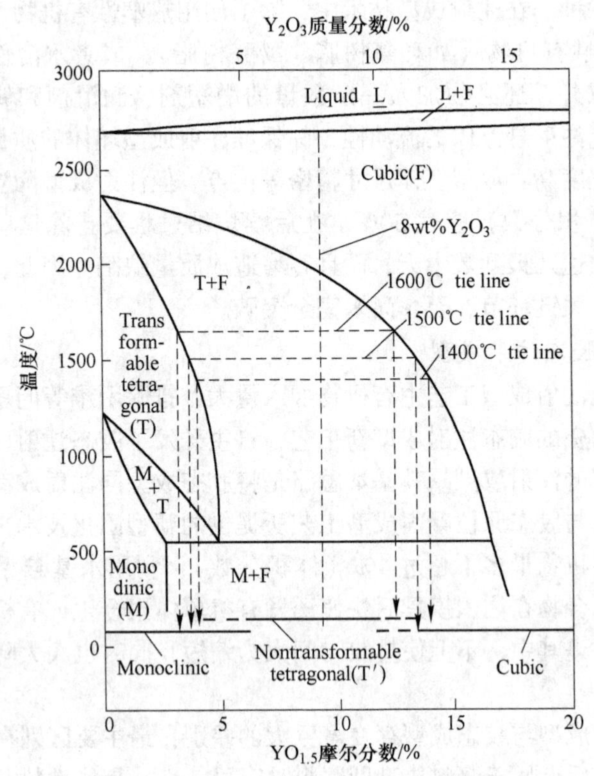

图 5-9 Y_2O_3-ZrO_2 在 ZrO_2 富集区的相图

进行的热循环实验结果表明，完全稳定化的 YSZ 涂层，其抗热震性能并不好。

目前，最被广泛应用，也是最经典的热障涂层材料是 8YSZ（8%（质量分数）Y_2O_3 部分稳定的 ZrO_2），表 5-4 列出了 YSZ 材料的主要物理性能及其相应优缺点[15~17]。

表 5-4 YSZ 材料的主要物理性能及优缺点

密度 $d/g \cdot cm^{-3}$	6.4	低	可减轻部件质量
线膨胀系数 α/K^{-1}	10.5×10^{-6}~11.5×10^{-6}	大	与金属基底匹配好
热导率 $\lambda/W \cdot (m \cdot K)^{-1}$	2.1~2.2	低	隔热效果良好
硬度 H_v/GPa	约 14	高	耐磨性良好
断裂韧性 $K_{IC}/MPa \cdot m^{1/2}$	约 2	高	力学性能良好
弹性模量 E/GPa	50~200		力学性能良好
烧结速率 $d(\Delta L/L_0)/dt/\% \cdot (100h)^{-1}$	0.1~0.35	低	提高涂层寿命
相变	t′→t+c→m+c(1443K)		不利于提高涂层寿命
涂层孔穴率 PS			有利于隔热和抗震

从表5-4可知YSZ涂层材料最大表面耐热温度为1473K，也就是说长期使用温度不能高于这个温度，否则涂层结构会出现不稳定。另外8YSZ涂层从高温快速冷却到室温时保留为亚稳定四方相（t′）。当涂层长期在高温工作时，亚稳四方相转变为四方相和立方相；然而在冷却过程中，四方相转变为单斜相，在这些相转变的体积效应将会导致涂层失效。8YSZ涂层相变过程如图5-10所示。另外，8YSZ涂层长期在高温工作时，涂层中的气孔减少、出现致密化，这些都将导致涂层杨氏模量增大、热导率增加、涂层内应力变大等不利因素[18]。

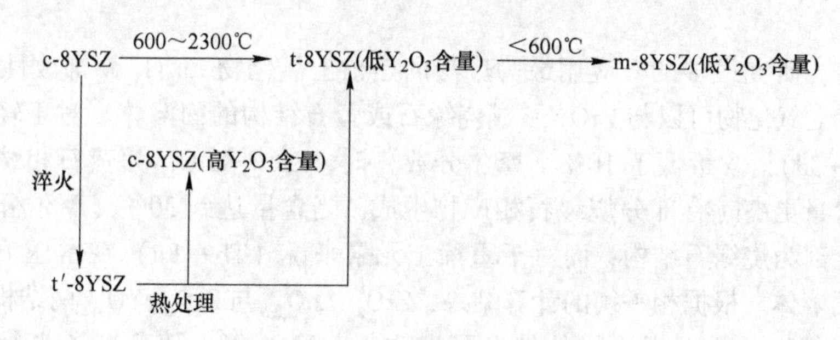

图5-10 8YSZ相变过程示意图

5.6.2 8YSZ材料的掺杂修饰

随着科学技术的迅猛发展，发动机工作温度的不断升级，传统的热障涂层已经很难满足人们的需求。因此，对高性能热障涂层的需求日渐紧迫。针对这个问题，研究人员从制备工艺、材料以及结构等不同角度进行了大量研究。这其中最主要的影响因素是工艺，但材料的性质（如线膨胀系数）和结构设计也有很大影响。图5-11简要示出了目前热障涂层的主要发展策略。

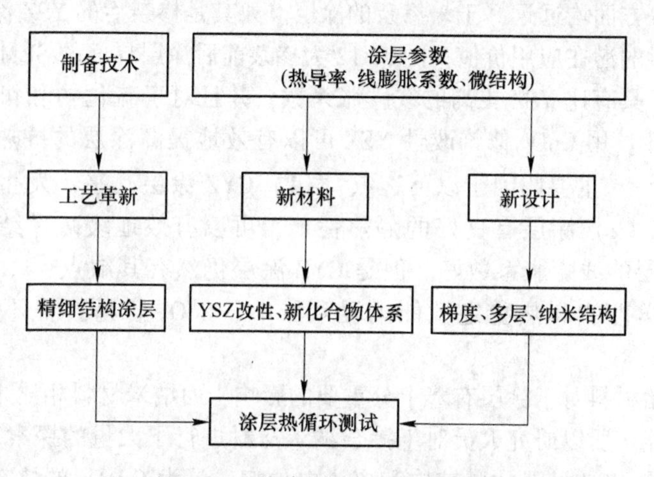

图5-11 热障涂层主要发展策略

相对于制备工艺革新和设计新结构涂层，YSZ 材料的改性修饰要可行得多。近年来，针对不同工作条件，有选择地对 YSZ 材料掺杂改性已经引起了人们的广泛关注。使用两种氧化物掺杂 ZrO_2 可以有效降低热导率，延长工作寿命，这主要归因于孔穴率的提高；掺杂离子半径与主体离子半径的差异加强了声子散射。Kim 等[19]研究了 Ta_2O_5、Nb_2O_5、HfO_2 掺杂 YSZ 对材料热力学性能的影响。经过热循环测试，涂层寿命均远高于 YSZ 涂层。Almeida 等[20]用 EB-PVD 法制备了 Nb_2O_5 修饰的 8YSZ 涂层，涂层热导率比 8YSZ 涂层降低了一半，但是涂层硬度有所下降。

目前，研究最多的、应用最为广泛的是稀土氧化物 Ln_2O_3 修饰改性 YSZ 或 ZrO_2。稀土氧化物可以与 ZrO_2 形成烧绿石或萤石结构的固溶体。对于轻稀土元素（La→Gd），含量低于 10%（摩尔分数）时，ZrO_2-$LnO_{1.5}$ 为萤石相结构固溶体；当含量更高时有部分烧绿石相产物生成，当含量达到 30%（摩尔分数）以上时则全部为烧绿石结构；而对于重稀土元素来说（Tb→Lu）在常压下均是萤石结构固溶体。根据相平衡的计算结果，ZrO_2-$LnO_{1.5}$ 与 ZrO_2-$YO_{1.5}$ 两结构显示了高度的相似性。稀土氧化物的掺杂可以改善 YSZ 性能，随着离子半径的减小（La→Lu），烧绿石结构逐渐失去稳定，而萤石结构相区间逐渐扩大。另外根据半经验计算结果，随离子半径的增大（Sc→La），热导率逐渐下降，这主要是由于掺杂离子与主体晶体结构的阳离子半径差别大导致声子散射加强，减缓了声子传播速度。而抗烧结性逐渐加强，其主要原因归结为添加离子半径与晶格离子半径的不匹配导致离子扩散系数降低。

大量的研究显示，稀土氧化物的掺杂可以有效地改善 YSZ 的性能。Matsumoto 等[73]用 EB-PVD 法制备了 La_2O_3 和 HfO_2 掺杂的 YSZ 涂层，并对其热导率和热循环寿命进行了研究。结果显示掺杂后的涂层在热导率、抗烧结性以及热循环寿命等方面均远远好于未掺杂的涂层。尤其是掺杂后的 YSZ 涂层具有作为热障涂层材料的潜在应用价值，图 5-12 为掺杂前后涂层界面的 SEM 图片。CeO_2 热导率较低，具有比 YSZ 更高的线膨胀系数，并且对于硫化物和钒酸盐等有更好的抗腐蚀性。用 CeO_2 修饰改性 YSZ 可以有效地提高涂层的抗热震性能、延长工作寿命[21]。主要归因于以下三点：（1）CYZ 涂层几乎不发生 t 相与 m 相之间的转变；（2）涂层有良好的隔热性能，可以有效地缓减黏结层的氧化程度；（3）涂层的线膨胀系数好。但是 CYZ 涂层仍然有其缺点[22]，比如涂层硬度下降、力学性能和热稳定性能均受到影响、CeO_2 容易挥发不容易控制组分等。

由于初始材料对于涂层有着十分重要的影响，而纳米材料相比于传统材料有着优越的性能，所以研究人员对于掺杂纳米材料进行了大量的探索。Xie[24]研究了 Gd_2O_3 掺杂 YSZ 材料的微结构和离子电导率，认为 Gd_2O_3 的掺杂对离子电导

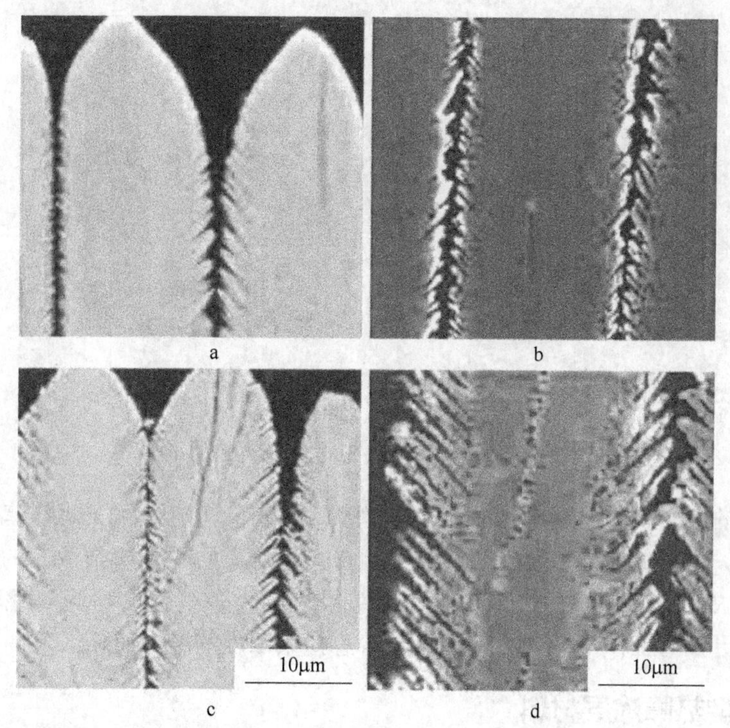

图 5-12 La_2O_3 和 HfO_2 掺杂 YSZ 涂层失效前（a、b）后（c、d）界面的 SEM 图片[23]

性有着重要的影响，其原因是 Gd_2O_3 十分有效地稳定了立方相结构。Wang[25] 研究了稀土氧化物掺杂 8YSZ 前后纳米材料的晶体生长行为，La_2O_3 掺杂 8YSZ 在 900℃处晶体生长活化能发生转折，在 900℃以前，掺杂后的材料的活化能要比掺杂前的小；而在 900℃以后，掺杂后的活化能要比掺杂前的大，造成这种现象的原因是在 1000℃左右烧绿石相 $La_2Zr_2O_7$ 的生产。同时，对 CeO_2 不同摩尔比掺杂 8YSZ 材料的晶体生长行为也进行了详细研究，其值先增加后减小，最大值出现在掺杂浓度为 5%（摩尔分数）处。认为随着掺杂浓度的增加，先是促进晶体生长然后又抑制其生长。较低的掺杂浓度并没有引起晶体边界弛豫。随着浓度增加，边界弛豫增大，进而抑制了晶体的生长。同时计算了体系微应力随掺杂浓度的变化关系。Bekale 等[26] 研究了 CeO_2 修饰 YSZ 粉体与陶瓷块材的结构特征，其产物形成单相固溶体，孔隙和掺杂元素分布均匀，在核应用方面有潜在的应用。Gedanken 等[27] 研究了 Eu_2O_3 掺杂改性 YSZ 材料的辐射寿命，在 700℃时其寿命最长。林等[28] 研究了 Yb_2O_3 掺杂改性 8YSZ 材料的组织结构以及电导率，在 1400～1600℃间的烧结，对材料的电导率没有明显的影响。Zhu 等[29] 报道了采用 Yb、Sc、Sm、Nd、Gd 等多元修饰 YSZ 材料，研究了其对材料热导率的影响，如图 5-13 所示。

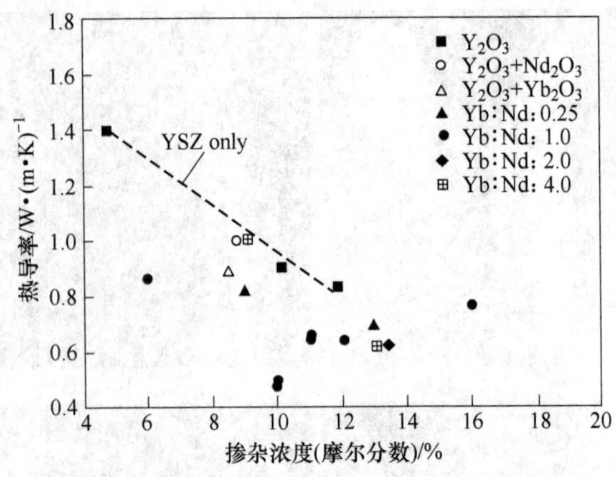

图 5-13 Yb、Nd、Y 对 YSZ 材料热导率的影响[29]

掺杂的离子以缺陷簇的形式存在，而 Y_2O_3 分布均匀，由于缺陷簇对声子散射的影响，材料的热导率要低于 YSZ，但热循环寿命要受到掺杂浓度的影响。在给定掺杂浓度的条件下，1160℃热循环结果表明，多组分缺陷簇氧化物涂层比 YSZ 具有更长的工作寿命，其趋势是随着总掺杂浓度的增加而降低。

5.7 新型热障涂层材料

发动机工作温度的不断升级，就需要提高涂层材料的性能，除了改性修饰方法，研究人员也致力于开发热导率更低、韧性更高、在更高温度下能保持相稳定性、抗腐蚀性更强的可替代 YSZ 的热障涂层材料。主要有以下几种。

5.7.1 稀土锆酸盐

稀土锆酸盐（$Ln_2Zr_2O_7$）按照晶体结构可分为烧绿石结构和缺陷萤石结构，这和稀土阳离子与锆离子的半径之比和温度有密不可分的联系。烧绿石结构（$A_2B_2O_7$）是近年来公认的具有良好应用前景的热障涂层材料[30~32]，详细描述了稀土锆酸盐材料的晶体结构。烧绿石结构和缺陷型萤石结构均属于面心立方空间点阵，其中烧绿石结构属于 Fd3m(227) 空间群，而缺陷型萤石结构则属于 Fm3m(225) 空间群。图 5-14 为烧绿石结构和缺陷型萤石结构中阴阳离子排布的示意图[33]。

在这里我们只介绍烧绿石结构，缺陷型萤石结构将在后面进行陈述。烧绿石结构可以看做是一种有序的缺陷型萤石结构。一个完整的烧绿石结构晶胞中包含 8 个 $Ln_2Zr_2O_7$ 分子单元，其分子式 $Ln_2Zr_2O_7$ 可以变换为 $Ln_2Zr_2O_6O'$，具有四个不等价的原子位置。在其晶体结构中，16d 的空间位置常常被半径较大的阳离子（稀土元素）所占据，可以同时与 8 个氧离子配位，形成立方体。16c 的空间位

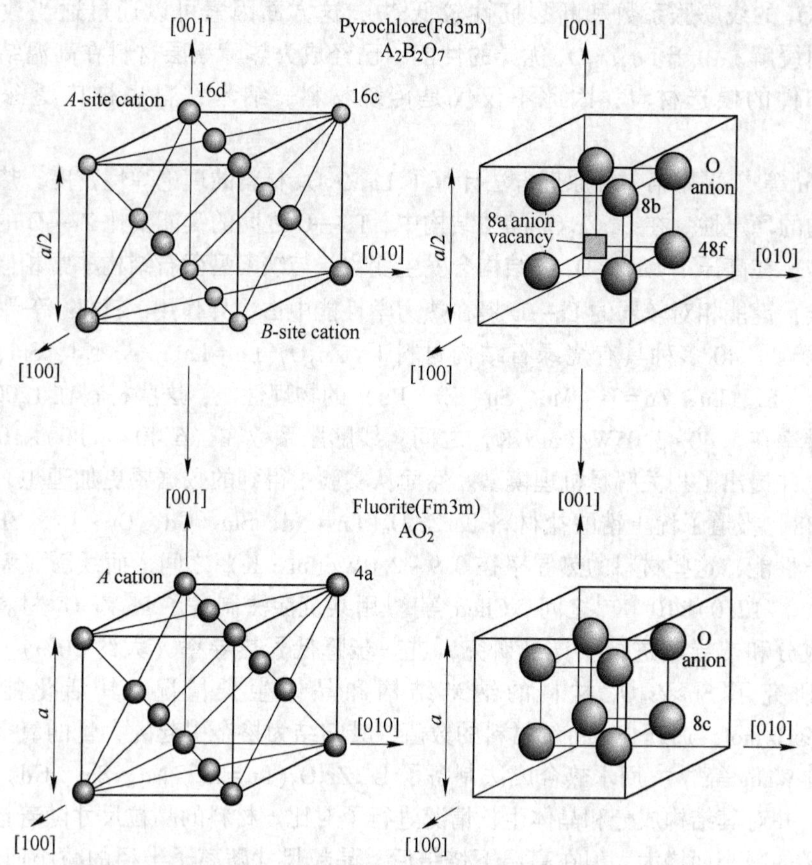

图 5-14 烧绿石结构和缺陷型萤石结构阴阳离子分布示意图[30]

置则被半径较小的 Zr^{4+} 所占据，但仅被 6 个氧离子环绕，形成八面体。由于所处的空间位置以及化学环境不同，烧绿石结构中有三种不同晶格位置的氧离子：8b、48f、8a。其中 O′位于 8b 空间位置上，O 位于 48f 空间位置上，而氧空位则位于 8a 空间位置上。该结构也可看成是由 ZrO_2 八面体形成网状的骨架，Ln^{3+} 离子填充在八面体组成的空隙中。在一定的条件下，可以在 Ln^{3+}、Zr^{4+}、O^{2-} 位置形成大量空穴。由于前两种离子的位置在保持电中性的条件下可以被半径相近的离子所取代，因此具有烧绿石结构的材料其热力学性能具备难得的可裁剪性。另外，在稀土锆酸盐晶体结构中，每个 $Ln_2Zr_2O_7$ 单元中都存在一个氧空位，氧空位浓度越高（可以通过调整掺杂浓度和掺杂元素来控制），声子散射作用越强，所以相比于 8YSZ，$Ln_2Zr_2O_7$ 的热导率要低得多。为了进一步降低热导率，提高线膨胀系数，可以同时对 A 位和 B 位进行掺杂。烧绿石结构的优点是熔点高、线膨胀系数大、高温下相稳定性好、抗烧结性能优良等。但是，使用单一的 $Ln_2Zr_2O_7$ 材料制备的热障涂层其工作寿命要比 YSZ 涂层短很多，这是由于

$La_2Zr_2O_7$ 的线膨胀系数和断裂韧性较低[34]，这方面因素可以通过适当改性修饰得到缓解。由于 $Ln_2Zr_2O_7$ 优异的性能，已经成为热障涂层材料在高温结构和功能部件的候选材料，因此不仅仅是传统材料，纳米材料也被广泛深入地研究。

Liu 等[35]采用第一性原理方法计算了 $La_2Zr_2O_7$ 材料的理论弹性密度、热导率和结构的稳定性。在 $La_2Zr_2O_7$ 晶体结构中，La—O 之间的键能要比 Zr—O 的键能弱得多，在高压下 $La_2Zr_2O_7$ 的结构会发生变化，与缺陷型萤石结构非常相似，这个时候，键能相对较弱的 La—O 键在热力学性能中占主导作用。Slifka 等[16]从理论上预测了 40 多种具有烧绿石结构材料 $Ln_2Zn_2O_7$(Ln = La、Pr、Nd、Sm、Eu、Gd、Y、Er、Lu；Zn = Ti、Mo、Sn、Zr、Pb）的物理性能，这些材料在 1200℃时的热导率在 1.40~3.05W/(m·K）之间，线膨胀系数在（6.40~8.80）$\times10^{-6}K^{-1}$之间，并提出了相关解释机理模型。然而从实验中得到的数据要更加理想，文献［36~38］报道了稀土锆酸盐材料 $La_2Zr_2O_7$(Ln = Nd、Sm、Gd、Dy、Er、Yb）的热力学性能，这些材料的热导率在 0.9~2.0W/(m·K）之间，而线膨胀系数则在（9.0~12.0）$\times10^{-6}K^{-1}$之间。Chen 等[39]用共沉淀法制备了 $La_2Zr_2O_7$ 材料，并对其成分和热导率进行了详细研究，进一步降低了热导率（大约 50%）。Chen 等[40]研究了 $Sm_2Zr_2O_7$ 材料的纳米结构和晶体生长情况，其活化能仅为 25.979kJ/mol，远远小于传统材料的数值，其归结为掺杂引起的大量的氧空位的影响。Wang 等[41,42]用水热合成法制备了 $Ln_2Zr_2O_7$(Ln = La、Nd、Sm、Gd）纳米材料，并对其结构成分和晶体生长情况进行了对比。材料的晶粒尺寸随着掺杂离子半径的减小而增大，但在高温下烧结后，晶粒尺寸随离子半径的减小而增加；晶体生长活化能随原子序数的增大而增大，这些变化与离子半径、晶粒尺寸都有密切的联系。材料的抗烧结性随离子半径的减小而降低。图 5-15 为四个样品块材在 1500℃下烧结后的形貌[42]。文献［43，44］采用高温 X 射线方法测试了稀土锆酸盐 $Ln_2Zr_2O_7$(Ln = La、Nd、Sm、Eu、Gd、Dy、Yb）从室温到 1500℃范围内线膨胀系数的变化，结果表明 $Ln_2Zr_2O_7$(Ln = La、Nd、Sm、Eu、Gd）的线膨胀系数随着离子半径的增大而减小。不同文献报道的单一稀土锆酸盐的物理性能存在着一定的差异，这是由于研究者在材料的制备工艺、材料选择以及测试条件等方面都存在差异，而这些因素对材料的物理性质的影响是很大的，从而导致了不同研究者的测试结果不同。因此，不同方法制备的材料其测试结果很难进行准确的相互比较。但综合起来看，这些材料的热导率均比相同条件下 8YSZ 陶瓷体材料的热导率要低，线膨胀系数与 8YSZ 陶瓷均要略高于 8YSZ。

为了进一步改善 $Ln_2Zr_2O_7$ 材料的性能，研究人员用不同于 Ln 的元素进行置换 $Ln_2Zr_2O_7$ 中部分 Ln，并对其物理性能进行了详细的研究。Cao 等[45,46]研究了 $La_2(Zr_{1-x}Ce_x)_2O_7$ 体系的热物理性能，发现在 $La_2Zr_2O_7$ 中掺杂 CeO_2 后，材料的线膨胀系数和热导率均有不同程度的改善。其中以 $La_2(Zr_{0.7}Ce_{0.3})_2O_7$ 材料的性能最为突出，在热障涂层方面具有良好的应用前景；对其相结构的研究发现 $La_2(Zr_{0.7}Ce_{0.3})_2O_7$ 材料是烧绿石相为主体，混合少量缺陷型萤石结构的双混合相结构。

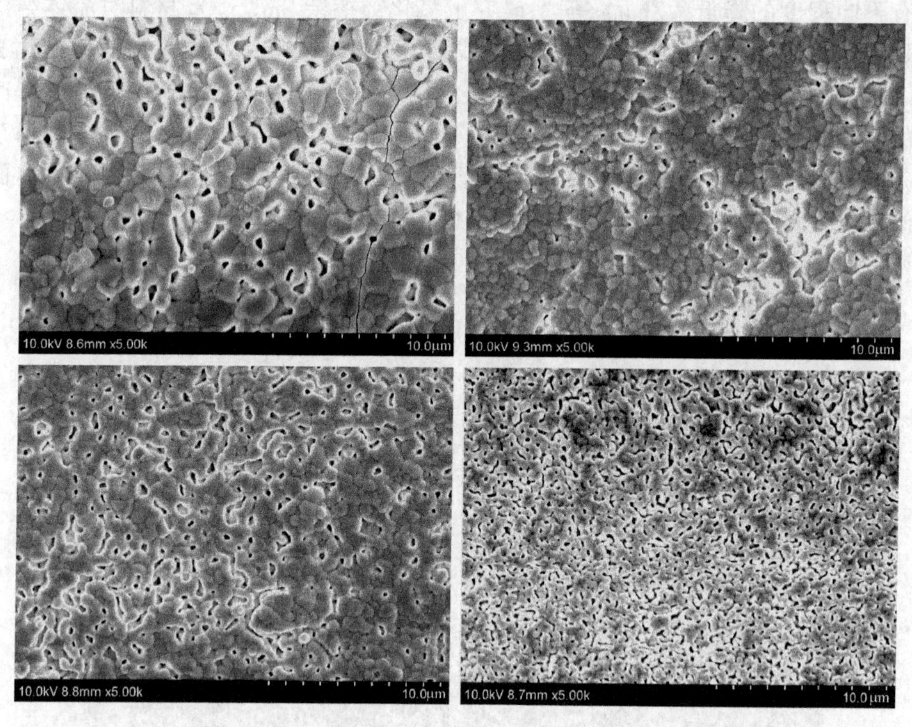

图 5-15 $Ln_2Zr_2O_7$(Ln=La、Nd、Sm、Gd) 纳米块材在 1500℃下烧结后的表面形貌[42]

人们用溶胶-凝胶法制备了 $La_2(Zr_{0.7}Ce_{0.3})_2O_7$ 纳米材料，并对其抗烧结性和晶体生长行为进行了研究，结果表明 $La_2(Zr_{0.7}Ce_{0.3})_2O_7$ 材料的抗烧结性比同种方法制备的纳米级别 8YSZ 材料和 $La_2Zr_2O_7$ 材料均要优良很多，其主要原因是多元氧化物的掺杂进一步减缓了离子扩散速度；而其相结构分析表明，用溶胶-凝胶法制备的 $La_2(Zr_{0.7}Ce_{0.3})_2O_7$ 材料只有烧绿石结构出现，而不同于固相合成法制备的体材料，同时用水热合成法证实了这一结论。Xu 等[47,48]用固相合成法制备了 $La_2(Zr_{0.7}Ce_{0.3})_2O_7$ 材料，并用 EB-PVD 方法制备了涂层，研究了粉体材料和涂层材料的热力学性能。研究表明，$La_2(Zr_{0.7}Ce_{0.3})_2O_7$ 材料相比之 8YZ 和 $La_2Zr_2O_7$ 材料性能更加优异，通过热循环证实该材料与 8YSZ 组成的双涂层结构在性能方面均要远远高于 $La_2Zr_2O_7$、8YSZ 和 $La_2Zr_2O_7$ 单一材料构成的涂层，而涂层失效主要发生在涂层内部，图 5-16 为 $La_2(Zr_{0.7}Ce_{0.3})_2O_7$ 材料单涂层热循环前后的表面和界面 SEM 图片，从图中可见裂缝（Crack）和碎裂区域（Spallation

Zone)。文献［49］用溶胶-凝胶法和热压烧结法测试了多元掺杂对材料热导率的影响，其中 Gd_2O_3 或 Yb_2O_3 掺杂 $La_2Zr_2O_7$ 材料的热导率均降低，特别是 Gd_2O_3 和 Yb_2O_3 双掺杂后（$La_{1.7}Gd_{0.15}Yb_{0.15}Zr_2O_7$）具有最低的热导率。Lehmann 等[50]采用 Nd、Eu、Gd、Dy 分别置换 $La_2Zr_2O_7$ 中的部分 La，发现这些材料的热导率均有不同程度的降低。Zhang 等[51]研究了氧化铈掺杂 $Sm_2Zr_2O_7$ 材料对晶体结构和热物理性能的影响，在少量掺杂时，线膨胀系数和热导率均要增大，但相比于 $Sm_2Zr_2O_7$ 材料要低。Pan 等[52]采用 Sm、Gd 共同置换 $La_2Zr_2O_7$ 中的部分 La，产物的线膨胀系数和热导率均有明显改善。对于不同元素的掺杂，不管是单一掺杂还是多元掺杂对材料的热力学性能均有不同程度的改善，但是同样存在不同方面的缺点，大量的研究也在为探索高性能材料而进行。

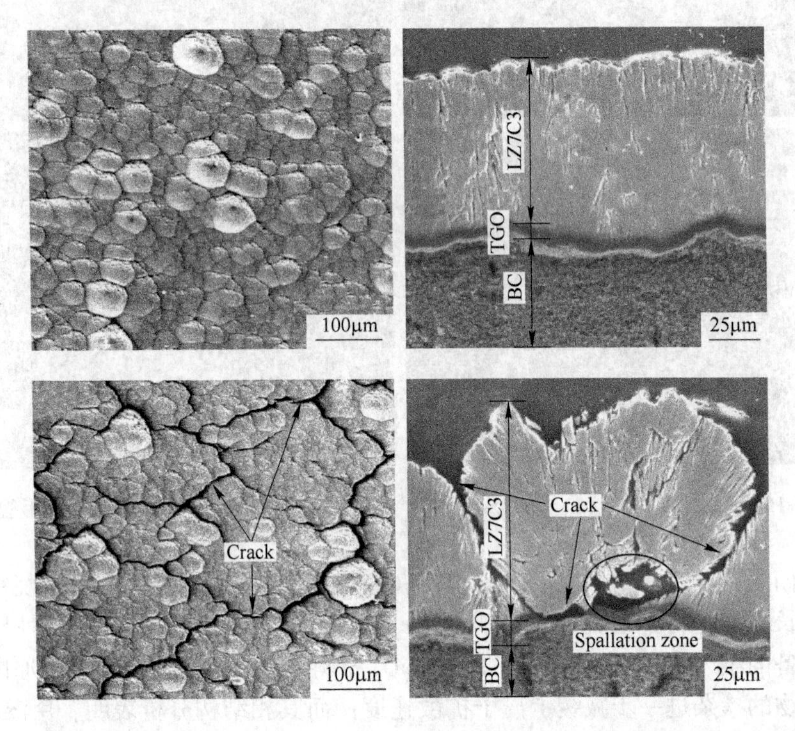

图 5-16 $La_2(Zr_{0.7}Ce_{0.3})_2O_7$ 材料单涂层热循环前后的表面和界面 SEM 图片[48]

对于涂层的研究，目前大部分还集中于传统材料。对于纳米材料来说，基于制备工艺等诸方面的原因，还更多地集中在对材料以及块材的研究分析。Vassen 等[53]用大气等离子喷涂方法制备了 $La_2Zr_2O_7$ 涂层，并研究了其微观组织结构和热循环性能，研究表明，在 1400℃ 下长期的热处理，涂层保持了良好的热稳定性。但是与 8YSZ 涂层相比，由于 $La_2Zr_2O_7$ 材料的线膨胀系数偏低，造成涂层中热应力增大，导致涂层剥落失效。Saruhan 等[54]用 EB-PVD 方法制备了 $La_2Zr_2O_7$

和3%（质量分数）Y_2O_3-$La_2Zr_2O_7$ 涂层，着重研究了制备工艺参数以及靶材致密度对涂层成分的影响，遗憾的是该工作并没有对涂层的性能进一步深入的研究。文献［55］用大气等离子喷涂方法制备了 $La_2Zr_2O_7$/YSZ 双陶瓷涂层，这种结构具有比单层涂层更长的工作寿命，但与 YSZ 层的厚度密切相关，YSZ 层厚度在 150~200μm 时，该结构涂层的寿命最长，并且工作温度有所提高（100℃左右）。Bobzin 等[56]用 EB-PVD 方法制备了 $La_2Zr_2O_7$/YSZ 双陶瓷涂层，在 1100℃下，单层 8YSZ 涂层的寿命仅为 1380 次，而 $La_2Zr_2O_7$/YSZ 双陶瓷涂层寿命为 4140 次。双陶瓷涂层的工作寿命大幅度增加的原因是该结构减小了涂层与基体之间的热应力差异。Lee 等[57]采用 EB-PVD 方法制备了 $Gd_2Zr_2O_7$ 和 $Gd_2Zr_2O_7$/YSZ 双陶瓷涂层，同样发现双陶瓷涂层有利于减小涂层中的热应力。

作为热障涂层材料的候选材料，烧绿石结构显示了优异的性能，尽管一些性能还存在一定的缺陷，但在研究人员的不懈努力下，这个体系正在逐渐被完善。

5.7.2 缺陷型萤石结构

缺陷型萤石结构的通式可以表示为 AO_2，阳离子和氧离子均只有一种空间位置，氧离子处于周围阳离子的中心位置。对于缺陷型萤石结构来说，氧空位的位置是随机分布的，这时阳离子的配位数为 7。最典型的缺陷型萤石结构是 CeO_2，也是最早被提出可以替代 ZrO_2 的材料之一。与 YSZ 相比，CeO_2 的线膨胀系数比较大，具有较好的相稳定性，并对硫化物和钒酸盐有更好的抗腐蚀性。CeO_2 适用于高温环境，因为在 1300℃时，CeO_2 的热导率低于 YSZ，并且还可以通过选择性掺杂进一步降低热导率。但是 CeO_2 的氧扩散系数比较高，容易与黏结层发生化学反应，因此单独使用 CeO_2 作为涂层材料并不是很理想。但 CeO_2 可以作为掺杂前驱物或者与其他材料构成多层结构，以提高涂层的热物理性能[57]。

Cao 等[58]开发了一种新型热障涂层材料 $La_2Ce_2O_7$。$La_2Ce_2O_7$ 可以看做是 La_2O_3 掺杂到 CeO_2 的一种固溶体，具有立方萤石结构。$La_2Ce_2O_7$ 体材料具有较高的线膨胀系数（$12.6\times10^{-6}K^{-1}$，300~1200℃）、较低的热导率（0.60W/(m·K)，1000℃）和比热容（0.43J/(g·K)）、在 1400℃下具有良好的相稳定性，更难得的是其线膨胀系数与镍基合金非常相近。用大气等离子喷涂方法制备 $La_2Ce_2O_7$ 涂层，其热循环寿命比最经典的 8YSZ 涂层更长，也是目前发现的唯一的一种热循环寿命超过 8YSZ 的材料。与其他 TBCs 涂层材料一样，$La_2Ce_2O_7$ 涂层失效的主要原因也是热循环过程中黏结层的氧化。另外 $La_2Ce_2O_7$ 在低温时线膨胀系数的突然下降并未对涂层工作寿命造成明显的不利影响，图 5-17 为失效前后 $La_2Ce_2O_7$ 涂层的界面 SEM 图片。

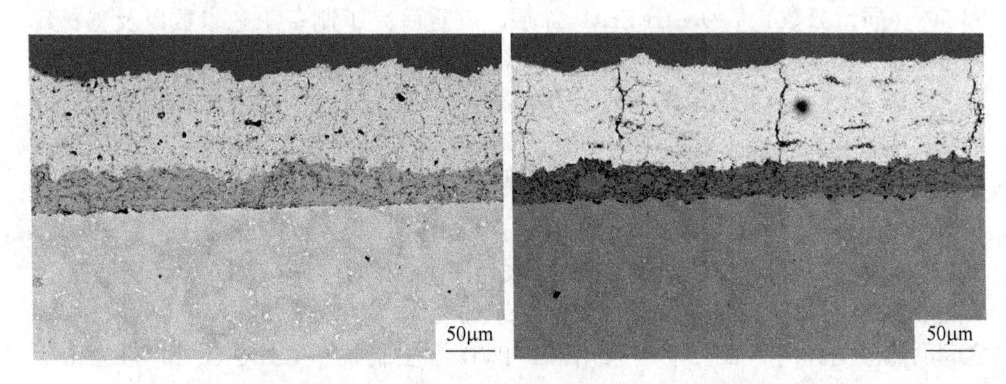

图 5-17 大气等离子喷涂制备的 $La_2Ce_2O_7$ 涂层失效前后的界面 SEM 图片[58]

Wang 等[59]用水热合成法制备了 $La_2Ce_2O_7$ 纳米材料，并对其相成分、晶体生长行为以及块材的烧结行为进行了详细研究。研究结果表明纳米尺寸的 $La_2Ce_2O_7$ 材料也是缺陷型萤石结构，并且在 1400℃下长时间热处理过程中保持了良好的相稳定性。其晶体生长活化能仅为 15kJ/mol，主要原因是晶体内部大量存在氧空位。经过冷等静压后在 1400℃下烧结后的块材，表面存在大量的隧道和小孔，这样的结构在催化和传感器方面将有着重要的应用。Zhong 等[60]用固相合成法制备了 $Nd_2Ce_2O_7$ 材料并用大气等离子喷涂方法制备涂层，分析了其相结构成分和热物理性能。结果显示 $Nd_2Ce_2O_7$ 材料成分为缺陷型立方萤石结构，具备良好的相稳定性。线膨胀系数要大于 8YSZ 材料大约 20%以上，并将其归因于 Ce^{4+} 和 O^{2-} 之间较弱的键能。热导率大约为 2.1W/(m · K)，同样低于 8YSZ 材料。受低烧结率和高线膨胀系数的影响，在 1250℃下热循环寿命为 1286 次。Liu 等[61]制备了多孔 $Sm_{0.2}Ce_{0.8}O_{1.9}$ 材料，其结果显示 $Sm_{0.2}Ce_{0.8}O_{1.9}$ 材料具有很高的比表面积（$54.4m^2/g$）和较高的离子电导率（0.081S/cm）。对于缺陷型萤石结构的研究目前还很少，但已经引起了人们越来越多的关注，是新型热障涂层材料的候选材料之一。

5.7.3 钙钛矿

作为固态科学领域最基本的结构之一，钙钛矿结构（ABO_3）具有立方对称结构，空间点群为 Pm3m。而且晶体结构对 A 和 B 位离子半径的变化有很强的兼容性，所以即使引入离子半径较大的离子也不会造成基本结构的改变。某些钙钛矿结构的材料（$SrZrO_3$、$BaZrO_3$）其物理性质（熔点高、线膨胀系数大等）满足作为热障涂层材料的标准，因此这些材料在热障涂层方面具有潜在的应用价值。$SrZrO_3$ 材料具有较高的线膨胀系数，热导率也与 YSZ 相近，但其抗热冲击性受到高温相变的影响。另外 $SrZrO_3$ 涂层的工作寿命较短、耐腐蚀性能较差。图 5-18

为 $BaZrO_3$ 涂层热循环 200 次后的界面 SEM 图片[62]。Maekawa 等[63]系统研究了钙钛矿结构的 $SrHfO_3$ 和 $SrRuO_3$ 体材料的热力学性能。两者的优点是都具有很高的熔点和线膨胀系数，缺点是热导率和杨氏模量都很高，这就超出了其作为热障涂层材料的使用标准。Dietrich 等[64]研究了 $LaYbO_3$ 钙钛矿材料，该材料具有熔点高、高温相稳定性好、抗烧结性好、杨氏模量小等特点，其缺点是线膨胀系数较小，而且热导率受温度变化的影响很大。最近，文献［65］报道了一种具有 ruddiesden-popper 结构的层状钙钛矿涂层，具有良好的热力学性能，从而开辟了新的研究领域。

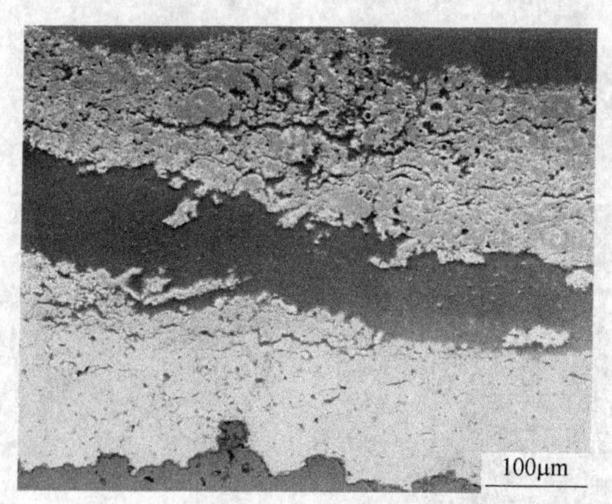

图 5-18 $BaZrO_3$ 涂层热循环 200 次后的界面 SEM 图片[62]

目前，对钙钛矿材料的研究相对较少，而且仅局限于对体材料的研究，对纳米尺寸的研究进展相对缓慢，极少有相关工作报道。

5.7.4 稀土六铝酸盐

稀土六铝酸盐的化学通式可以表示为 $LnMeAl_{11}O_{19}$（Ln＝La、Nd、Sm、Gd；Me 代表碱土金属）是由 Ln_2O_3、MeO 和 Al_2O_3 组成的一种新型的氧化铝基陶瓷材料。该材料具有独特的磁铅石（Magnetoplumbite）结构。在众多的稀土六铝酸盐的材料中，$LaMgAl_{11}O_{19}$ 显示了作为热障涂层材料巨大的潜力。Cao 等[66]采用大气等离子喷涂方法制备了 $LaMgAl_{11}O_{19}$ 涂层，在 1200℃ 以上的工作寿命接近单层 8YSZ 涂层。其优异的性能归因于 $LaMgAl_{11}O_{19}$ 涂层的片状和多孔结构降低了涂层的热导率和杨氏模量，提高了涂层的应变容限和抗热震性能。Zhang 等[67]用溶胶-凝胶法制备了 $LnMgAl_{11}O_{19}$（Ln＝La、Nd、Sm、Gd）纳米材料，研究表明产物均为片状结构，片的厚度随离子半径的减小而增加，$LaMgAl_{11}O_{19}$、$NdMgAl_{11}O_{19}$、$SmMgAl_{11}O_{19}$ 三个样品的热震性能均要好于 8YSZ 材料，并且以 $LaMgAl_{11}O_{19}$ 的性能最为优良。四个样品单层涂层热循环寿命分别为 189 次、113 次、82 次、4 次。

图 5-19 为 $LnMgAl_{11}O_{19}$(Ln=La、Nd、Sm、Gd) 纳米材料在 1600℃下烧结 6h 后的 SEM 图片。

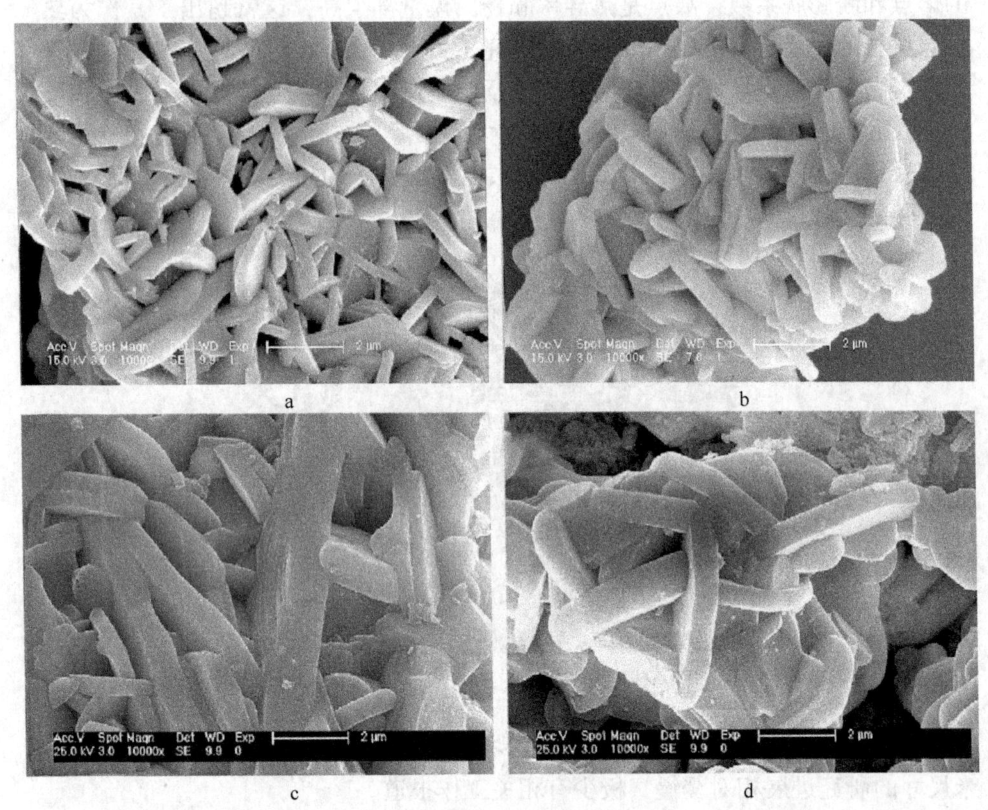

图 5-19　$LnMgAl_{11}O_{19}$(Ln=La、Nd、Sm、Gd) 纳米材料在 1600℃下烧结 6h 后的 SEM 图片[67]

a—Ln=La；b—Ln=Nd；c—Ln=Sm；d—Ln-Gd

Chen 等[68] 用大气等离子喷涂方法制备了 $LnMgAl_{11}O_{19}$(Ln=La、Nd、Sm、Gd、Sr) 材料，详细研究了该系列材料的热物理性能。研究表明该系列产物具有低热导率、高应力耐性、高抗烧结性、低线膨胀系数，并且在热循环后并没有 TGO 的出现。但是在热循环过程中涂层与黏结层的结合力变弱，这是导致涂层失效的主要原因。Gadow 等[69] 研究表明六铝酸盐的结构是由一层 LnO_3 层与四个尖晶石层交替排列形成的层状结构，La^{3+} 占据一个氧位置，从而有效地抑制了氧离子的扩散。在 1400℃以上仍保持良好的结构和化学组成。涂层的微观结构是由薄片随机堆积而成的松散结构，因此具有更低的热导率、更好的隔热性能和阻氧扩散能力。良好的抗烧结性也提高了其使用温度（1300℃以上）。APS 方法制备的涂层中存在大量的无定形相，所以对涂层的工作寿命有很大的影响，但是这种材料和 YSZ 组成的多层结构涂层有能力克服这些困难，可应用于高温工作部件。

Bansal 和 Wang 等[70]分别用溶胶-凝胶法和共沉淀法制备了 $LnMgAl_{11}O_{19}$(Ln=La、Nd、Sm、Gd) 材料，并系统地研究了线膨胀系数和热导率。研究结果显示线膨胀系数与组分无关，是由磁铅石结构决定的。

稀土六铝酸盐作为一种新型的热障涂层材料，已经引起了各国研究人员的广泛关注，其优越的性能是取代 YSZ 成为经典热障涂层材料有利的条件。

5.7.5 钇铝石榴石（YAG）

作为抗蠕变性能最强的氧化物晶体，钇铝石榴石（$Y_3Al_5O_{12}$，YAG）具有良好的热力学性能和较低的热导率（高温下 2.4~3.1W/(m·K)），即使到了熔点（1970℃）也没有相变发生。其缺点是线膨胀系数较低（$9.1\times10^{-6}K^{-1}$，1000℃）。YAG 具有良好的增韧效果，可以有效地解决 TBCs 材料断裂韧性低的缺点[71]；其超低的氧扩散系数也可以有效地防止黏结层金属的氧化，因此 YAG 可以作为掺杂材料用来改性修饰其他涂层材料进而增强其热力学性能。由于 YAG 的热导率比 Al_2O_3 低，不存在后者容易发生相变的缺点，因此，YAG 是 TBCs 材料中新的阻氧层材料。图 5-20 为 $Y_3Al_5O_{12}$ 块材晶格热腐蚀后的表面 SEM 图片。

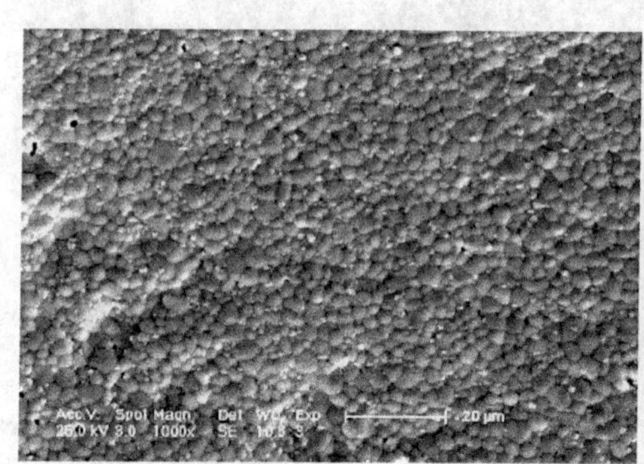

图 5-20 $Y_3Al_5O_{12}$块材晶格热腐蚀后的表面 SEM 图片[71]

5.7.6 钇酸盐

SrY_2O_4 和 BaY_2O_4 是最近研发出来的具有一定潜在应用价值的热障涂层材料[78,79]。其优点是具备良好的相结构稳定性和较高线膨胀系数（从室温到 1000℃范围内，SrY_2O_4 和 BaY_2O_4 分别为 $10.8\times10^{-6}K^{-1}$和 $10.8\times10^{-6}K^{-1}$），但前者的热导率较高，在 1000℃大约为 3.8W/(m·K)，BaY_2O_4 的热导率要远低于 SrY_2O_4，大约为 2.0W/(m·K)，从综合性能来看，BaY_2O_4 比 SrY_2O_4 更有发展前途。表 5-5 为两种材料的热物理性质对比[72]。

表 5-5 SrY_2O_4 和 BaY_2O_4 两种材料的热物理性质[72]

项　目	BaY_2O_4	SrY_2O_4
相结构成分（室温）	正交晶体	正交晶体
平均线膨胀系数 α/K^{-1}	10.8×10^{-6}	10.9×10^{-6}
杨氏模量 E/GPa	108	162
维氏硬度 H_v/GPa	3.2	9.2
热导率（室温）κ/W·(m·K)$^{-1}$	3.1	3.3

5.7.7 YSH

Matsumoto 等[73]研究了 7.5%(质量分数) Y_2O_3 改性修饰 HfO_2(7.5YSH) 材料和涂层的抗烧结性能。研究结果表明该材料在 100~1400℃范围内的线膨胀系数为 $(6.7\sim9.2)\times10^{-6}K^{-1}$，块材和涂层分别在 1500℃和 1300℃开始烧结收缩。因此 YSH 比 8YSZ 的最高使用温度提高了 100℃，是潜在的高温热障涂层材料。目前相对于 YSH 的研究工作还很少，很多性能尚待挖掘。图 5-21 为 7.5YSH 涂层的表面形貌 SEM 图片[73]。

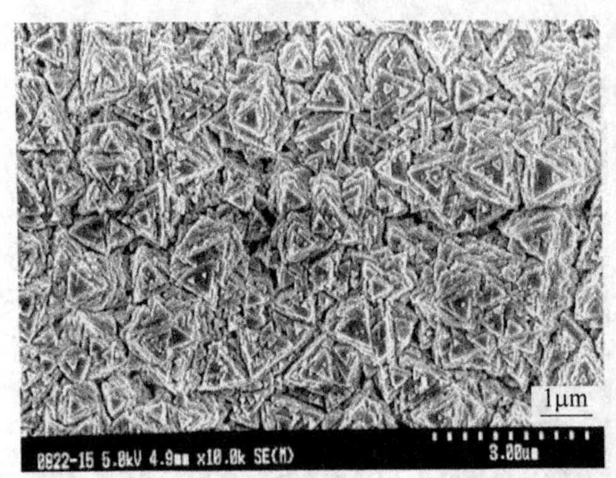

图 5-21 7.5YSH 涂层的表面形貌 SEM 图片[73]

5.7.8 独居石

独居石的代表材料是磷酸镧（$LaPO_4$）[74]和磷酸铈（$CePO_4$）[75]，属于单斜晶体结构。以磷酸镧为例，每一个 $P2_{1/n}$ 单胞中包含四个 $LaPO_4$ 结构单元。磷酸镧具有良好的高温化学稳定性、较高的线膨胀系数、较低的热导率以及良好的抗腐蚀性，因此是用于 Ni 基高温合金表面的热障涂层材料。但是磷酸镧与黏结层的结合强度太差，直接导致其应用的范围十分狭窄。另外由于 $LaPO_4$ 是一种溶线性化合物，所以这种材料很难使用等离子喷涂方法制备涂层，而且由于熔点较低，所以也并不适用于高温环境中。

5.7.9 金属玻璃复合材料

最近，一种不同于前面提到的热障涂层材料体系正在得到广泛的关注，是由金属和玻璃组成的低孔穴率的复合材料（Metal-Glass Composites，MGC）[76]。这种材料的线膨胀系数可以通过调整体系金属和玻璃的比值来控制。当比例恰当，MCG可达到与金属基底非常相近的线膨胀系数（室温约为1000℃，$12.3\times10^{-6}K^{-1}$），而其热导率要比金属低很多。这种材料通过真空等离子喷涂方法制备的涂层工作寿命与8YSZ相当，其原因主要是线膨胀系数高、与黏结层结合强度大。而且这种涂层具有良好的抗氧化腐蚀性能。

5.8 其他热障涂层材料

莫来石（Mullite）的成分是$3Al_2O_3\cdot2SiO_2$，其优点是密度小、热导率低、热稳定性高、耐腐蚀、高温强度高和良好的抗蠕变性等[77]，其缺点是断裂韧性低，但是可以通过将ZrO_2分散在莫来石中来改善。但是与YSZ相比，其热导率较高、线膨胀系数较低。然而，在某些特殊的环境中（例如800℃的柴油机），莫来石涂层的工作寿命要明显优于YSZ涂层。但在1000℃以上的环境中，莫来石涂层的寿命就要短了很多。由于其线膨胀系数与SiC相近，所以对SiC和Si基底有很好的保护作用。

氧化铝（α-Al_2O_3）具有很高的硬度和化学稳定性，是氧化铝所有相中最稳定的一个。用等离子方法喷入的α-Al_2O_3涂层的抗腐蚀性足以与其块材相媲美。在YSZ材料中添加适量的Al_2O_3能够起到改善涂层硬度和黏结强度的作用，并且对材料的弹性模量和韧性几乎没有影响。然而，等离子喷涂方法制备的涂层含有氧化铝其他相（γ和β-Al_2O_3），这些相在热循环过程中将会发生相转变，伴随明显的体积变化（约11%）产生裂纹，最终导致涂层失效。在梯度TBCs结构设计中，Al_2O_3层作为金属基底的阻氧层，能有效地防止黏结层氧化，大大提高涂层的工作寿命。另外，在YSZ涂层表面再喷涂一层Al_2O_3层能有效地提高涂层的硬度、抗冲击性和耐磨性等。

目前，日本研究者致力于CaO-SiO_2-ZrO_2体系的研究，研究表明与YSZ材料相比，该体系具有良好的抗氧化性能和抗热冲击性能。但其抗腐蚀性能并不是很理想，这个缺陷可以通过掺杂其他成分得以改善。

随着科学技术的迅猛发展，发动机功效得到了进一步的提升，因此对于热障涂层材料的性能也有更高的要求。传统的MCrAlY/YSZ体系的热障涂层已经不能满足各方面的需求，因此探索可以替代YSZ材料的新型热障涂层材料已经成为涂层领域的焦点。

在过去的几十年中，经过大量的探索，众多的材料被引入到热障涂层领域，然而这些材料有优点同样也存在着缺点，没有任何一种单一的材料能满足热障涂层的所有要求，对热障涂层材料的探索也正向着多元组合发展。图 5-22 为当前主流材料熔点与热导率的对应关系。表 5-6 为相关材料的主要物理性能[79]。

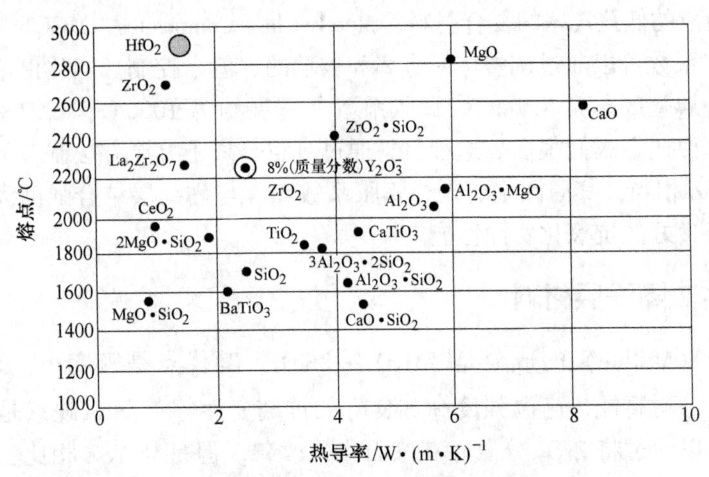

图 5-22 当前主流材料熔点与热导率的对应关系[79]

表 5-6 相关热障涂层材料的主要物理性能[79]

材料	热扩散系数 /$m^2 \cdot s^{-1}$	线膨胀系数 /K^{-1}	杨氏模量 /GPa	比热容 /J·(g·K)$^{-1}$	泊松比
ZrO_2	0.43	15.3×10^{-6}	21	—	0.25
3YSZ	0.58	11.5×10^{-6}	—	0.64	—
8YSZ（APS）	—	10.7×10^{-6}	40	—	0.22
18YSZ	—	10.53×10^{-6}	—	—	—
$CaO+ZrO_2$	—	9.91×10^{-6}	149.3	—	0.28
$3Al_2O_3\cdot2SiO_2$	—	5.3×10^{-6}	30	—	0.25
Al_2O_3	0.47	9.6×10^{-6}	30	—	0.26
Al_2O_3（TGO）	—	8×10^{-6}	360	—	0.22
$Al_2O_3+TiO_2$	0.65	5.56×10^{-6}	—	—	—
CeO_2	0.86	13×10^{-6}	172	0.47	0.27~0.3
$La_2Zr_2O_7$	0.54	9.1×10^{-6}	175	0.49	0.28
$BaZrO_3$	1.25	8.1×10^{-6}	181	0.45	0.31
Yb_2ZrO_6	—	—	120	2.8	—
$CaTi_2ZrO_6$	—	9.04×10^{-6}	—	0.7	—
TiO_2	0.52	9.4×10^{-6}	283	—	0.28
$Y_3Al_5O_{12}$	—	9.1×10^{-6}	—	—	—
$LaMgAl_{11}O_{19}$	—	10.1×10^{-6}	—	0.86	—
$LaPO_4$	—	10.5×10^{-6}	133	—	0.28
$CePO_4$	1.4	$9\times10^{-6}\sim11\times10^{-6}$	—	0.43	—

参考文献

[1] Howard C J, Hill R J, Reichert B E. Structures of the ZrO_2 polymorphs at room temperature by high-resolution neutron powder diffraction [J]. Acta Crystallogr., 1988, B44: 116~120.

[2] 张玉军，张伟儒．结构陶瓷材料及其应用［M］．北京：化学工业出版社，2005.

[3] Garvie R C, Hannink R H, Pascoe R T. Ceramic steel [J]. Nature, 1975, 258: 703~705.

[4] Sense K A. A method of producing very dense ZrO_2 [J]. J. Am. Cerum. Sac., 1961, 44 (9): 465.

[5] Carniglia S C, Brown S D, Schroeder T F. Phase equilibria and physical properties of oxygen-deficient zirconia and thoria [J]. J. Am. Ceram. Soc., 1971, 54 (1): 13~17.

[6] 尹衍升，李嘉．氧化锆陶瓷及其复合材料［M］．北京：化学工业出版社，2003.

[7] Jansen S R, Winnubst A J A. Effects of grain size and ceria addition on ageing behaviour and tribiological properties of Y-TZP ceramics [J]. J. Eur. Ceram. Soc, 1998, 18: 557~563.

[8] Lee D S, Kim W S, Choi S H, et al. Characterization of ZrO, Co-doped with Sc_2O_3 and CeO_2 electrolyte for the application of intermediate temperature SOFCs [J]. Solid State Ionics, 2005, 176: 33~39.

[9] Mustafa E, Wilhelm W, Wrusse W, et al. Microstructure and phase stability of Y PSZ codoped with MgO or CaO prepared via polymeric route [J]. British Ceramic Transactions, 2002, 101 (21): 78~83.

[10] Garvie R. The occurrence of metastable tetragonal zirconia as a crystallite size effect [J]. J Phys Chem, 1965, 69 (4): 1238~1243.

[11] 高镰．ZrO_2 颗粒大小对陶瓷相变增韧的影响［D］．上海：上海硅酸盐研究所，1986.

[12] Glass S J, Geren D J. Surface modification of ceramics by particle infiltration [J]. Adv. Cerma. Mater, 1987, 2: 129~131.

[13] 黄勇，何锦涛，马天．2004 年中国镭锆行业发展研讨会论文集．

[14] Brandon J R, Taylor R. Phase stability of zirconia-based thermal barrier coatings Part I: zirconia-yttria alloys [J]. Surf. Coat. Technol., 1991, 46: 75~90.

[15] Babiak Z, Bach F W, Bertamini L, et al. Innovative plasma sprayed 7% YSZ-thermal barrier coatings for gas turbines [C] //Proceedings of the 6th Liége Conference: Materials for Advanced Power Engineering, Edited by J. Lecomte - Beckers, F. Schubert and P. J. Ennis, ASM International, Materials Park, OH, USA, 1998, 1611~1618.

[16] Slifka J, Filla B J, Phelps J M, et al. Thermal conductivity of a zirconia thermal barrier coating [J]. J. Therm. Spray Technol., 1998, 7 (1): 43~46.

[17] Vassen R, Tietz F, Kerkhoff G, et al. New materials for advanced thermal barrier coatings [C] //In Proceedings of the 6th Liége Conference: Materials for Advanced Power Engineering, Edited by J. Lecomte - Beckers, F. Schuber, P. J. Ennis, Forschungszentrum Jülich GmbH, Jülich, Deutschland, 1998: 1627~1635.

[18] Traeger F, Ahrens M, Vassen R, et al. A life time model for ceramic thermal barrier coatings [J]. Mater. Sci. Eng. A, 2003, 358: 255~265.

[19] Kim D J. Effect of Ta_2O_5, Nb_2O_5, HfO_2 alloying on the transformability of Y_2O_3-stabilized tetragonal ZrO_2 [J]. J. Am. Ceram. Soc., 1990, 73 (1): 115~120.

[20] Almeida D S, Silva C R M, Nono M C A, et al. Thermal conductivity investigation of zirconia co-doped with yttria and niobia EB-PVD thermal barrier coatings [J]. Mater. Sci. Eng. A., 2007, 443: 60~65.

[21] Langjahr P A, Oberacker R, Hoffmann M J. Long-term behavior and application limits of plasma-sprayed zirconia thermal barrier coatings [J]. J. Am. Ceram. Soc., 2001, 84 (6): 1301~1308.

[22] Sodeoka S, Suzuki M, Ueno K, et al. Thermal and mechanical properties of ZrO_2-CeO_2 plasma-sprayed coatings [J]. J. Therm. Spray Technol., 1997, 6: 361~367.

[23] Matsumoto M, Kato T, Yamaguchi N, et al. Thermal conductivity and thermal cycle life of LaO and HfO doped ZrO-YO coatings produced by EB-PVD [J]. Surface Coatings Technology, 2009, 203: 2835~2840.

[24] Xie X, Kumar R V, Sun J, et al. Structure and conductivity of yttria-stabilized zirconia co-doped with Gd_2O_3: A combined experimental and molecular dynamics study [J]. J. Power. Sources., 2010, 195: 5660~5665.

[25] Wang C, Wang Y, Huang W, et al. Influence of CeO_2 addition on crystal growth behavior of CeO_2-Y_2O_3-ZrO_2 solid solution [J]. Ceramics International., 2012, 38: 2087~2094.

[26] Bekale V M, Legros C, Haut C, et al. Processing and microstructrue characterization of ceria-doped yttria-stabilized zirconia powder and ceramics [J]. Solid State Ionics., 2006, 177: 3339~3347.

[27] Gedanken A, Reisfeld R, Sominski E, et al. Sonochemical preparation and characterization of europium oxide doped in and coated on ZrO_2 and YSZ [J]. J. Phys. Chem. B., 2000, 104: 7057~7065.

[28] 林振汉，张玲秀，王欣. Yb_2O_3 掺杂 8SYZ 电解质材料的制备和性能研究 [J]. 稀有金属快报，2008，1，23~28.

[29] Zhu D, Miller R A. Thermal conductivity and sintering behavior of advanced thermal barrier coatings [J]. Ceram. Eng. Sci. Proc., 2002, 23: 457~468.

[30] Vassen R, Cao X Q, Tietz F, et al. Zirconates as new materials for thermal barrier coatings [J]. J. Am. Ceram. Soc., 2000, 83 (8): 2023~2028.

[31] Maloney M J. Thermal barrier coating systems and materials [J]. European Patent, No. EP 0848077 A1, 1998.

[32] Xu Z, He L, Mu R. Influence of the deposition energy on the composition and thermal cycling behavior $La_2(Zr_{0.7}Ce_{0.3})_2O_7$ coatings [J]. J. Europ. Ceram. Soc., 2009, 29: 1771~1779.

[33] Sickafus K E, Minervini L, Grimes R W, et al. Radiation tolerance of complex oxides [J]. Sci., 2000, 289: 748~751.

[34] Vassen R, Cao X, Tietz F, et al. $La_2Zr_2O_7$ a new candidate for thermal barrier coatings [C] //Proceedings of the United Thermal Spray Conference'99, edited by E. Lugscheider and P. A. Kammer, ASM International, Verlag fuer Schweissen und Verwandte Verfahren, Dues-

seldorf, Deutschland, 1999: 830~834.

[35] Liu B, Wang J Y, Zhou Y C, et al. Theoretical elastic stiffness, structure stability and thermal conductivity of $La_2Zr_2O_7$ pyrochlore [J]. Acta mater., 2007, 55 (9): 2949~2957.

[36] Xu Q, Pan W, Wang J, et al. Rare-earth zirconate ceramics with fluorite structure for thermal barrier coatings [J]. J. Am. Ceram. Soc., 2006, 89 (1): 340~342.

[37] Xu Q, Pan W, Wang J, et al. Preparation and thermophysical properties of $Dy_2Zr_2O_7$ ceramic for thermal barrier coatings [J]. Mater. Lett., 2005, 59 (22): 2804~2807.

[38] Wang J, Pan W, Xu Q, et al. Thermal conductivity of the new candidate materials for thermal barrier coatings [J]. Key Eng. Mater., 2005, 280~283: 1503~1506.

[39] Chen H F, Gao Y, Liu Y, et al. Coprecipitation synthesis and thermal conductivity of $La_2Zr_2O_7$ [J]. J. Alloy. Comp., 2009, 480: 843~848.

[40] Chen S G, Yin Y S, Wang D P, et al. Effect of nanocrystallite structure on the lower activation energy for Sm_2O_3 doped ZrO_2 [J]. J. Molec. Struc., 2004, 703: 19~23.

[41] Wang C, Wang Y, Huang W, et al. Preparation and thermophysical properties of nano-sized $Re_2Zr_2O_7$(Re=La, Nd, Sm and Gd) ceramic with pyrochlore structure [J]. Journal of Materials Science, 2012, 31: 242~246.

[42] Wang C, Wang Y, Chen X, et al. Preparation and thermophysical properties of $La_2(Zr_{0.7}Ce_{0.3})_2O_7$ ceramic via sol-gel process [J]. Surface & coatings technology, 2012, 212: 88~93.

[43] Kutty K V G, Rajagopalan S, Mathews C K, et al. Thermal expansion behaviour of some rare earth oxide pyrochlores [J]. Mater. Res. Bull., 1974, 29 (7): 759~766.

[44] Shimamura K, Arima T, Idemitsu K, et al. Thermophysical properties of rare-earth-stabilized zirconia and zirconate pyrochlores as surrogates for actinide-doped zirconia [J]. Int. J. Thermophys., 2007, 28 (3): 1074~1084.

[45] Cao X Q, Vassen R, Tietz F, et al. New double-ceramic-layer thermal barrier coatings based on zirconia-rare earth composite oxides [J]. J. Eur. Ceram. Soc., 2006, 26: 247~251.

[46] Cao X Q, Li J Y, Zhong X H, et al. $La_2(Zr_{0.7}Ce_{0.3})_2O_7$—A new oxide ceramic material with high sintering-resistance [J]. Mater. Lett., 2008, 62 (17-18): 2667~2669.

[47] Xu Z H, He L M, Mu R D, et al. Influence of the deposition energy on the composition and thermal cycling behavior of $La_2(Zr_{0.7}Ce_{0.3})_2O_7$ coatings [J]. J. Eur. Ceram. Soc., 2009, 29: 1771~1779.

[48] Xu Z H, He L M, Zhong X H, et al. Thermal barrier coating of lanthanum-zirconium-cerium composite oxide made by electron beam-physical vapor deposition [J]. J. Alloy. Comp., 2009, 478: 168~172.

[49] Bansal N P, Zhu D. Effects of doping on thermal conductivity of pyrochlore oxides for advanced thermal barrier coatings [J]. Mater. Sci. Eng. A., 2007, 459 (1-2): 192~195.

[50] Lehmann H, Pitzer D, Pracht G, et al. Thermal conductivity and thermal expansion coefficient of the lanthanum rare-earth element zirconate system [J]. J. Am. Ceram. Soc., 2003, 86: 1338~1344.

[51] Zhang H S, Li Z J, Xu Q, et al. Preparation and thermophysical properties of $Sm_2(Ce_{0.3}Zr_{0.7})_2O_7$ ceramic [J]. Adv. Eng. Mater., 2008, 10 (1-2): 139~142.

[52] Pan W, Wan C L, Xu Q, et al. Thermal diffusivity of samarium-gadolinium zirconate solid solutions [J]. Thermochimica Acta., 2007, 455: 16~20.

[53] Vassen R, Dietrich M, Lehmann H, et al. Development of oxide ceramics for an application as TBC [J]. Mater. Sci. Eng. Technol., 2001, 32 (8): 673~677.

[54] Saruhan B, Fritscher K, Schulz U. Y-doped $La_2Zr_2O_7$ pyrochlore EB-PVD thermal barrier coatings [J]. Ceram. Eng. Sci. Proc., 2003, 24: 491~496.

[55] Dai H, Zhong X, Li J, et al. Thermal stability of double-ceramic-layer thermal barrier coatings with various coating thickness [J]. Mater. Sci. Eng. A, 2007, 433: 1~7.

[56] Bobzin K, Lugscheider E, Bagcivan N. Thermal cycling behaviour of lanthanum zirconate as EB-PVD thermal barrier coating [J]. Advanced Engineering Materials, 2006, 7: 142~152.

[57] Holmes J W, Pilsner B H. Cerium oxide stabilized thermal barrier coatings [C] //Proceedings of the National Thermal Spray Conference, edited by David L. Houck, ASM International, Orlando Florida, USA, 1987: 259~270.

[58] Cao X Q, Vassen R, Tietz F, et al. Lanthanum-cerium oxide as a thermal barrier-coating material for high-temperature applications [J] Adv. Mater., 2003, 15 (17): 1438~1442.

[59] Wang C, Huang W, Wang Y, et al. Synthesis of monodispersed $La_2Ce_2O_7$ nanocrystals via hydrothermal method: a study of crystal growth and sintering behavior [J]. International Journal of Refractory Metals and Hard Materials., doi: 10.1016/j.ijrmhm.2011.12.002.

[60] Zhong X H, Xu Z H, Zhang Y F, et al. Phase stability and thermophysical properties of neogymium cerium composite oxide [J]. J. Alloy. Comp., 2009, 469: 82~88.

[61] Liu Q, Zhao F, Dong X H, et al. Synthesis and application of porous $Sm_{0.2}Ce_{0.8}O_{1.9}$ nanocrystal aggregates [J]. J. Phys. Chem. C., 2009, 113: 17262~17267.

[62] Vassen R, Cao X, Tietz F, et al. Zirconates as new materials for thermal barrier coatings [J]. J. Am. Ceram. Soc., 2000, 83 (8): 2023~2028.

[63] Maekawa T, Kurosaki K, Yamanaka S. Thermal and mechanical properties of perovskite-type barium hafnate [J]. J. Alloys Compd., 2006, 407: 44~48.

[64] Dietrich M, Vassen R, Stoever D. $LaYbO_3$, a candidate for thermal barrier coating materials [J]. Ceram. Eng. Sci. Proc., 2003, 24 (3): 637~643.

[65] Clarke D R, Phillpot S R. Thermal barrier coating materials [J]. Materials Today, 2005, 7: 22~29.

[66] Cao X Q, Zhang Y F, Zhang J F, et al. Failure of the plasma-sprayed coating of lanthanum hexaluminate [J]. J. Eur. Ceram. Soc., 2008, 28 (10): 1979~1986.

[67] Zhang J F, Zhong X H, Cheng Y L, et al. Thermal shock resistance of $LnMgAl_{11}O_{19}$(Ln=La、Nd、Sm、Gd) with magnetoplumbite structure [J]. J. Alloy. Comp., 2009, 482: 376~381.

[68] Chen X L, Zhao Y, Huang W Z, et al. Thermal aging behavior of plasma sprayed $LaMgAl_{11}O_{19}$ thermal barrier coating [J]. J. Eur. Ceram. Soc., 2011, 31: 2285~2294.

[69] Gadow R, Lischka M. Lanthanum hexaluminate-novel thermal barrier coatings for gas turbine applications - materials and process development [J] . Surf. Coat. Technol. , 2002, 151: 392~399.

[70] Wang Y H, Ouyang J H, Liu Z G. Preparation and thermo-physical properties of $La_{1-x}Nd_xMgAl_{11}O_{19}$($x$=0, 0.1 and 0.2) ceramics [J] . J. Alloys Compd. , 2009, 485: 734~738.

[71] Li J Y, Dai H, Zhong X H, et al. Effect of the addition of YAG($Y_3Al_5O_{12}$) nanopowder on the mechanical properties of lanthanum zirconate [J] . Mater. Sci. Eng. A, 2007, 460-461: 504~508.

[72] Maekawa T, Kurosaki K, Yamanaka S. Thermophysical properties of $BaYO_{24}$: A new candidate material for thermal barrier coatings [J] . Mater. Lett. , 2007, 61 (11-12): 2303~2306.

[73] Matsumoto K, Itoh Y, Kameda T. EB-PVD process and thermal properties of hafnia-based thermal barrier coating [J] . Sci. Technol. Adv. Mater. , 2003, 4: 153~158.

[74] Sudre O, Cheung J, Marshall D, et al. Thermal insulation coatings of $LaPO_4$ [J] . Ceram. Eng. Sci. Proc. , 2001, 22: 367~374.

[75] Hikichi Y, Nomura T, Tanimura Y, et al. Sintering and properties of monazite-type $CePO_4$ [J] . J. Am. Ceram. Soc. , 1990, 73: 3594~3596.

[76] Shin D I, Gitzhofer F, Moreau C. Thermal property evolution of metal based thermal barrier coatings with heat treatments [J] . J. Mater. Sci. , 2007, 42: 5915~5923.

[77] Lee K M, Miller R A, Jacobson N S. New generation of plasma-sprayed mullite coatings on silicon carbide [J] . J. Am. Ceram. Soc. , 1995, 78 (3): 705~710.

[78] Mifune N, Harada Y, Taira H, et al. Field evaluation of $2CaO-SiO_2-CaO-ZrO_2$ thermal barrier coating on gas turbine vanes [C] //Thermal Spray, A United Forum for Scientific and Technological Advances, edited by C. C. Berndt, ASM International, Materials Park, Ohio, USA, 1997: 299~303.

[79] Cao X Q, Vassen R, Stöver D. Ceramic materials for thermal barrier coatings [J] . J. Eur. Ceram. Soc. , 2004, 24: 1~10.

6 纳米结构热障涂层

纳米科学与技术是21世纪科学技术发展的重要基础。早在1959年，诺贝尔物理学获奖者Richard Feyaman就发表过著名演讲“底部巨大的空间”（There's Plenty of Room at the Bottom），预言了纳米时代的到来。时至今日，纳米材料已经在各个领域均得到了广泛的应用。随着纳米科技的不断发展，纳米材料必将成为人们生活中不可缺少的一部分。

6.1 纳米材料及特点

6.1.1 纳米材料的定义

纳米（nm）是一个长度单位，$1nm=10^{-9}m$，差不多为一根头发丝直径的十万分之一。纳米材料按照不同的角度有不同的分类。从成分上可以分为无机纳米材料、有机纳米材料、无机复合纳米材料、有机无机纳米复合材料和生物纳米材料。按原子排列的对称性和有序度则可分为纳米晶体材料、纳米准晶体材料和纳米非晶体材料。按照空间维数则可以分为三类：（1）零维纳米材料，指在空间中三维尺度均在纳米尺度，如纳米颗粒；（2）一维纳米材料，指在空间中有二维处于纳米尺度，如纳米线等；（3）二维纳米材料，指在空间中有一维处于纳米尺度，如超晶格等。

6.1.2 纳米材料的特点

对于纳米材料来说，由于其尺寸非常小、表面原子数的比例非常大，导致了纳米材料与体材料相比有很多不同的特殊性质，主要表现为四大效应：表面与界面效应、小尺寸效应、宏观量子隧道效应、量子尺寸效应。

6.1.2.1 *表面与界面效应*

表面与界面效应，是指纳米颗粒表面原子数与总原子数之比随着粒径尺寸的减小而急剧增大后，引起的性质上的变化。

由于纳米材料其颗粒尺寸较小，表面所占有的原子数量远多于相同质量的非纳米材料颗粒表面原子数目。纳米颗粒直径越小，表面原子所占比例越大。当纳米颗粒尺寸为10nm时，表面原子所占比例为20%；粒径减小为4nm时，表面原子所占比例增加到40%；粒径为2nm时，表面原子所占比例则增大为80%；当粒径为1nm时，表面原子所占比例可以达到99%。同时，随着粒径尺寸的减小，纳米颗粒的比表面积也随之增加。较大的比表面积，不仅可以使处于表面的原子数目越来越多，同样使得表面能迅速增加。由于表面原子数目的增加，表面原子的配位不足及其较大的表面能等原因，使得表面原子反应活性很高，非常不稳定，很容易与其他原子结合。

6.1.2.2 小尺寸效应

随着颗粒尺寸的量变，在一定条件下将会引起材料性质的质变。由颗粒尺寸变小而引起的宏观物理性质的变化称之为小尺寸效应。这些变化主要体现在光学、热学、磁学、力学、超导电性、介电性能、声学性能等方面。

6.1.2.3 宏观量子隧道效应

宏观量子隧道效应是基本的量子现象之一，即当微观粒子的总能量小于势垒高度时，该粒子仍能穿越这一势垒。近年来，人们发现一些宏观量，例如微颗粒的磁化强度、量子相干器件中的磁通量等亦有隧道效应，称之为宏观量子隧道效应。宏观量子隧道效应的研究对于基础研究和实践应用都有着重要的意义，是未来微电子器件发展的基础。

6.1.2.4 量子限域效应

半导体纳米颗粒表面存在许多空穴，当粒径尺寸小于激子玻尔半径时，电子运动就要受到限制，空穴很容易约束电子形成激子，电子与空穴波函数重叠产生激子吸收带。激子能级一般靠近导带，可以产生激子发光带，其强度随粒径减小而增强，并发生蓝移，这称之为量子限域效应。金属和半导体粒子之间的主要区别是它们具有不同的电子带结构。在金属粒子中，费米能级处于带中间，即便粒子很小，能级间距也非常小，粒子性质与块体相比差别不大。而在半导体粒子中，费米能级处于导带和价带之间，电子受激发跃迁过程很容易受到粒子尺寸的影响。因此，发生量子限域效应的金属粒子的粒径比半导体粒子的小很多。

6.2 纳米材料制备方法

近几十年对纳米材料研究的不断探索，已经完善了很多种制备方法。主要有以下几种：共沉淀法、水热合成法、溶胶-凝胶法、溶剂热法等。

6.2.1 共沉淀法

共沉淀法是在溶液状态下将不同化学成分的物质混合，在混合液中加入适当的沉淀剂制备前驱体沉淀物，再经过干燥或煅烧，从而制得相应的粉体颗粒。化学共沉淀法虽然操作简单，但得到的粉体易团聚，分散性差。

6.2.2 溶胶-凝胶法

溶胶-凝胶法是用含高化学活性组分的化合物做前驱体，在液相下将这些原料均匀混合，并进行水解、缩合，在溶液中形成稳定的透明溶胶体系，溶胶经过陈化胶粒之间缓慢聚合，形成三维空间网络结构的凝胶，凝胶网络之间充满了失去流动性的溶剂，形成凝胶。凝胶经过干燥、烧结固化制备出纳米材料。其优点是反应容易进行，温度较低，分子混合均匀；缺点是反应时间较长，凝胶中存在大量微孔。

6.2.3 水热合成法

水热合成是指温度为 100～1000℃、压力为 1MPa～1GPa 条件下，在特制的密闭容器中，使得通常难溶或不溶的物质溶解、结晶，来制备超细、无团聚或少团聚、结晶良好的材料粉体。水热合成方法由于其方便、易控、节能、少污染等特点引起了人们的关注。

6.2.4 溶剂热法

溶剂热法是水热合成方法进化而来的，与水热法不同之处在于所使用的溶剂为有机溶剂而不是水。优点是物相的形成、粒径的大小、形态都可以得到控制，产物分散性较好，但是反应时间较长，并且使用溶剂为有机物，在开釜后可能会有有毒气体释放。

在本书中主要采用水热合成法和溶胶-凝胶法制备纳米材料，主要考虑到其方便易控、节能、少污染等优点。

6.3 纳米热障涂层材料

6.3.1 纳米热障涂层材料发展现状

随着纳米材料的飞速发展，用热喷涂技术制备纳米热障涂层已经逐渐引起了人们的广泛关注。与传统材料的热障涂层相比，纳米涂层显示了更加优异的性能。一方面，晶粒尺寸达到纳米级别将使晶界急剧增加，而晶格内声子散射的增强可以降低涂层的热导率；另一方面，纳米热障涂层具有良好的力学性能，能有效地延长涂层的工作寿命[1]。这些特殊性质主要归因于纳米材料特有的四大效应：宏观量子隧道相应、量子尺寸效应、表面与界面效应、小尺寸效应。基于以上种种优点，近年来人们对纳米热障涂层的研究极其广泛。

Bai 等人[2]使用高效超音速火焰喷涂方法制备了纳米 YSZ 热障涂层，并研究了其热导率、抗热震性能以及热循环寿命。研究结果表明其相关性能要明显好于传统材料的热障涂层。Zhou 等[3]研究了用 APS 方法制备的纳米和传统微米 YSZ 涂层在不同温度下的静态氧化过程，纳米涂层的工作寿命是传统涂层的 1.2～1.4 倍。通过有限元的分析表明纳米涂层在与垂直基底的 X 轴、TGO 和 YSZ 界面方向的 Y 轴的残余应力均为传统涂层的 2/3 左右，这也是纳米 YSZ 涂层寿命长的一个原因。Sodeoka 等[4]采用 APS 方法制备了纳米 Al_2O_3 和 YSZ 复合涂层，该纳米涂层的断裂韧性是传统 8YSZ 涂层的 2 倍以上，这个增韧并不是由于掺杂 Al_2O_3 形成的，而是由纳米尺寸的晶粒造成的。Chen 等[5]采用 APS 方法制备了纳米结构热障涂层，研究发现涂层由两种类型结构组成，一种为 60~80nm 的较小晶粒，另一种则是 70~120nm 的大晶粒，而后者是构成涂层的主要成分。Ma 等[6]采用液相等离子喷涂法制备了低热导氧化钇完全稳定化的氧化锆热障涂层。在 25~1300℃范围内，其热导率仅为 0.55~0.66W/(m·K)，远远低于相应的传统涂层材料。基于上面种种优点，纳米尺寸的涂层已经引起了人们广泛的关注，人们不仅对涂层材料进行了大量的探索研究，而且也进一步研究了涂层的性能。Yang 等[7]报道了纳米 YSZ 在 6~480K 之间热导率随晶粒尺寸的变化关系，认为当粒径尺寸小于 10nm 时，其热导率在所有温度下约为粗晶或单晶材料的一半。而对于陶瓷材料来说，在热处理的过程中，包括结晶和烧结两个过程，结晶使得烧结变得困难，因此对于研究纳米材料的晶体生长行为是至关重要的。Shukla 等[8]研究了 YSZ 纳米材料的晶体生长活化能，认为纳米材料的晶体生长活化能要远低于传统体材料，例如传统体材料的 YSZ 的晶体生长活化能为 457kJ/mol，而相应的纳米材料的数值仅为 13.0kJ/mol。造成这种结果的原因有两个：一是掺杂氧化钇引起的大量的氧空位减小了体系的活化能，二是小尺寸效应。Zhou 等[9]认为纳米尺寸的陶瓷材料，当其晶粒尺寸小于 20nm 时，体系中的氧空位将大幅增加，这将引起体系活化能的大幅度减小。Wang 等[10]研究了稀土氧化物掺杂 8YSZ 前后纳米材料的晶体生长行为，La_2O_3 掺杂 8YSZ 在 900℃处晶体生长活化能发生转折，在 900℃以前，由于上面陈述的两个原因，掺杂后材料的活化能要比掺杂前的小；而在 900℃以后，掺杂后的活化能要比掺杂前的大，造成这种现象的原因是在 1000℃左右形成了烧绿石相 $La_2Zr_2O_7$。同时对不同摩尔浓度 CeO_2 掺杂 8YSZ 材料的晶体生长行为也进行了详细研究，其活化能数值先增加后减小，最大值出现在掺杂浓度（摩尔浓度）为 5%处。原因是较低的掺杂浓度并没有引起晶体边界弛豫。随着浓度增加，边界弛豫增大，进而抑制了晶体的生长。同时计算了体系微应力随掺杂浓度的变化关系。对于纳米陶瓷涂层材料的研究已经深入到各个方面，在这里就不再赘述了。然而为了充分发挥纳米材料作为热障涂层材料的潜能，仍有一些问题尚待解决，主要如下：（1）纳米材料涂层的制备工艺还需要进一步完善；（2）对于新型热喷涂技术的开发和应用；（3）稀土元素对于涂层材料的掺杂改性还需深入研究；（4）进一步研究纳米结构对材料热力学性能的影响，以达到人为控制的目的；（5）要保证材料的高热稳定性。纳米材料热障涂层已经在各个领域发挥着至关重要的作用，对于涂层以及涂层材料都已进行了大量的研究，但仍有很多问题尚待解决。

6.3.2 8YSZ 纳米热障涂层材料研究现状

8YSZ（质量分数为 8%的 Y_2O_3 稳定化的 ZrO_2）是经典的、使用最广泛的 TBCs 材料，在柴油内燃机和燃气轮机等方面都表现出良好的性能。在高温下，8YSZ 涂层的抗 Na_2SO_4 和 V_2O_5 腐蚀的性能要优于 CaO 或 MgO 稳定化的 ZrO_2。但 8YSZ 涂层的最主要的缺点是长期使用温度低于 1473K。在更高的温度下，涂层结构将发生不稳定，一方面温度大于 1473K，8YSZ 将发生 T′相向 C 相和平衡 T 相的转变过程，在冷却时发生 T 相向 M 相的相变，而在相变的过程中体积膨胀约为 3.5%，导致涂层中微裂纹的产生；另一方面，高温下涂层的进一步烧结导致涂层杨氏模量的增大，这些微结构的变化将会增加涂层的内张应力，从而降低了涂层的抗热疲劳寿命。

与传统材料涂层相比，纳米涂层具有线膨胀系数大、热扩散系数低、硬度大、断裂韧性高等优点。颗粒尺寸小于 50nm 的陶瓷粉末可以通过等离子喷涂方式喷涂在金属基底表面。尽管在喷涂过程中陶瓷晶粒可能会长大，但其纳米特性仍然可以保留。造成纳米材料呈现优异性质的原因，主要可以归结为四大效应，即表面与界面效应、小尺寸效应、量子尺寸效应和宏观量子隧道效应。基于上述优点，使得近 10 年来人们对纳米陶瓷涂层的研究极其广泛[11]。随着纳米材料科学的发展，纳米材料制备技术的日益成熟，纳米 YSZ 颗粒制备方法也有所进展，已报道了使用共沸蒸馏技术、浮浊液法、水热合成法及共沉淀法等方法制备纳米 YSZ 材料。水热合成法是利用高温、高压下水的溶解能力增强的特点，在水溶液中合成纳米粒子，具有结晶颗粒良好、形貌可控、颗粒尺寸分布均匀、纯度高、可控性强等特点。

热障涂层材料的选择非常严格，迄今还没有发现某单一材料符合所有要求。因此，人们自然便想到多层结构的热障涂层。但热障涂层结构中太多的层并不利于提高涂层的耐高温性或延长涂层的热循环寿命，多层结构的制备也比较困难，而且还要考虑不同材料的性质是否相互匹配，因此对热障涂层材料进行掺杂改性成为简单而有效的选择。在 YSZ 中添加稀土氧化物，可以使 ZrO_2 的晶格畸变增大，晶格热振动频率降低，从而降低热导率，提升 TBCs 的工作效率。因此对纳米热障涂层材料的合成及其掺杂改性的研究有着重要的理论意义和良好的应用前景。

研究人员进行 YSZ 的改性工作主要集中在进一步降低其热导率、提高其高温相稳定性和抗烧结能力等方面。Boutz[12]在 YSZ 中掺杂 CeO_2，在提高了抗烧结性能的同时还得到了较高的断裂韧性；Zhu[13]等通过在 YSZ 中进行 $Nd_2O_3-Yb_2O_3$、$Gd_2O_3-Yb_2O_3$ 等双稀土氧化物共掺杂降低了 YSZ 的热导率，并提高了其抗烧结能力；S. Raghavan[14]研究表明 10%（摩尔分数）Ta_2O_5 – 10%（摩尔分数）Y_2O_3 –

ZrO_2 和 10%(摩尔分数)Nb_2O_5-10%(摩尔分数)Y_2O_3-ZrO_2 在 1500℃ 热处理 200h 仍保持相稳定性。两种离子共掺杂使热导率进一步降低，主要归因于：孔穴率提高，基质 Zr^{4+} 和掺杂离子 Nb^{5+}、Y^{3+} 离子半径的差异，使声子散射加强。F. M. Pitek[15]研究证明 8.3% Ta_2O_5 掺杂的 7YSZ 在 1500℃ 热处理 24h 后仍是 t′相，而且对硫酸盐和钒酸盐有很强的抗腐蚀性能，其原因是 Ta^{5+} 的存在抑制了硫酸盐、钒酸盐和 YSZ 之间的反应；K. An[16] 等人研究了掺杂 Al_2O_3、NiO、Nd_2O_3、Er_2O_3 和 Gd_2O_3 等氧化物对 YSZ 热导率的影响。诸如此类的掺杂改性，主要基于对 YSZ 热力学性质的研究。E. H. Kisi[17] 等提出了 Y_2O_3 稳定 ZrO_2 的机理：

$$0.05Y_2O_3+0.9ZrO_2 = Zr_{0.9}Y_{0.1}O_{1.95}$$

$$2Y_Y^{\times}+2Zr_{Zr}^{\times} \longrightarrow 2Y'_{Zr}+V_O^{\cdot\cdot}+1/2O_2$$

式中，$V_O^{\cdot\cdot}$ 带二价正电，O^{2-} 偏离 Zr^{4+} 而转向 $V_O^{\cdot\cdot}$ 以稳定 ZrO_2 萤石结构。一般认为，YSZ 中稀土离子 Y^{3+} 取代 Zr^{4+} 格位，在 ZrO_2 晶格中产生缺陷，这些缺陷本身产生声子散射作用，以及大量缺陷的存在导致掺杂后晶格中声子振动模式发生改变，降低了 ZrO_2 晶体的热导率，提高了其结构的稳定性。目前，这种解释已被广泛接受，并成为传统 YSZ 材料掺杂改性的理论基础。

为了充分发挥纳米陶瓷材料作为热障涂层的潜能，当前必须要解决两个关键问题：(1) 进一步的研究来阐明纳米相结构对材料宏观性能的影响特别是热力学性能；(2) 必须保证这些材料在先进涡轮发动机工作温度（>1473K）下具备高热稳定性。

总之，尽管几十年来热障涂层材料的研究脚步略显缓慢，但是由于其巨大的潜在应用价值，研究人员正兴意盎然。而且在传统热障涂层材料改性效果不明显的情况下，对纳米热障涂层材料进行优化设计并掺杂改性已成为该领域的研究重点。

6.4 La_2O_3 改性 8YSZ 纳米涂层材料的制备和表征

6.4.1 样品合成工艺

所有稀土氧化物在使用之前均在 1000℃ 恒温处理 2h，以除去在空气中吸收的水分和二氧化碳。采用水热合成法制备复合氧化物：首先按化学计量比称取一定量的 La_2O_3 和 Y_2O_3，将其溶解在浓硝酸中制备相应的硝酸盐，完全溶解后再慢慢加热蒸发掉多余的 HNO_3，随后加入蒸馏水配得无色澄清溶液。称取一定量的 $ZrOCl_2 \cdot 8H_2O$ 溶于蒸馏水形成澄清透明溶液，与上述两种硝酸盐按照一定化学计量比混合，然后将聚乙二醇（polyethyleneglycol，PEG，2%(质量分数)）作为分散剂溶于上述溶液。搅拌半个小时后，用 2mol/L 的 NaOH 调节溶液 pH 值到所需数值，继续搅拌半个小时，将所得溶液移到水热釜中，在180℃保温不同时间（12h、24h），温度上升速度为5°/min。将得到的沉淀经过洗涤、离心若干次后置于烘箱，在70℃下烘干12h，自然冷却后将产物仔细研磨得到最后粉末样品。

6.4.2 XRD以及相稳定性分析

为了研究化合物晶体结构变化、物相组成，我们对样品进行了X射线衍射分析。以$8La_2O_3$-8YSZ为例研究La_2O_3掺杂8YSZ对产物物相结构的影响。为了考察$8La_2O_3$-8YSZ的热稳定性，我们对样品在1300℃进行了不同烧结时间（3h、6h、12h、24h、48h、96h）XRD的对比，如图6-1所示。从图中我们可以看出，经过不同时间的煅烧，样品的XRD谱图并没有出现明显的变化，也没有任何的杂质出现，这表明我们用水热合成法制备的$8La_2O_3$-8YSZ粉末在经过1300℃长时间热处理后，仍然保持良好的相稳定性。水热合成法得到的前驱体经过不同温度热处理后得到的粉末XRD谱图如图6-2b所示。为了方便比较我们将相应的8YSZ粉末XRD谱图也列在图6-2a中。如图所示，在未掺杂的样品中（纯8YSZ粉末），我们发现在整个热处理温度范围内，只有立方相的存在，没有发生任何的相变，也没有任何未反应氧化物的痕迹，XRD衍射峰的位置和标准卡片中30-1468的衍射峰位置完全一致。在30.1°、34.9°、50.1°和59.5°的峰位分别对应着立方相ZrO_2的（111）、（200）、（220）和（311）晶面。而在掺杂了La_2O_3的8YSZ样品中，我们发现在1000℃左右发生了很明显的相变，新生成物为烧绿石相$La_2Zr_2O_7$，在28.8°、33.4°、47.8°和56.7°的峰位分别对应着烧绿石相$La_2Zr_2O_7$的（222）、（400）、（440）和（622）晶面。同时在30.2°、34.9°、50.2°和59.6°的峰位分别对应着立方相ZrO_2的（111）、（200）、（220）和

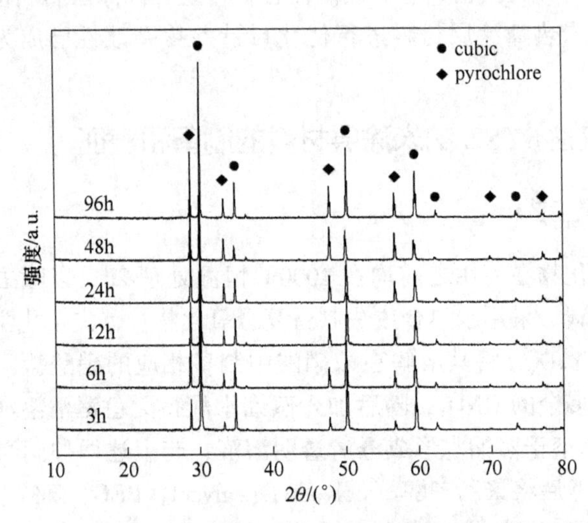

图6-1 水热合成$8La_2O_3$-8YSZ粉体在1300℃煅烧不同时间下的XRD谱图

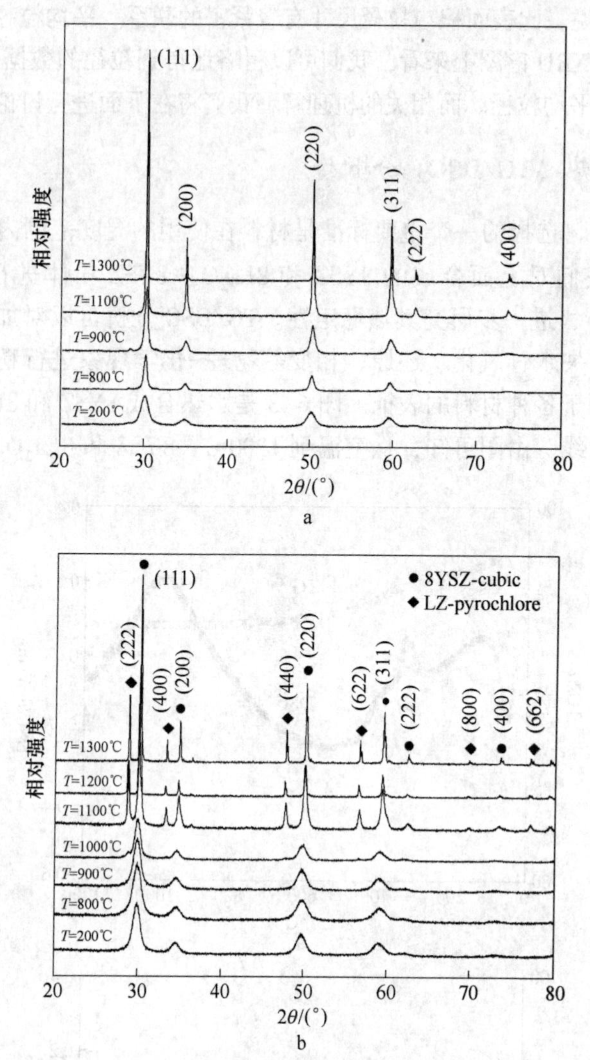

图 6-2 水热合成 8YSZ 和 $8La_2O_3$-8YSZ 粉体在不同温度煅烧 6h 粉末的 XRD 谱图

a—8YSZ；b—$8La_2O_3$-8YSZ

（311）晶面。烧绿石相所占体积随着烧结温度的升高而增加。除此之外并没有发现其他明显的杂峰出现在这两个系列的样品中，说明 La_2O_3 和 Y_2O_3 已经通过 La^{3+} 和 Y^{3+} 取代 Zr^{4+} 而完全通入 ZrO_2 晶格中。另外我们通过 XRD 数据，分析了掺杂对两个样品晶格参数的影响。经过计算，8YSZ 和 $8La_2O_3$-8YSZ 样品的晶格参数分别为 0.05131nm 和 0.05141nm。导致这种变化的原因是由于被替代 Zr^{4+} 的半径（0.072nm）要小于 La^{3+} 的半径（0.106nm）。同时我们对两个样品的比表面积进行了测试分析，8YSZ 和 $8La_2O_3$-8YSZ 的比表面积分别为 145.9m^2/g 和 201.2m^2/g，研究认为这可能是由于掺杂引起 8YSZ 的粒径尺寸要小于未掺杂前样品。众所周知，

对于纳米材料来说，比表面积与粒径尺寸有着紧密的联系。平均粒径尺寸越小，比表面积越大。从 XRD 谱图上来看，我们可以粗略地得到粒径的数据，8YSZ 要大于 $8La_2O_3$-8YSZ 的平均粒径。而相关的机理解释我们将在下面进行讨论。

6.4.3 热重/差热（TG/DSC）分析

热障涂层材料选择的一个重要标准是材料在使用的温度范围内具有良好的热稳定性。因此我们对上面合成的 8YSZ 和 $8La_2O_3$-8YSZ 粉体进行了热重/差热（TG/DSC）分析，进一步研究其热稳定性。TG/DSC 分析可以对加热或冷却过程中物质的分解、失水、氧化、还原、相变等物理-化学现象进行精确的测定，因此被广泛地应用于各种材料的表征。图 6-3 是水热合成 8YSZ 和 $8La_2O_3$-8YSZ 粉体的 TG/DSC 曲线。由图可知，从室温到 1200℃，8YSZ 和 $8La_2O_3$-8YSZ 粉末样

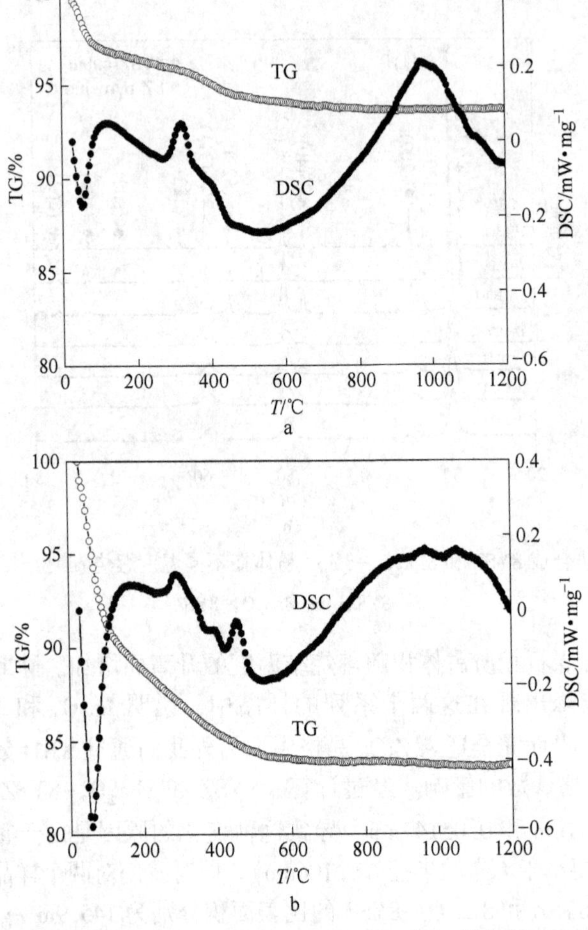

图 6-3 水热合成 8YSZ（a）和 $8La_2O_3$-8YSZ（b）粉体的 TG/DSC 曲线

品的质量分别减少了6.2%和16.5%。在60~80℃附近两个样品均有一个吸热峰，分别对应着2%~3%和7%~8%的质量损失，这个峰主要是由于样品中结晶水的蒸发。同时在335℃左右，两个样品均有一个放热峰，对应着在合成或随后的洗涤过程中残留的有机物的挥发。在400~500℃出现的两个放热峰分别是由硝酸盐的分解和立方相 ZrO_2 的形成引起的。另外，在950℃附近的放热峰是晶粒的粗化引起的。值得注意的是在 $8La_2O_3$-8YSZ 样品中，在1045℃附近出现一个小的放热峰，这个峰对应着烧绿石相 $La_2Zr_2O_7$ 的形成，这个温度点也与我们从XRD分析中得到的温度相同，因此，TG/DSC分析再一次证实，$8La_2O_3$-8YSZ 样品在1000℃附近出现了新相的形成。

6.4.4 SEM、TEM、HRTEM分析

为了研究样品的形貌、颗粒尺寸以及结构，我们对8YSZ和 $8La_2O_3$-8YSZ 样品进行了SEM、TEM、HRTEM分析。图6-4是两个样品的扫描电镜图片(SEM)。从图中我们可以看到，两个样品的形貌均是球形颗粒，掺杂并没有对生成物的形貌产生太大的影响。然而，8YSZ样品的平均粒径要比 $8La_2O_3$-8YSZ 样品的大一些，相关的机理我们将会在后面的部分进行讨论。在两个样品中均出现一定程度的团聚现象，这是由在制备过程中不可控制的凝聚引起的。既然样品是用软化学方法制备的，那么团聚现象是不可避免的。

a

b

图6-4 水热合成法制备8YSZ（a）和 $8La_2O_3$-8YSZ（b）样品的SEM图片

图6-5是制备的8YSZ和 $8La_2O_3$-8YSZ 样品的TEM和HRTEM图片。从图中可知，两个样品的形貌均为分散的纳米球形颗粒。$8La_2O_3$-8YSZ 样品的平均粒径（5~7nm）要小于8YSZ样品的平均粒径（8~10nm）。这个结果与前面通过谢乐公式得到的结果一致。通过HRTEM我们可以清楚地看到粒径的边缘以及晶胞间距。由图6-5b、d可知，8YSZ和 $8La_2O_3$-8YSZ 样品的 d 值分别为0.301nm和0.297nm，对应着立方相 ZrO_2（JCPDS 30-1467）的（111）晶面。

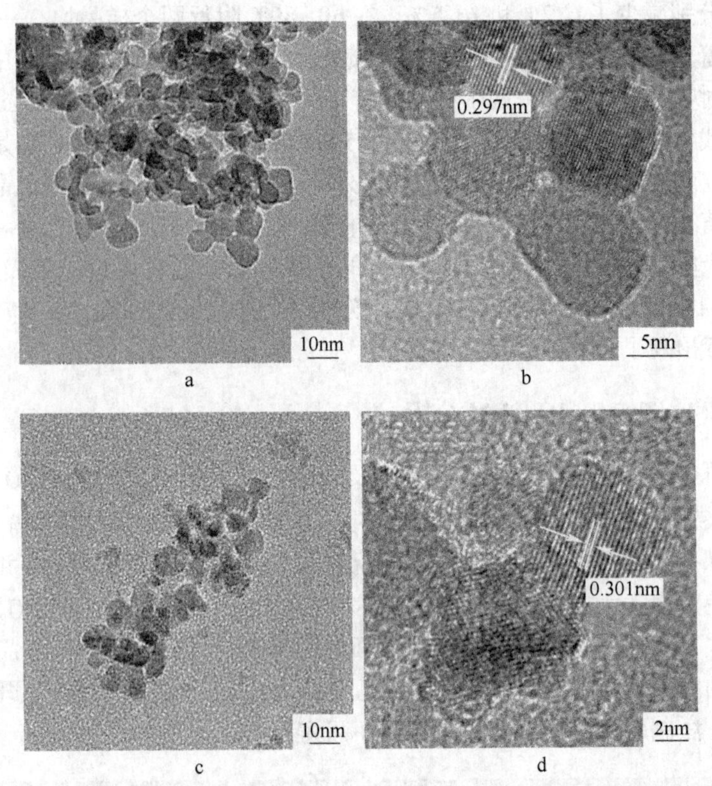

图 6-5　水热合成法制备 8YSZ 和 $8La_2O_3$-8YSZ 样品的 TEM 和 HRTEM 图片

a—TEM-8YSZ；b—HRTEM-8YSZ；c—TEM-$8La_2O_3$-8YSZ；d—HRTEM-$8La_2O_3$-8YSZ

6.4.5　FT-IR 分析

图 6-6a 为 $8La_2O_3$-8YSZ 样品在各温度下 FT-IR 曲线。为了便于比较，我们将 $La_2Zr_2O_7$ 和 8YSZ（制备方法完全相同）的初始样品列在图 6-6b 中。对于 $8La_2O_3$-8YSZ 样品的曲线，在 1384~1398cm^{-1}、1478~1520cm^{-1}、1625~1631cm^{-1} 和 3393~3421cm^{-1} 波段存在特征吸收带。这些吸收峰均随着温度的升高而消失。其中，1384~1398cm^{-1} 是硝酸盐振动特征峰。1625~1631cm^{-1} 和 3393~3421cm^{-1} 这两个峰则是颗粒中包含的水分子的特征峰。相比之下，8YSZ 与 $8La_2O_3$-8YSZ 的主要区别是 1478~1520cm^{-1} 这个峰的存在。而 8YSZ 的特征峰主要在 1384~1398cm^{-1}、1625~1631cm^{-1}、3393~3421cm^{-1} 这几个位置。另外，在 $La_2Zr_2O_7$ 的谱图上主要特征峰在 1076~1101cm^{-1}、1380~1398cm^{-1}、1481~1511cm^{-1}、1625~1631cm^{-1}、3393~3421cm^{-1} 等处。其中 1076~1101cm^{-1} 归结为硝酸盐复合物的形成。通过比较三个谱图之间的差异，我们可以得出结论，在 $8La_2O_3$-8YSZ 样品曲线上，1478~1511cm^{-1} 处的特征峰应该是由于 La—O 的振动引起的。

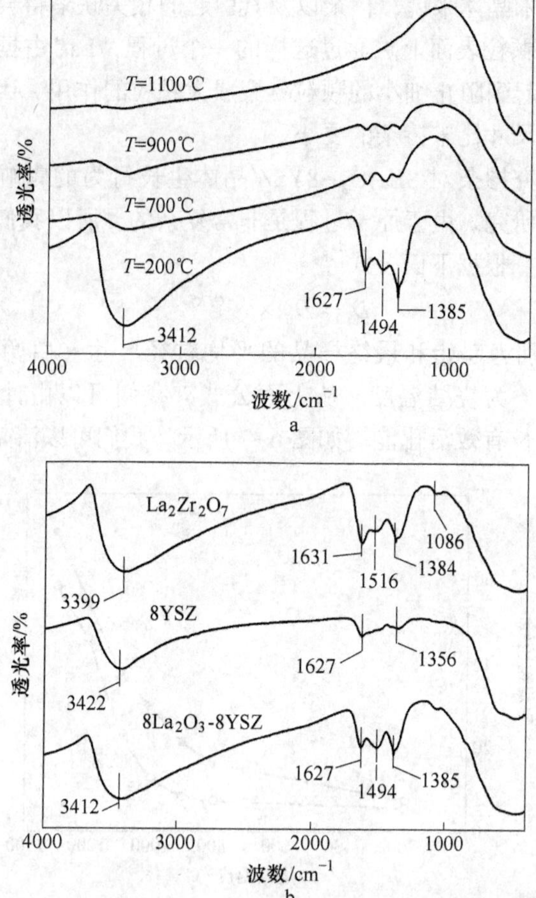

图 6-6 水热合成法制备 $8La_2O_3$-8YSZ 样品在各温度下 FT-IR 曲线（a），$La_2Zr_2O_7$、8YSZ 以及 $8La_2O_3$-8YSZ 初始样品的 FT-IR 曲线（b）

6.4.6 晶体生长活化能的分析

结合不同温度下的 XRD 以及谢乐公式，研究了不同烧结温度对平均粒径的影响。如图 6-7a 所示，两个样品的平均粒径尺寸均随着烧结温度的升高而增加。对于 8YSZ 来说，当烧结温度从 800℃升高到 1300℃时，样品的平均粒径尺寸由 15.94nm 增加到 70.77nm。而在这个温度区间 $8La_2O_3$-8YSZ 的平均粒径尺寸由 6.69nm 增加到 58.19nm。$8La_2O_3$-8YSZ 的尺寸要小于 8YSZ，这与从 TEM 以及 HRTEM 中得到的结论一致。对于氧化锆来说，掺杂的离子主要占据在 Zr^{4+} 的位置或间隙中。而 La 离子的掺入将会引起晶格应力的改变。一方面，较大的比表面积使得大多数外来的 La^{3+} 聚集在粒子表面，从而导致颗粒表面的应力要小于其内部的应力。而颗粒内部较大的应力则可以阻止颗粒之间的凝聚和聚集。另一方面，对于所有的纳米晶体来说，掺杂以及其引起的相关缺陷将会被颗粒的“自我净化”过程排斥到颗粒表面上。通过这样的一个过程，La^{3+} 占据了颗粒表面的大部分的位置，从而起到阻止细小的颗粒凝聚成大颗粒的作用。因此，掺杂后得到的样品的平均粒径尺寸比未掺杂的要小。

为了进一步研究掺杂对 $8La_2O_3$-8YSZ 晶体生长行为的影响。我们对其晶体生长活化能进行了研究。由于原子过程是非常复杂的，所以我们在这里研究的活化能为有效活化能。根据下面公式[18]：

$$D_t = D_0 \times e^{-Q/RT} \tag{6-1}$$

式中，D_0 和 D_t 分别为起始和最终样品的平均粒径尺寸（由谢乐公式得到）；R 是理想气体常数；T 为烧结温度。从上面公式，我们可以由计算 ln$D$ 与 1000/T 的斜率得到晶体生长有效活化能。如图 6-7 所示，我们可以清楚地看到，两条曲

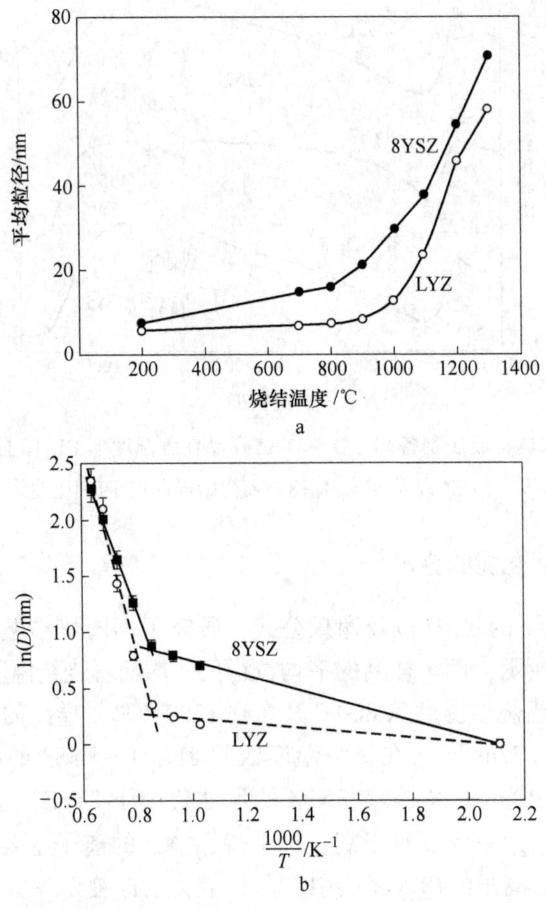

图 6-7 烧结温度对水热合成法制备 8YSZ 和 $8La_2O_3$-8YSZ 样品平均粒径的影响（a），两样品的晶体生长活化能（b）

线（8YSZ 和 $8La_2O_3$-8YSZ）均在 900℃被分为两部分，也就是说对应着两种不同的晶体生长机理。

在相对较低的温度范围内（<900℃），8YSZ 和 $8La_2O_3$-8YSZ 的晶体生长有效活化能分别为（5.68±0.05）kJ/mol 和（1.91±0.03）kJ/mol。然而，当温度在 900~1300℃范围内时，$8La_2O_3$-8YSZ 的晶体生长有效活化能为（81.25±0.07）kJ/mol，要明显大于 8YSZ 样品的（53.23±0.03）kJ/mol，但要小于氧化锆［（615±80）kJ/mol］和大尺寸 8YSZ［（307±10）kJ/mol］的数值。众所周知，由于具有较大的比表面积，纳米材料的原子扩散激活能要小于其相应的体材料。而尺寸的减小则会引起间隙缺陷进而影响晶体生长活化能。例如，纳米 3YSZ 的晶体生长活化能为 13kJ/mol，要小于纳米尺寸 ZrO_2 的数值 34~40kJ/mol。在实验中，在较低温度范围内得到的有效活化能的数值与上面的趋势相同。然而在高温区，$8La_2O_3$-8YSZ 的数值要大于 8YSZ 的。在高温区域，晶体生长对于温度的变化非常敏感。从上面通过 XRD 和 TG/DSC 分析的结果可知，在这个温度范围内生成了一个新相（烧绿石 LZ）。在这个变化过程中，Zr^{4+}可能单独发生反应进而形成新相，因此需要更多的能量来破坏键能。综上所述，在高温区域 $8La_2O_3$-8YSZ 的数值要大于 8YSZ 的数值主要是由于新相的产生。Bhargaba 曾在相关的文献中报道过，相变将会引起活化能的变化。

6.5 CeO_2 改性 8YSZ 纳米涂层材料的制备和表征

6.5.1 样品合成工艺

采用水热合成法制备复合氧化物：首先按化学计量比称取一定量的 CeO_2 和 Y_2O_3，将其溶解在浓硝酸中制备相应的硝酸盐，粉末完全溶解后再慢慢加热蒸发掉多余的 HNO_3，随后加入蒸馏水配得无色澄清溶液。称取一定量的 $ZrOCl_2 \cdot 8H_2O$ 溶于蒸馏水形成澄清透明溶液，与上述两种硝酸盐成化学计量比混合，然后将聚乙二醇（polyethyleneglycol，PEG，2%）作为分散剂溶于上述溶液。搅拌半个小时后，用 2mol/L 的 NaOH 调节溶液 pH 值到所需数值。继续搅拌半个小时后，将所得溶液移到水热釜中，在 180℃保温不同时间（12h、24h）。将得到的粉体经过洗涤、离心若干次后置于烘箱，在 70℃下烘干 12h，得到粉末样品。为了研究不同掺杂量对生成物物化性质的影响，我们做了不同掺杂比（摩尔分数）（5%、10%、15%、20%、25%）的一系列样品进行对比。

6.5.2 XRD 分析

图 6-8 为掺杂前后不同样品在不同温度下热处理 6h 后的 XRD 谱图。从图中可以看到，掺杂前后样品的 XRD 谱图均为立方相萤石结构（JCPDS 30-1468）。

在图 6－8a 中，在 29.9°、34.6°、49.8°和 59.1°处的峰位分别对应（111）、（200）、（220）和（311）晶面。主峰半高宽随着烧结温度的升高而减小说明晶粒的平均尺寸在增大。对于掺杂后的样品（$5CeO_2-8YSZ$ 和 $25CeO_2-8YSZ$），其峰宽要大于未掺杂的样品，这说明掺杂引起了样品平均粒径尺寸的减小。另外，主峰的位置随着掺杂浓度的增加而向小角度偏移，主要是由于掺杂导致晶格常数发生了变化，相关的内容将会在后面部分进行讨论。另外，并没有观察到其他氧化物例如 CeO_2、Y_2O_3 等的特征峰，说明 CeO_2 和 Y_2O_3 已经完全溶入了 ZrO_2 晶格中。

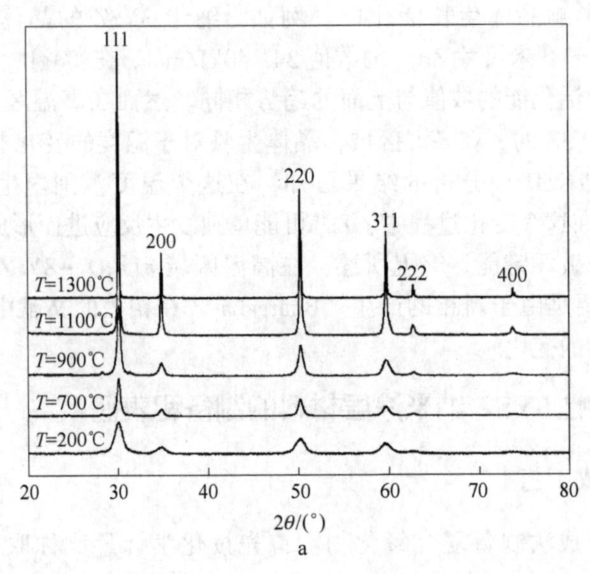

a

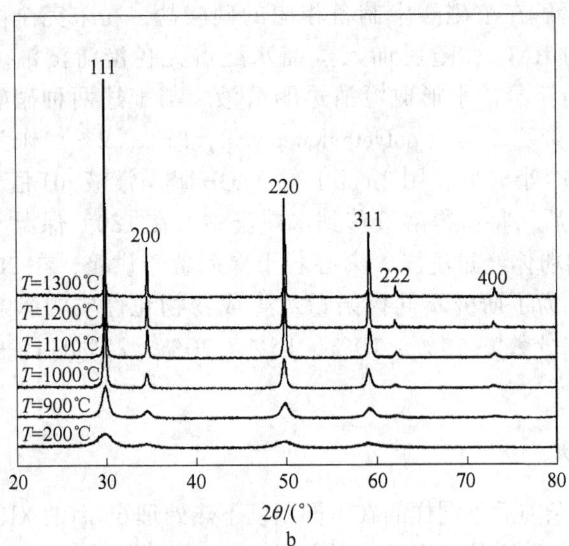

b

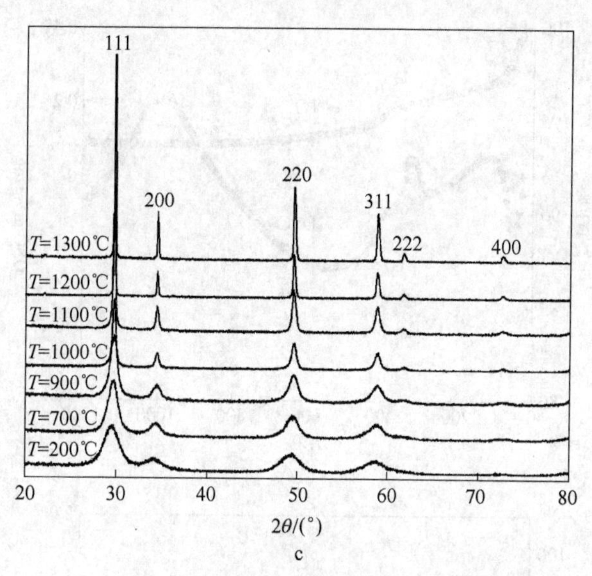

图 6-8 水热合成法制备的 8YSZ 以及掺杂后的粉体在不同温度下热处理 6h 后粉末的 XRD 谱图

a—8YSZ；b—5CeO_2-8YSZ；c—25CeO_2-8YSZ

6.5.3 TG/DSC 分析

我们对上面通过水热合成法制备的 8YSZ 和掺杂后的粉体进行了热重-差热（TG/DSC）分析，进一步研究其热稳定性。从图 6-9 我们可以看到，掺杂前样品在室温到 650℃之间的质量损失大约为 6.9%，而对于掺杂后的样品其质量损失大约为 15.6%。对于 8YSZ 样品，当温度高于 500℃时基本上就看不到失重现象，意味着分解过程的结束，而这个温度点要低于掺杂后的样品（大约为 600℃）。在本实验中，造成质量损失的原因主要是晶体中吸收水的蒸发、硝酸盐以及有机物的分解。另外，在四条 DSC 曲线上，在 60~80℃区间有一个吸热峰，对应的质量损失为 2%~3%(8YSZ) 和 7%~8%($n$$CeO_2$-8YSZ)。这个吸热峰反映的是结晶水的损失。这个损失在掺杂后 8YSZ 样品中要更加明显一些，因为质量损失更大一些。另外，200~600℃区间对应的热过程是由上面提到的硝酸盐和有机物的分解所造成的。而在 650~1200℃之间的大波包意味着这个温度区间是一个放热反应过程。

6.5.4 晶格常数和比表面积分析

前面我们曾经提到，XRD 谱图上主峰的位置随掺杂浓度的增加而向小角度偏移，这是由 Ce^{4+}的离子半径（97pm）大于 Zr^{4+}的离子半径（84pm）导致晶胞体积膨胀所引起的。图 6-10 为晶格常数随掺杂浓度的变化曲线。从图中线性曲

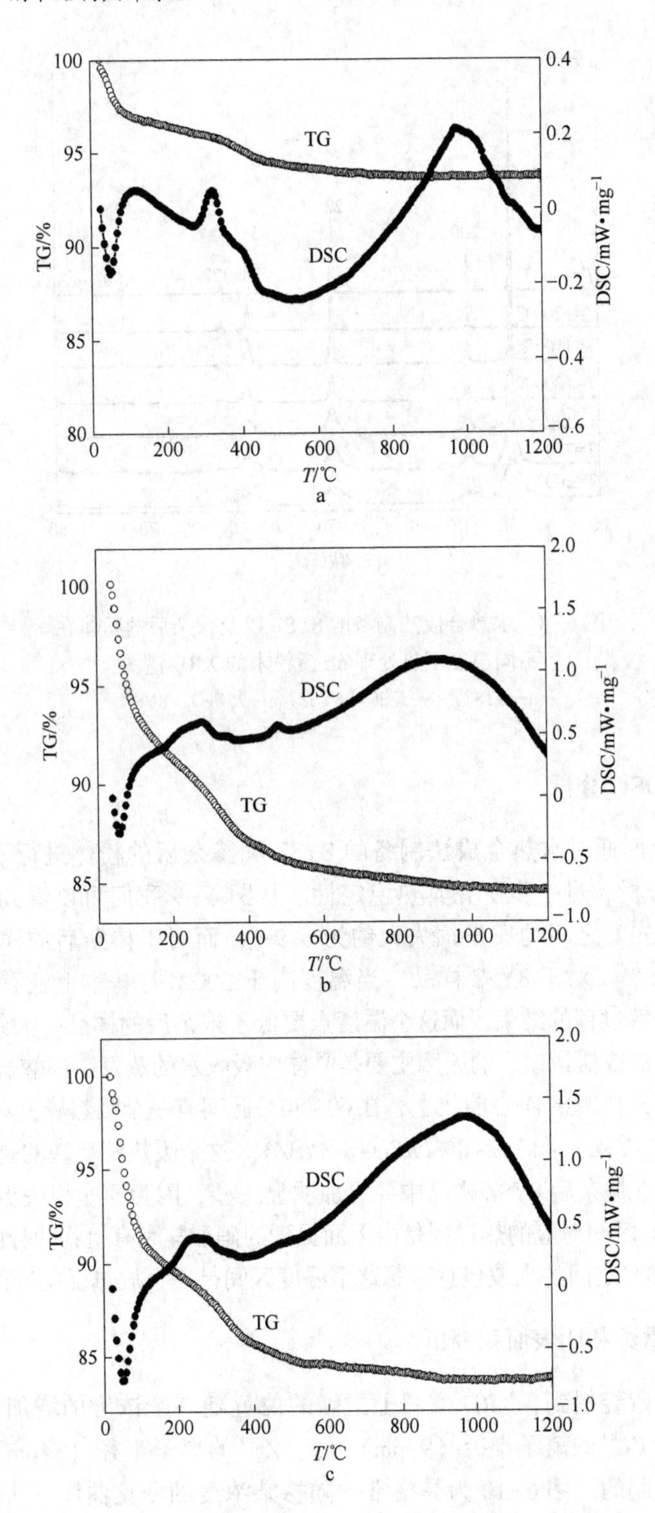
TG
DSC
TG/%
DSC/mW·mg⁻¹
T/℃
a
b
c

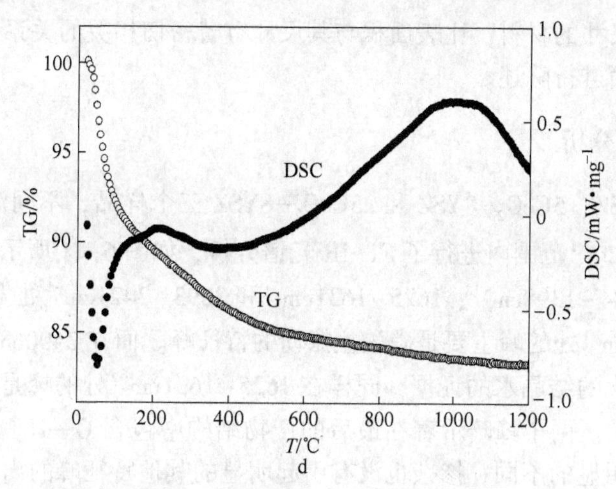

图 6-9 水热合成法制备的 8YSZ（a）、$5CeO_2$-8YSZ（b）、$15CeO_2$-8YSZ（c）和 $25CeO_2$-8YSZ（d）粉体的 TG/DSC 曲线

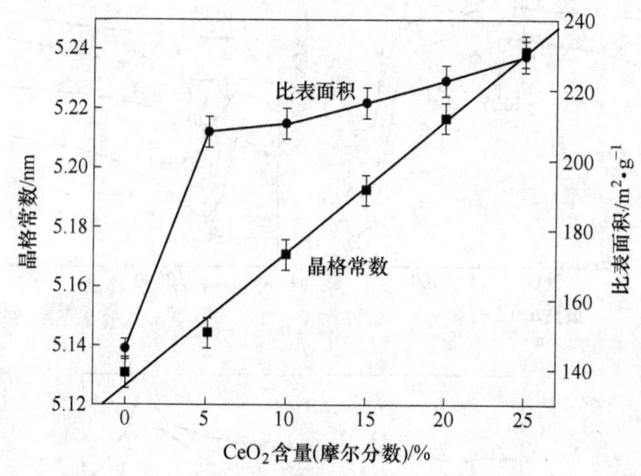

图 6-10 掺杂前后样品的晶格常数和比表面积随掺杂浓度的变化关系

线可知 YSZ 和 CeO_2 形成了理想固溶体，这与 Sammes 报道的结论相同。众所周知，CeO_2 可与 8YSZ 反应形成均匀固溶体。因此根据 Vegard 定律[19]，CeO_2 的增加将会导致晶格参数的变化。Bukaemskiy 等将这种现象归因于掺杂晶体机制。

XRD 分析结果显示，所有的样品均为单相，而且随着 CeO_2 浓度的增加晶格常数也增加，这个事实说明即使在高浓度的情况下，Ce^{4+} 也能融入到 8YSZ 晶格中去。另外，掺杂浓度对产物的比表面积也有很大的影响。图 6-10 中也列出了比表面积随掺杂浓度的变化关系。对未掺杂的样品来说，比表面积为 145.92m^2/g。当掺杂 Ce^{4+} 的量（摩尔分数）为 5% 的时候，产物的比表面积突然增加到 207.87m^2/g。然而当进一步增加掺杂的浓度时，比表面积增加变得平缓。一般来说，对于纳米尺寸的材料，比表面积与其尺寸有着密切相关的关系，这部分相关内容将会在后面进行陈述。

6.5.5 FT-IR 分析

我们对 8YSZ、$5CeO_2$-8YSZ 和 $25CeO_2$-8YSZ 三个样品，不同温度下烧结 5h 后在 400~4000cm^{-1}范围内进行了 FT-IR 光谱分析，如图 6-11 所示。在三条谱线中，分别在 1384~1398cm^{-1}、1625~1631cm^{-1}和 3393~3421cm^{-1}处发现了特征峰。在 1384~1398cm^{-1}处的峰主要是硝酸盐振动的特征峰。而在 3400cm^{-1}处的强峰则是在颗粒中包含的结晶水的证据，同样在 1625~1631cm^{-1}处的峰是另外一个水分子的振动引起的。两个峰暗示着在最后的产物结构中包含 O—H。三组样品相比起来，并没有明显的不同，掺杂也没有引起明显的其他特征峰的出现。

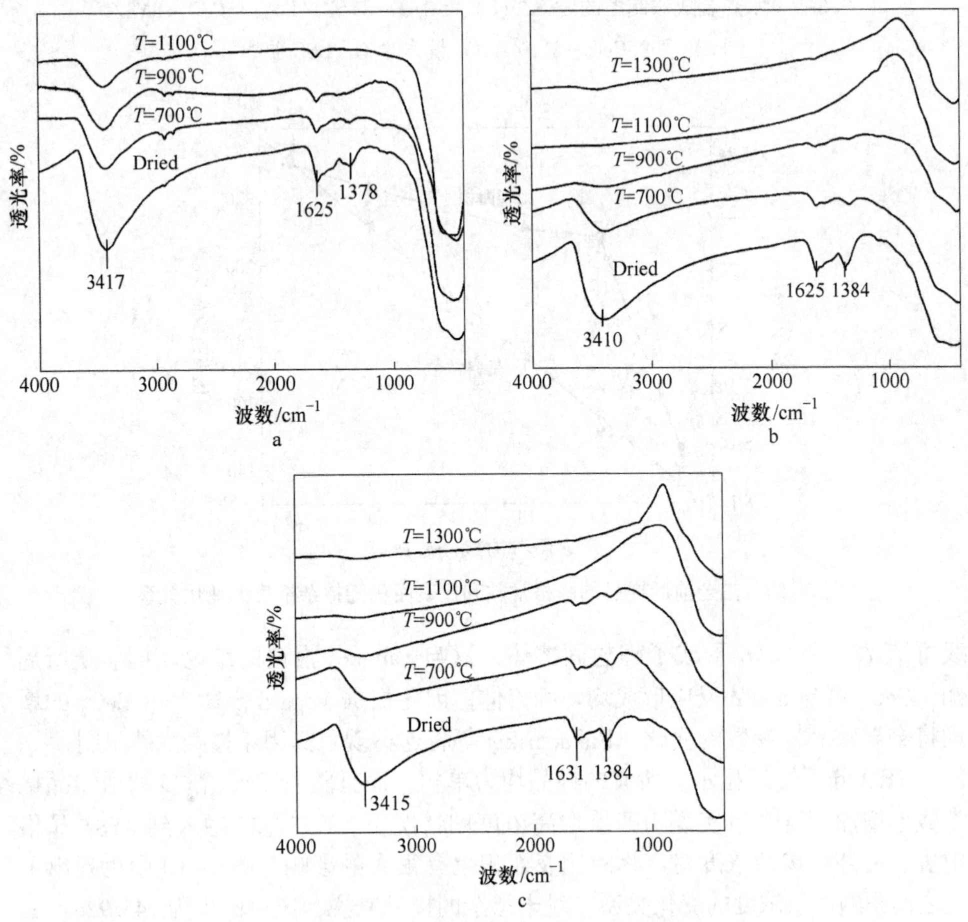

图 6-11 水热合成法制备的 8YSZ（a）、$5CeO_2$-8YSZ（b）和 $25CeO_2$-8YSZ（c）样品在各温度点的 FT-IR 谱图

6.5.6 Raman 光谱分析

激光拉曼光谱是研究陶瓷材料化学成分有效可行的表征手段。图 6-12 为 $n$$CeO_2$-8YSZ($n$=5、15、25) 在 600℃烧结 5h 后的 Raman 光谱图谱。从谱图的形状可知三个样品均为立方相结构，这与我们在 XRD 分析中得到的结论一致。如图 6-12 所示，在 465cm^{-1}附近的特征峰为立方萤石结构的 F_{2g} 振动引起的，而且这峰的强度随着掺杂浓度的增加而升高。另外，在 600cm^{-1}处随掺杂浓度的升高而出现一个小波包。该波包主要是氧空位被三价掺杂离子取代而引起的。除此之外，在这三条曲线上，并没有观察到明显的区别。

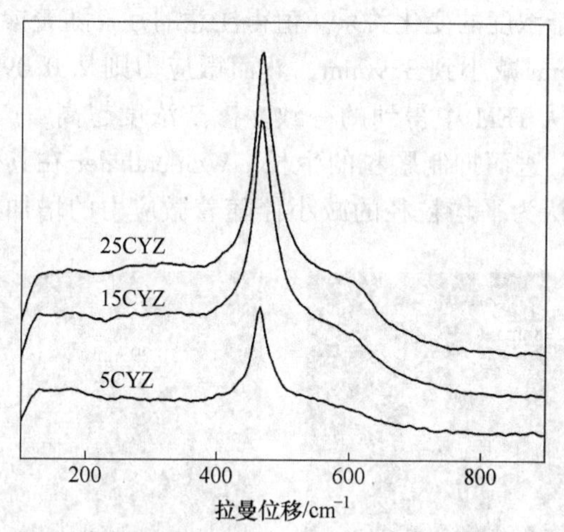

图 6-12 水热合成法制备的 5CeO_2-8YSZ、15CeO_2-8YSZ 和 25CeO_2-8YSZ 样品的 Raman 光谱谱图

6.5.7 TEM 和 HRTEM 分析

图 6-13 是各样品的 TEM 以及 HRTEM 图片。如图 6-12 所示，所有样品均为具有良好分散性的球形颗粒。然而掺杂引起了平均粒径尺寸的变化，8YSZ、5CeO_2-8YSZ、15CeO_2-8YSZ、25CeO_2-8YSZ 样品的平均粒径尺寸分别为 8.72nm、5.75nm、4.39nm、4.16nm。这个平均粒径是在图中任选 10 个颗粒测量后得到的平均值。众所周知材料的密实化和颗粒生长均与离子扩散有着密切的联系。而掺杂所引起的粒径尺寸变化主要可以从下面两方面解释：(1) 溶液拖拽机制。根据空间电荷模式，掺杂负的有效电荷将会在晶界区域形成空间电荷层，从而压制晶界的迁移，进而起到抑制颗粒生长的作用。(2) 缺陷聚集和晶格扭曲机制。离子尺寸的不同将会在晶体结构中引起局部形变（应力能量）。由纳米尺寸效应引起在颗粒表面聚集着大量的缺陷，这些缺陷使得表面能急剧的变

化。应力能量和缺陷浓度的双重作用将会使得离子的移动变得缓慢，导致晶体颗粒的聚集缓慢。考虑到应力的影响，谢乐公式在这里就不再合适了。在这种情况下，来自尺寸和微应力的贡献都要考虑到，下面公式适用于计算平均粒径和微应力[20]：

$$\beta\cos\theta = \frac{k\lambda}{L} + 4\varepsilon\sin\theta \tag{6-2}$$

式中，L 为平均粒径尺寸；ε 为微应力；λ 是 X 射线波长；θ 为布拉格角；k 为常数（0.89）；β 是衍射峰的半高宽。通过分析上面的斜率，可以得到微应力的数值。通过计算 Y 轴的截距，可以得到平均粒径的大小。图 6-13 给出了微应力和平均粒径尺寸随掺杂浓度的变化关系。值得注意的是，随着掺杂浓度的增加，平均粒径尺寸从 8.41nm 减小到 3.96nm，然而微应力则从 0.0988 增加到 0.6741。平均粒径的数值与从 TEM 中得到的一致。掺杂浓度越高，产生的微应力越大，导致生长速率降低，进而抑制颗粒的生长。Weidenthaler 在其研究中也得到了相同的结论，他们也认为平均粒径的减小伴随着微应力的增加。另外，上面提到

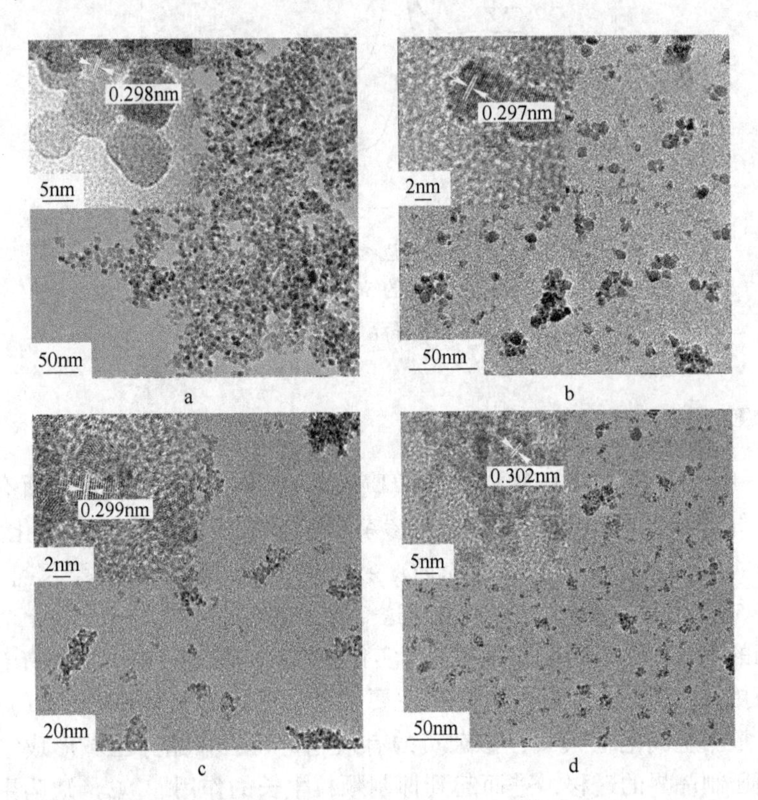

图 6-13 水热合成法制备的 8YSZ（a）、$5CeO_2$-8YSZ（b）、$15CeO_2$-8YSZ（c）和 $25CeO_2$-8YSZ（d）样品的 TEM 以及 HRTEM 图片

过，比表面积与颗粒尺寸有着密切的联系。对于纳米尺寸的材料来说，颗粒尺寸越小，比表面积越大。根据公式（6-2）可以计算得出平均粒径与掺杂浓度的变化关系，其数值列在图 6-14 中。从图中可知，平均粒径尺寸随掺杂浓度的增加而减小，因此我们可以得出结论：$25CeO_2$-8YSZ 在所有样品中的比表面积应该是最大的，这与我们实验测量中得到的结果相一致。

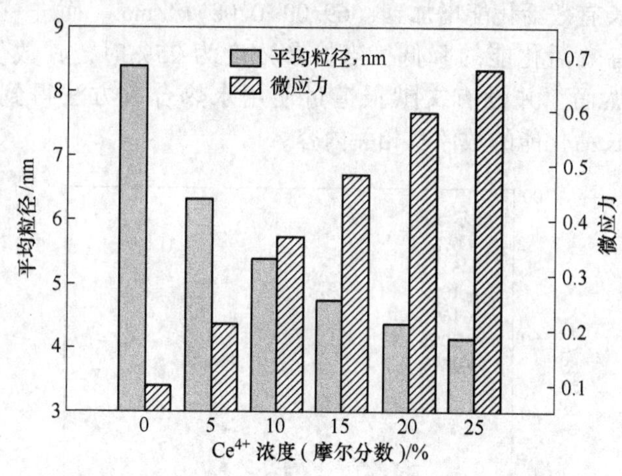

图 6-14 平均粒径、微应力与掺杂浓度的变化关系

我们还可以通过 HRTEM 来了解样品的一些内部结构信息（图 6-13 中在左上角插入的部分）。在图 6-13a 中，我们可以清楚地看到 8YSZ 的晶格间距为 0.298nm，对应的晶面为（111）。随着掺杂浓度的增加，该晶面的晶格间距从 0.297nm($5CeO_2$-8YSZ) 增加到 0.302nm($25CeO_2$-8YSZ)。

6.5.8 晶体生长活化能的研究

图 6-15a 是平均粒径随烧结温度的变化关系。如图 6-15a 所示，当烧结温度从 700℃升高到 1300℃时，8YSZ 的平均粒径尺寸从 9.73nm 增大到 89.98nm。其原因是反应温度的增加提高了晶体生长的速率。另外，不同摩尔比（5%~25%）掺杂后的平均粒径分别从 7.82nm、7.01nm、6.22nm、6.01nm、5.34nm 增大到 82.75nm、75.01nm、62.97nm、50.29nm、35.08nm。其相关机理将会在后面进行讨论。为了进一步研究不同掺杂浓度对 8YSZ 晶体生长行为的影响。我们对不同成分样品的晶体生长活化能进行了研究。由于原子过程是非常复杂的，所以我们在这里研究的活化能为有效活化能。从图 6-15b 中可知，对于 8YSZ 来说，计算得到的有效活化能的数值为（66.27±0.09）kJ/mol。有趣的是，随掺杂浓度的升高，晶体生长活化能先是升高，然后又随着掺杂浓度的进一步增高而降低。从图 6-15b 中我们可以得到，当掺杂浓度为 5%时，晶体生长有效活化能增加到 (69.09±0.08) kJ/mol。而进一步增加掺杂的浓度则会引起有效活化能的降低，当

掺杂浓度为25%时，其数值为（52.88±0.12）kJ/mol。然而，并没有文献报道过使用水热合成方法得到的 CeO_2 掺杂8YSZ的晶体生长活化能的数值及相关内容。从图6-15b中可知，对于8YSZ来说，计算得到的有效活化能的数值为（66.27±0.09）kJ/mol。有趣的是，随掺杂浓度的升高，晶体生长活化能先是升高，然后又随着掺杂浓度的进一步增高而降低。从图6-15b中可以得到，当掺杂浓度为5%时，晶体生长有效活化能增加到（69.09±0.08）kJ/mol。而进一步增加掺杂的浓度则会引起有效活化能的降低，当掺杂浓度为25%时，其数值为（52.88±0.12）kJ/mol。然而，并没有文献报道过使用水热合成方法得到的 CeO_2 掺杂8YSZ的晶体生长活化能的数值及相关内容。

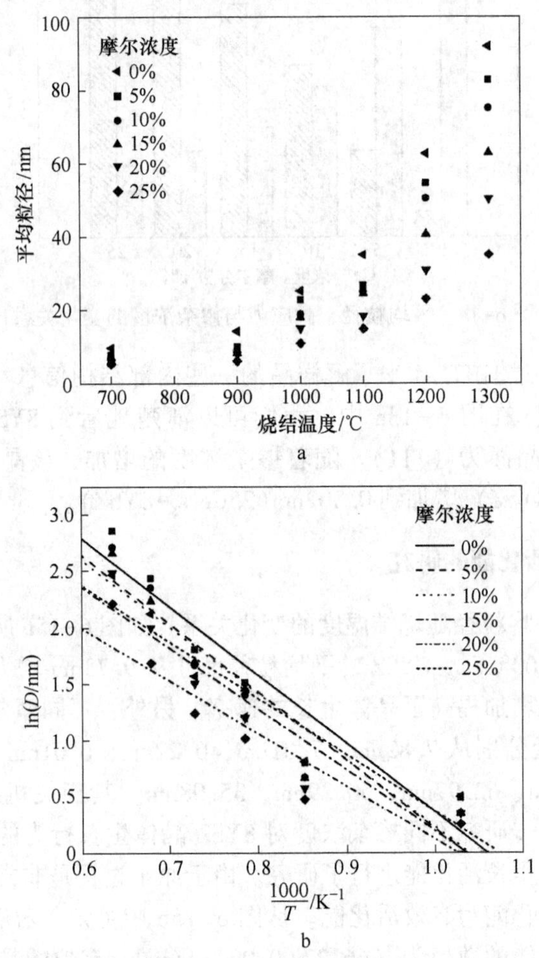

图6-15 平均粒径尺寸随烧结温度的变化关系（a）和晶体生长活化能的关系谱图（b）

在进行高温热处理的过程中，粒径尺寸的增加主要是聚集在一起的颗粒由于边界的消失而形成的大团聚粒子。然而，研究人员对于粗化现象的本质并不是很清楚，尤其是对纳米尺寸的材料。研究人员通过一些模型来解释这些现象。其中一些解释是由掺杂物质的不均匀分布引起的，而这也导致了在自由迁移和溶液拖拽晶粒边界之间存在非常明显的差异。然而，从我们得到的数据来看，掺杂后的样品，相比于8YSZ来说，先是促进其晶体的生长，然后又抑制了其生长。前一阶段的快速生长也暗示着少量的掺杂并不会引起晶体边界的阻滞。当掺杂浓度升高时，大量的Ce^{4+}被引入到8YSZ晶格中，从而引起了晶体边界的阻滞现象的产生。Sikong等也得到了相同的结论，他们认为在添加1%~5%（摩尔分数）的SnO_2到TiO_2中将会促进锐钛矿的生长。然而10%（摩尔分数）或者更高浓度的掺杂则会阻碍其生长速度。Bonnet等也发现在少量掺杂第二相（0.01%（摩尔分数）的氧化铜）将会导致SnO_2密实化的急剧增加，然而对于更高浓度的掺杂结果并没有进行讨论。

大多数的理论解释关于晶体生长是由于热扩散导致运动离子在晶格中运动的结果。相比之下，对于$5CeO_2$-8YSZ来说，Y_2O_3和CeO_2都会进入到氧化锆基体中去。在本实验中较低的晶体生长活化能主要归因于晶体中存在的大量的氧空位。然而对于掺杂后的8YSZ晶体来说，由于ZrO_2和CeO_2具有相同的立方相结构使得Zr^{4+}和Ce^{4+}能随机地分布在阳离子的位置上。因此，Ce^{4+}的引入将会在氧化锆晶格中形成替代型缺陷。氧空位的产生与上述两种离子有密不可分的联系。然而在$5CeO_2$-8YSZ中，Ce^{4+}的引入使得氧空位减少，最终导致晶体生长活化能的升高。另外，掺杂浓度的进一步升高将会减小晶体活化能，这是因为当大量的Ce^{4+}被引入到8YSZ晶格中时，晶格中的氧空位将会与阳离子结合，在这种情况下，间隙缺陷在晶体生长中起到决定性的作用。

6.6 $La_2(Zr_{0.7}Ce_{0.3})_2O_7$ 的材料粉体的制备和表征

6.6.1 样品合成工艺

采用溶胶-凝胶法（sol-gel）制备$La_2(Zr_{0.7}Ce_{0.3})_2O_7$材料（LZ7C3）。具体步骤如下：所有氧化物在使用前均在1000℃下热处理2h，以去除材料中吸收的水分和二氧化碳。将稀土氧化物（La_2O_3）溶于浓硝酸中，待完全溶解后进一步加热除去多余的硝酸，然后用蒸馏水配成所需浓度的溶液。称取一定量的$ZrOCl_2 \cdot 8H_2O$和$Ce(NO_3) \cdot 6H_2O$溶于蒸馏水形成澄清透明溶液，与上述溶液按照化学计量比混合，在持续搅拌的情况下加入柠檬酸作为螯合剂，柠檬酸：金属离子（摩尔比）=1.2∶1。随后在70℃水浴锅中持续搅拌12h后，将溶液在室温下陈化12h，最后在70℃下烘干得到乳白色泡沫粉体。将泡沫粉体用研钵研磨碎后在不同温度、不同时间等条件下进行热处理，以备各种测试。

6.6.2 XRD以及电子衍射能谱分析（EDS）分析

为了研究化合物晶体结构的变化和物相结构组成，我们对生成物进行了X射线衍射和电子衍射能谱分析。图 6-16a 为使用 sol-gel 法制备的 LZ7C3 材料在不同温度下烧结 6h 后的 XRD 谱图。由图 6-16a 可知，样品在不同温度下烧结 6h 后，只有烧绿石相 $La_2Zr_2O_7$(JCPDS 17-0450) 出现在最后产物中。在 28.5°、33.1°、36.1°、43.4°、47.3°处出现的特征峰分别对应着烧绿石相的（222)、(400)、（331)、（511)、（440）晶面。同时并没有观察到任何来自萤石相 $La_2Ce_2O_7$ 的特征峰。衍射峰的强度随烧结温度的升高而变强说明晶体的尺寸在随着温度的变化而增大。然而，在前面的工作中，通过固相合成法制备的 LZ7C3 体材料是由两相组成的混合相：烧绿石相 $La_2Zr_2O_7$(JCPDS 17—0450) 和萤石相 $La_2Ce_2O_7$(JCPDS 65—7999)。LZ7C3 材料的主相是烧绿石相 $La_2Zr_2O_7$ 中溶入了一些萤石相 $La_2Ce_2O_7$，但仍然保持烧绿石相结构。第二相是上面两者的固溶体，结构主体为萤石结构。因此我们猜想，通过软化学方法制备的纳米级 LZ7C3 材料的萤石结构被抑制了，只有烧绿石结构存在。为了证实这个猜想，我们用水热合成法合成了 LZ7C3 材料，并对其进行了 XRD 分析。如图 6-16b 所示，在其 XRD 谱图中，也同样只有烧绿石相 $La_2Zr_2O_7$ 的存在，而没有观察到萤石结构的特征峰。结合上面的结果，我们证实了前面的猜想：通过软化学方法制备的纳米级 LZ7C3 材料只有烧绿石相存在，而萤石相则被抑制了。我们又通过电子衍射能谱(EDS) 来考察我们制备样品的化学成分（图 6-16d)。通过 EDS 测量得到的数据，我们制备的样品，其化学组成成分与 LZ7C3 的化学计量比保持一致，说明我们制备的样品是 LZ7C3 材料，图片中 Si 信号是来自于测试基底（硅片)。为了考察样品的热稳定性，将样品分别在 1400℃ 下进行了不同时间（6~96h）的烧结，其相应的 XRD 谱图陈列在图 6-16c 中。从图中可知，各个 XRD 曲线之间没有明显的区别，这意味着纳米尺寸的 LZ7C3 材料在 1400℃ 下具有良好的相稳定性。

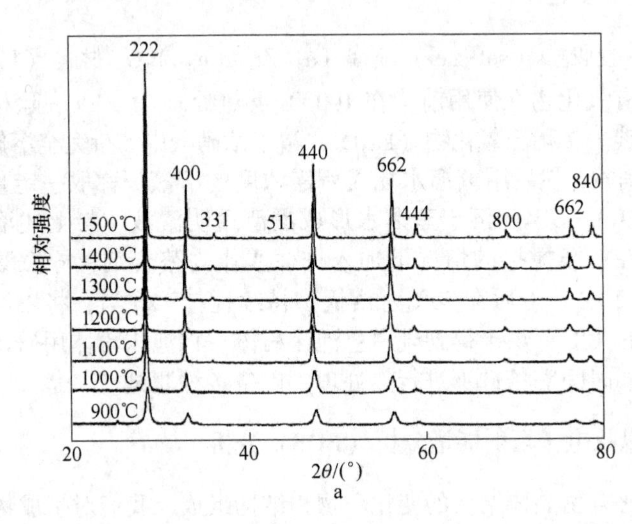

a

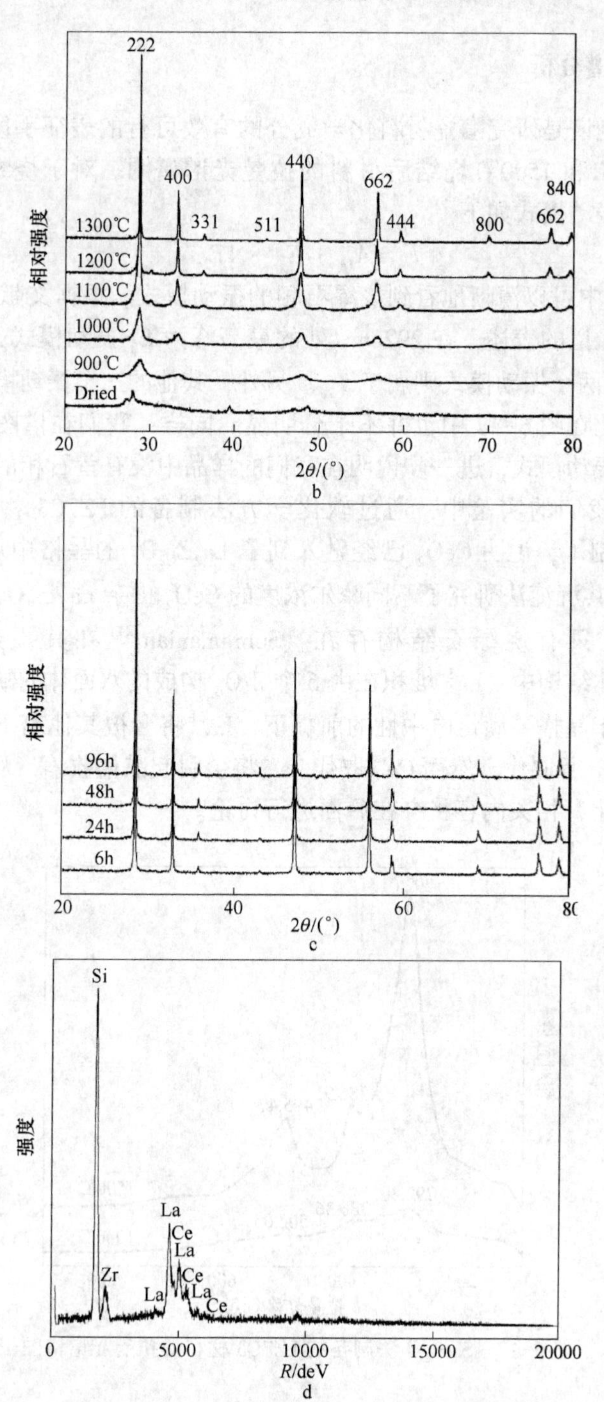

图 6-16 Sol-gel 法制备的 LZ7C3 在不同温度下烧结 6h 的 XRD 谱图（a）、水热合成法制备的 LZ7C3 在不同温度下烧结 6h 的 XRD 谱图（b）、Sol-gel 法制备 LZ7C3 材料在 1400℃烧结不同时间后的 XRD 谱图（c）和 Sol-gel 法制备 LZ7C3 材料的 EDS 谱图（d）

6.6.3　拉曼光谱分析

激光拉曼光谱是研究陶瓷材料化学成分的有效可行的表征手段。图 6-17 为样品经过 1000℃和 1500℃烧结后材料的拉曼光谱谱图。对于烧绿石结构来说，其拉曼光谱的振动模式如下[21]：

$$\Gamma = A_{1g} + E_g + 4T_{2g} \tag{6-3}$$

从图 6-17 中可以清晰地看到烧绿石相的振动模式。根据文献［22］中对烧绿石结构拉曼光谱的表述，在 292cm^{-1}处的最高峰为 E_g 振动模式，而在 386cm^{-1}和 495cm^{-1}处的两个振动模式则属于 T_{2g}。另外，其他的三个振动模式在常压下是非常弱的，因此在图 6-17 中也并不十分明显。同样，我们在谱图中并没有发现属于萤石相的振动模式，进一步说明在我们的样品中没有萤石相的存在。这样进一步证实了在我们的实验中，通过软化学方法制备的 LZ7C3 材料，其萤石相 $La_2Ce_2O_7$ 被抑制了，说明 CeO_2 已经融入到了 $La_2Zr_2O_7$ 的晶格中形成了固溶体。Zhou[23]等通过共沉淀法研究了不同摩尔浓度的 CeO_2 掺杂 $La_2Zr_2O_7$ 的情况，在其最终产物中也只有烧绿石结构存在。Subramanian[24] 在其报道中提到，在 $La_2Zr_2O_7$ 的晶体结构中，La^{3+}堆积在由 6 个 ZrO_6 构成的八面体的缺陷处。在我们的研究中，基于晶格要满足电中性的前提下，La^{3+}将会被其他离子半径相近的离子（例如 Ce^{4+}）所取代。然而 Ce^{4+}取代 La^{3+}将会引起晶格收缩，从而引起晶格参数上的一些变化，相关内容将会在后面进行讨论。

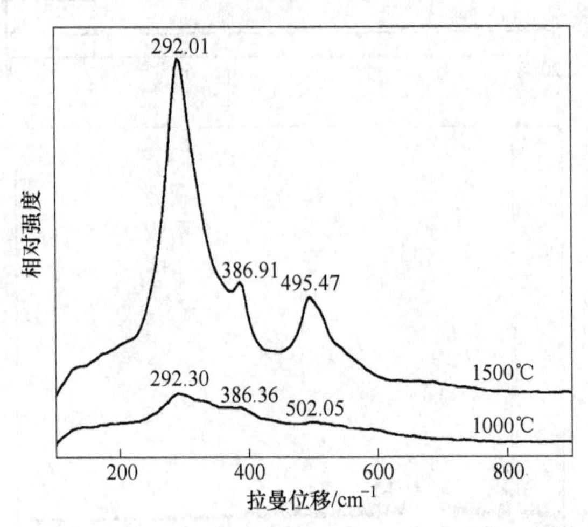

图 6-17　Sol-gel 法制备的 LZ7C3 材料的拉曼光谱谱图

6.6.4　热重/差热分析

为了研究 LZ7C3 材料在不同温度下的热行为，我们对初始样品进行了热重/

差热分析，进一步研究其热稳定性，如图 6-18 所示。从图中可以看到，样品中大部分的质量损失发生在 500℃以前，这部分的失重主要是来自于有机物（柠檬酸、无水乙醇）、硝酸盐和其他挥发物（例如 H_2O、CO_x 等）的挥发和蒸发。在 200℃以前，失重大约为 20%，主要是硝酸根和颗粒中包含的结晶水的挥发。在 370~420℃之间，一个很大的放热峰同时伴随着大约 30%的质量损失，这主要归因于有机物配体分解释放的一氧化碳和二氧化碳，还有一部分原因是材料的结晶[25]。在 500℃以上没有失重现象发生说明产物的分解已经完全结束。同时在 500℃以上没有发现任何的放热或吸热现象，表明材料在 500℃以上具有良好的热稳定性。

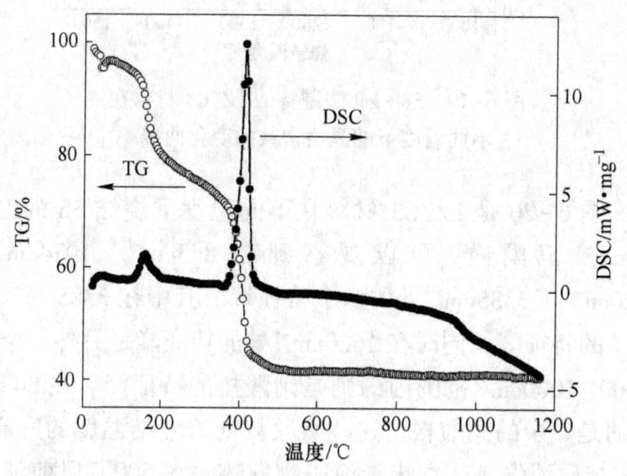

图 6-18 Sol-gel 法制备的 LZ7C3 材料的 TG/DSC 曲线

6.6.5 晶格常数分析

在前文曾经提到，Ce^{4+} 取代 La^{3+} 将会引起晶格常数发生变化。图 6-19 是 LZ7C3 材料在不同温度下烧结 5h 后通过 XRD 分析得到的晶格常数的变化曲线。从图中我们可以看到，随着烧结温度的升高（1000℃升高到 1300℃），晶格常数从 1.063nm 增加到 1.082nm。然而进一步提高烧结温度将会导致晶格常数的降低。例如 LZ7C3 材料在 1400℃下烧结 5h 后其晶格常数为 1.078nm。结合上面的信息，我们认为其主要原因如下：在低温下，主要是 La^{3+} 进入氧化锆晶格中，由于 La^{3+} 的离子半径要大于 Zr^{4+} 的离子半径，所以晶格参数也随之增大；而在高温下，CeO_2 溶于 $La_2Zr_2O_7$ 中形成固溶体，而 Ce^{4+} 的离子半径要小于 La^{3+} 的离子半径，因此在高温下其晶格参数呈下降趋势。

6.6.6 傅里叶红外光谱（FT-IR）分析

考察红外光谱可以进一步研究每一阶段离子的化学环境以及金属离子与氧离

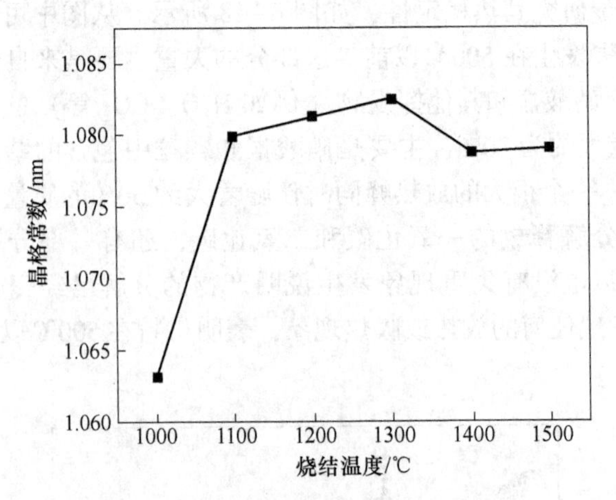

图 6-19　Sol-gel 法制备的 LZ7C3 材料在
不同温度下的晶格常数的变化曲线

子结合的方式。图 6-20 是 LZ7C3 材料在不同温度下烧结 5h 的红外光谱谱图。在 400～4000cm^{-1} 范围内，可以观察到在 843cm^{-1}、1074cm^{-1}、1400cm^{-1}、1484cm^{-1}、1620cm^{-1}、3385cm^{-1}处的六个特征峰。其中在 3385cm^{-1}处的是包含在颗粒中的水分子的特征峰，同时在 1620cm^{-1}处的特征峰是另外一个水分子的振动引起的。在 1600～1000cm^{-1}范围内的则是硝酸盐的特征峰。在 843cm^{-1}处有一个很弱的峰对应的是残余的硝酸根。这些吸收峰随着烧结温度的升高而逐渐减小，最终在 500℃烧结后消失，这意味着前驱物的热解在 500℃以前就全部完成，这与前面在 TG/DSC 分析中得到的结论一致。

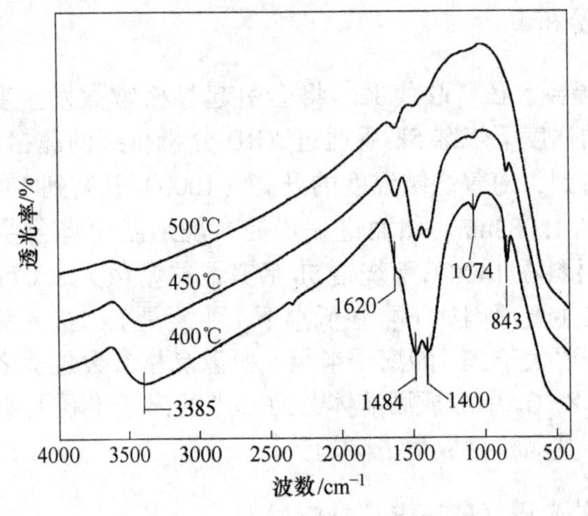

图 6-20　Sol-gel 法制备的 LZ7C3 材料
在不同温度下的红外光谱谱图

6.6.7 致密度与体积收缩分析

为了研究材料在高温条件下的烧结致密性以及抗烧结性能，我们将 LZ7C3、8YSZ 和 LZ 三组样品用冷等静压机在 220MPa 下压成直径为 11mm，厚度为 3mm 的小圆片，然后在不同温度下烧结 6h。理论密度由晶格常数计算得出（晶格常数由 XRD 分析可知）。通过测量烧结块体的质量和体积，便可计算得出实际密度。相对密度为实际密度和理论密度的比值，以百分比的形式表示。图 6-21a 所示为三个样品在不同烧结温度下的相对密度变化曲线。从图 6-21a 中可知，所有样品在 1000℃下烧结的相对密度要远远小于其在 1500℃下烧结后的数值。在 1000℃下烧结 6h 后，8YSZ、LZ 和 LZ7C3 的相对密度分别为 57.6%、52.9%和 49.6%。当温度有 1000℃升高到 1300℃时，相对密度发生了较大的变化。而继续

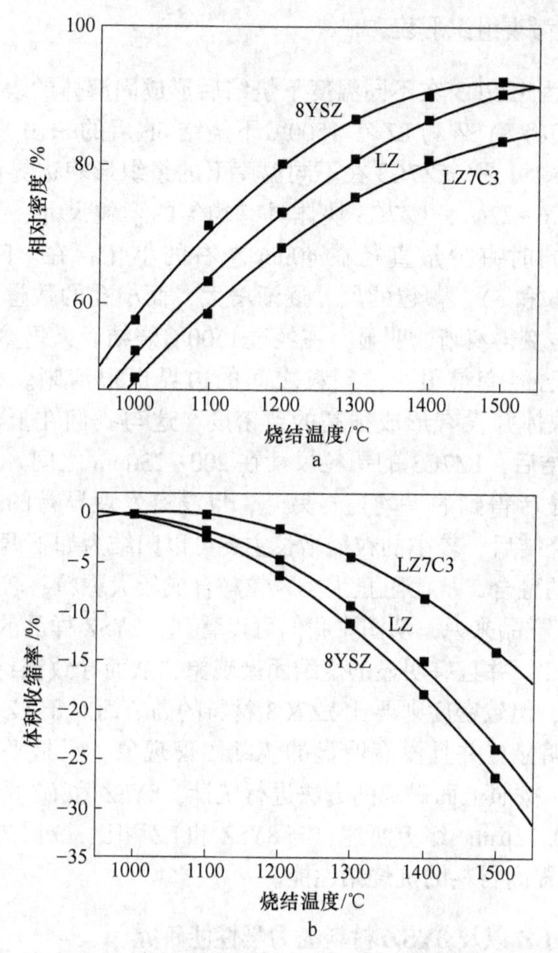

图 6-21 Sol-gel 制备的 8YSZ、LZ 和 LZ7C3 的致密度与温度的变化关系（a），体积收缩率与温度的变化关系（b）

升温到1500℃时，相对密度的变化很缓慢，说明在这个过程中，样品的密度基本稳定，不再发生较大变化。在1500℃烧结6h后，LZ7C3的相对密度为83.2%，这个值要远远小于8YSZ和LZ的值，后两者的值分别为92.6%和90.2%。上述结果表明掺杂一定量的CeO_2，可以有效地降低LZ块材的烧结致密行为，而其性能也要优于传统的8YSZ材料。图6-21b所示为3个样品体积收缩率随温度的变化关系曲线。对于这三种样品而言，随着烧结温度的升高，其体积收缩率均符合抛物线的下降行为。由图6-21b可知，在经过1500℃ 6h烧结后，LZ7C3仅发生了13.96%的体积收缩，而在经历了同样的过程后，LZ和8YSZ的体积收缩分别达到了23.96%和26.81%。结合上面讨论的相对密度以及体积收缩随温度的变化关系，我们认为掺杂一定量的CeO_2能有效地提高LZ块材的抗烧结性能。也就是说，$La_2(Zr_{0.7}Ce_{0.3})_2O_7$材料的抗烧结性要明显优于8YSZ和LZ材料。

6.6.8 LZ7C3的微观组织形貌

图6-22a~d为LZ7C3在不同温度下烧结后形成固溶体的表面组织形貌。为了方便比较，我们将8YSZ和LZ在1500℃下烧结6h后的SEM图片也置于图6-22e和f中。从图中可见，LZ7C3在不同温度下的组织形貌边界清晰。在1200℃下烧结6h后（图6-22a），LZ7C3块体具有均匀的颗粒尺寸，平均粒径尺寸在50~70nm之间。同时有少量直径在40nm左右的小孔存在。随着温度升高到1400℃（图6-22b和c），颗粒的尺寸逐渐增大，而小孔的数量则在减少，并且颗粒之间的边界也变得清晰、明显。在经过1500℃烧结后，仍然有少量的小孔存在，但小孔尺寸已经变得很小，颗粒之间的边界也很清晰。显然，在经过了1500℃烧结后，块体并没有形成很高的致密度，这与我们在上面得到的结论一致。在1500℃烧结后，LZ7C3的颗粒尺寸在200~230nm之间，这个值是在随机测量了100个颗粒后得到的平均值。另外，也没有发现异常的颗粒生长现象发生。在经过高温烧结后，较小的粒径增长主要可以归结为如下两个方面：小孔的存在阻碍了边界的融合，从而阻止了小颗粒融合成较大颗粒；较小尺寸的粒径分布。而对于8YSZ样品来说，从图中我们可以看到，8YSZ样品的粒径尺寸要明显大于LZ7C3的尺寸，并且有明显的烧结团聚现象，从而导致该材料的晶界清晰度相比LZ7C3要低，但致密度则要比LZ7C3材料的高。而对于LZ样品，表面颗粒之间的晶界比较明显，并且没有明显的烧结团聚现象，只是平均粒径尺寸相比LZ7C3要大得多。按照上面提到的方法进行统计，8YSZ和LZ的平均粒径尺寸分别为1.21μm和0.72μm。综上所述，与8YSZ和LZ相比，对LZ进行适量的掺杂CeO_2可以有效地提高材料的抗烧结性能。

6.6.9 LZ7C3、LZ以及8YSZ材料的力学性能研究

陶瓷材料样品的烧结密度对于其力学性能（例如弹性模量、硬度等）有很

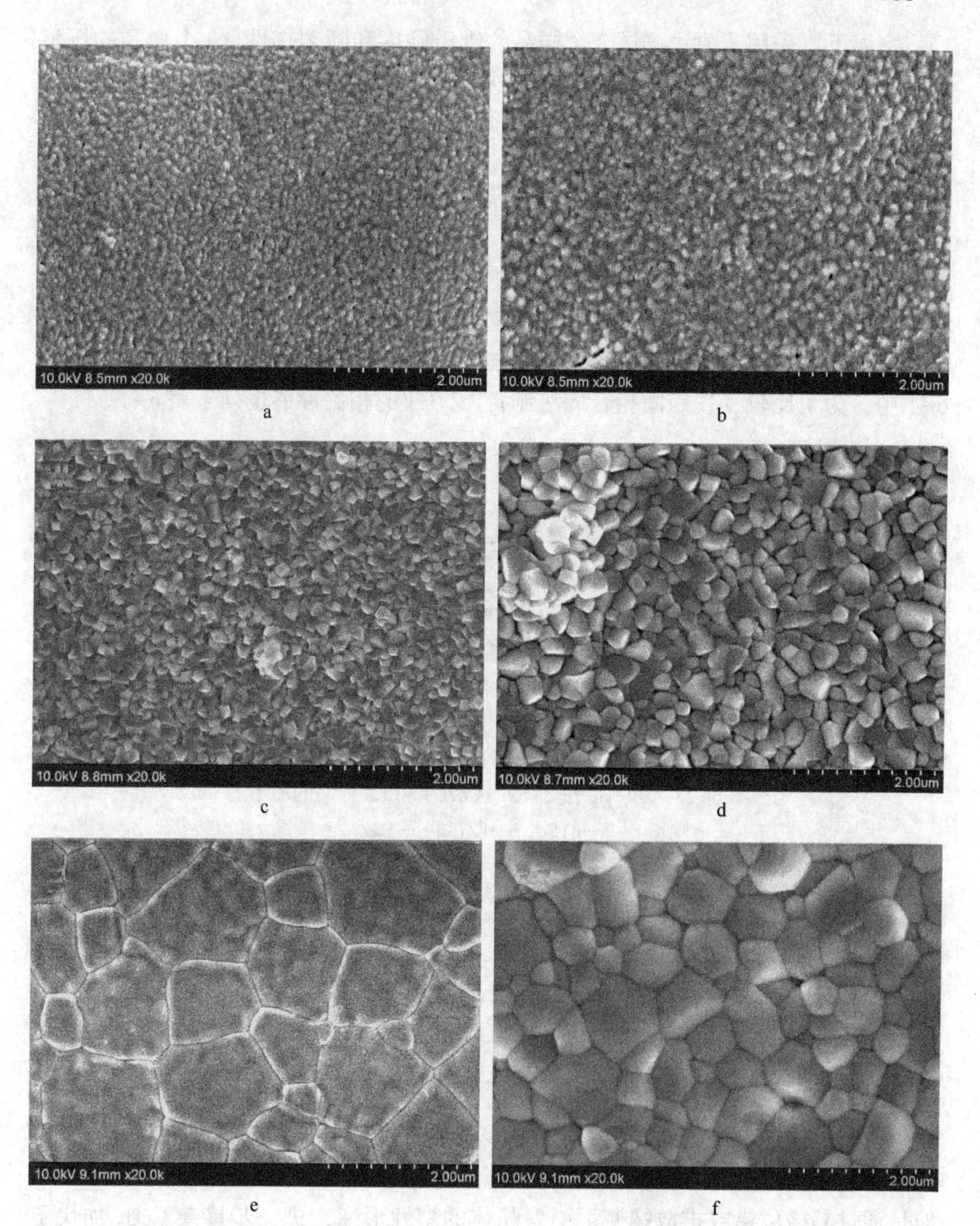

图 6-22 Sol-gel 法制备的 LZ7C3 在 1200℃（a）、1300℃（b）、1400℃（c）、1500℃（d）、8YSZ 在 1500℃（e），LZ 在 1500℃（f）下烧结 6h 后的表面组织形貌

大的影响。一般来说要精确地测量材料的力学性能，就必须制备出接近理论密度、无缺陷的样品。在本实验中，我们的测试样品在 220MPa 压强下制成长方体形的长条状样品后，在 1600℃下烧结 24h，以备力学性能测试。

室温下，采用压痕法测试3个样品的维氏硬度和断裂韧性。3个样品的压痕图如图6-23所示。每个样品随机取10次测量结果的平均值作为最后结果。维氏硬度（Vickers hardness，H_v）和断裂韧性（Fracture Toughness，K_{IC}）分别由式（6-4）和式（6-5）计算得出：

$$H_v = 1.854F \times (2a)^{-2} \tag{6-4}$$

$$K_{IC} = 0.16H_v\left(\frac{c}{a}\right)^{-3/2} a^{1/2} \tag{6-5}$$

式中，$2a$ 是压痕对角线长度；$2c$ 为压痕对角线和裂纹长度之和。为了避免应力场对结果的影响，一般要求 $c \geqslant 2.5a$。维氏硬度和断裂韧性的测试数值均列于表6-1中，为了比较，使用固相合成法制备LZ7C3的相关性能也列于表6-1。

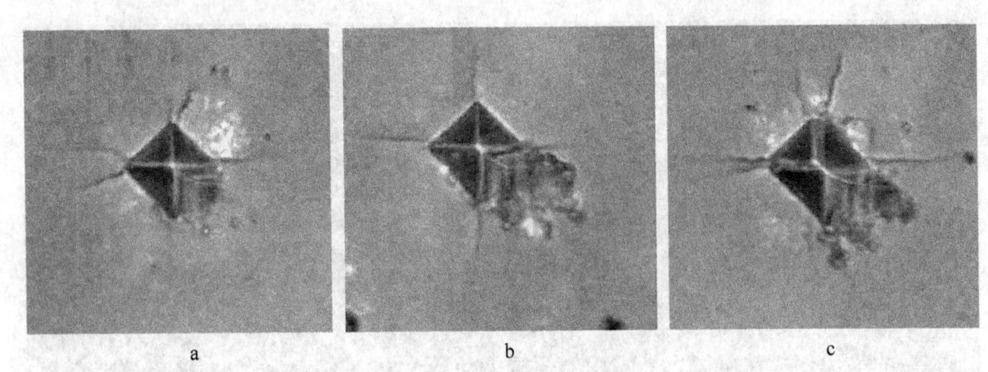

图6-23　Sol-gel法8YSZ、LZ7C3和LZ样品的压痕图

a—8YSZ；b—LZ7C3；c—LZ

表6-1　8YSZ、LZ7C3和LZ样品的力学性能

序号	样品	ρ_{th}/g·cm^{-3}	ρ/g·cm^{-3}	ρ_{re}/%	H_v/GPa	K_{IC}/MPa·m$^{1/2}$
1	8YSZ	6.01	5.54	92.17	8.79	2.04
2	LZ7C3	6.17	5.63	91.24	9.20	2.13
3	LZ	6.05	5.60	92.56	8.68	1.85

四个样品的相对密度均达到了90%以上，数值也比较接近，我们对其力学性能进行比较。LZ7C3样品的维氏硬度和断裂韧性均要大于8YSZ和LZ。其原因可能是通过晶格位错或扩散蠕变可引发晶体的塑性形变，进一步掺杂CeO_2加快了LZ材料的扩散蠕变，有利于提高LZ的断裂韧性。另外，对于氧化物陶瓷材料而言，弹性模量受到离子键键能的影响很大，键能越大，弹性模量就越大。根据表6-2中相关数据显示，Y—O键的键能比La—O和Zr—O键的键能小，而Ce—O键的键能要比Zr—O键的键能大，因此LZ7C3的弹性模量要比LZ大。对于热障涂层来说，较低的弹性模量和较高的断裂韧性有利于提高其应变容限，可缓解热

循环过程中涂层内部的热不匹配应力，进而提高涂层的抗热震性能。维氏硬度和断裂韧性均大致呈现逐渐增大，分别有利于提高涂层的耐磨性能和抗热震性能。

表 6-2 金属键的键能

金属键	Zr—O	Y—O	La—O	Ce—O
键能/kJ·mol^{-1}	760	715	799	795

6.6.10 LZ7C3 材料的热膨胀系数

评价热障涂层材料目前主要分析两个热物理性能：热膨胀系数（Thermal Expansion Coefficient，TEC）和热导率（Thermal Conductivity）。

固体材料随着温度升高，原子振动的振幅加强，从而引起热膨胀。振动强度的增大通常导致原子间距增大，从而使材料的体积或线尺寸增加。热膨胀系数是温度变化 1℃时体积或线尺寸的相对变化。在任一特定的温度下，定义线膨胀系数：

$$\alpha = \frac{dl}{l dT} \tag{6-6}$$

一般来说，线膨胀系数是温度的函数，但对于有限的温度范围内，采用平均值就可以满足要求。平均线膨胀系数可以表示如下：

$$\alpha' = \frac{1}{L_0} \times \frac{\Delta L_k - \Delta L_0}{T_k - T_0} \tag{6-7}$$

式中，α'为样品的平均线膨胀系数，K^{-1}；L_0 为样品在 T_0 时的长度，mm；ΔL_0 为样品在高温 T_0 时的长度变化，mm；ΔL_k 为样品在高温 T_k 时的长度变化，mm。

LZ7C3 样品的线膨胀系数和温度的关系如图 6-24 所示。在所测温度范围区间内，LZ7C3 样品的平均线膨胀系数介于 9.85×10^{-6} ~ $11.87\times10^{-6}K^{-1}$之间，高温区略大于 8YSZ 材料（10.5×10^{-6} ~ $11.5\times10^{-6}K^{-1}$）和固相合成法制备的 LZ7C3 材料（9.17×10^{-6} ~ $11.78\times10^{-6}K^{-1}$）。Ce^{4+}的离子半径要大于 Zr^{4+}，且 Ce—O 键的键能较低（795kJ/mol），表明 CeO_2 掺杂的 LZ7C3 其平均线膨胀系数比 LZ 大。并且随掺杂浓度的增加而增加。由此说明，在同一测试条件下样品线膨胀系数的顺序：LZ7C3>LZ>8YSZ。另外，LZ7C3 的线膨胀系数与黏结层合金的线膨胀系数较为接近，而且热膨胀曲线变化趋势在温度高于 400℃时基本平稳，这样的变化趋势可大大降低热循环温度变化过程中黏结层与陶瓷层之间的热膨胀不匹配应力，对提高涂层的热循环性能非常有利。值得注意的是，热膨胀曲线在 150~500℃范围内存在明显的下降过程，在 270℃附近出现最小值。固相合成法制备的样品也产生了这个现象。由于样品在热膨胀测试前在 1600℃下烧结了 24h，所以样品在测试温度范围内不会发生烧结现象，也就不可能产生热收缩，因此要排除这个因素。另外一个可能的原因是发生了相变，但结合上面讨论的 TG/DSC 曲线分析结果表明，在这个温度范围内并没有明显的吸热或放热峰产生，也就是说并未发生相变。导致金属氧化物在升温过程中出现热收缩现象的机理有：相变、晶格的非对称性膨胀、晶格中多面体翻转及 M—O—M′键 O 的剪切运动。对于存在大量氧空穴的 LZ7C3 晶体结构，应是 M—O—M′键 O 的剪切运动导致。因为大量氧空穴的存在，O 的剪切运动和振动控制晶体的热膨胀行为，在 150~500℃的中低温范围，O 的剪切运动接近甚至强于振动强度，从而造成晶格收缩，因此导致了 LZ7C3 在 150~500℃温度范围内的线膨胀系数下降。

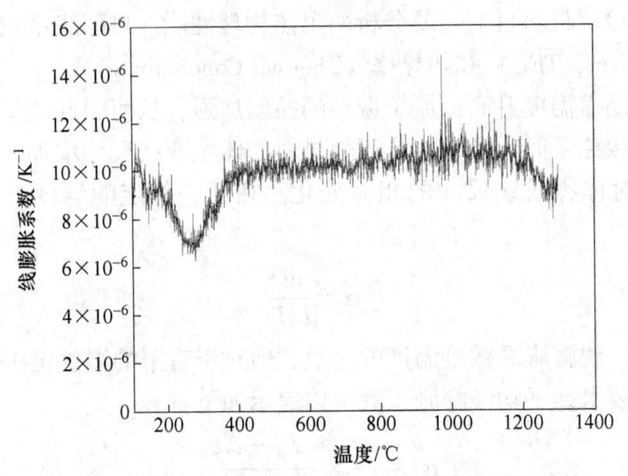

图 6-24 Sol-gel 法制备的 LZ7C3 材料的线膨胀系数

6.6.11 LZ7C3 材料的热导率

在陶瓷材料这样的绝缘材料，热导率是由晶格振动的变化引起的，通常用声子散射理论来描述。声子散射是物质固有的特征，正如理想结构中存在点缺陷、晶界和位错一样。声子可以被晶格缺陷（例如溶质原子和空位等)、杂质、气孔和晶界等引起散射。因此，化学成分或物理结构特征对声子散射的影响很大。反过来，成分和结构又影响着热导率。另外温度对热导率的影响也很重要。在高温条件下，热导率不仅通过晶格振动（声子）传到，同时也通过辐射（光子）传导。影响声子平均自由程的主要因素可总结为晶体对称性和结晶有序程度。晶体结构复杂的材料的热导率较晶体结构简单的低，在复杂晶体中，各种原子质量若差别大，则其热导率比原子质量相近的晶体更低，即取代元素的质量与基质元素相差越大，形成的固溶体的热导率越低。声子的平均自由程与温度也有关系，随温度升高而减小，但其减小有一定限度。对于一些耐高温氧化物陶瓷材料，只有在温度高于 1500℃时辐射传热才明显。热导率与材料的显微结构（如孔穴率和晶粒尺寸）也密切相关，当孔径介于 5~15μm，热导率随孔穴率增大而降低。

根据 Neumann-Kopp 原理，LZ7C3 的比热容（C_p）可以从构成其化学组成的氧化物组分的比热容按化学计量比计算得到。因此，LZ7C3 的热导率可以按下面公式计算得到：

$$k = C_p \rho D_{\mathrm{th}} \tag{6-8}$$

式中，ρ 是烧结密度；D_{th} 是热扩散系数。

由于样品致密度并没有达到 100%，因此其热导率可以通过下面公式进行校正：

$$\frac{k}{k_0} = 1 - \frac{4}{3}\phi \tag{6-9}$$

式中，ϕ 是孔穴率；k_0 是校正以后的热导率。

LZ7C3 的热导率列于图 6-25 中。可以看出，热导率与温度大致为反比关系，表明晶格振动（声子）是材料热传导的主要载体，这是绝大多数多晶材料的导热机理。LZ 具有立方烧绿石结构，该结构由 ZrO_6 八面体形成网状的骨架，La^{3+} 离子取代 Zr^{4+} 离子的位置，在六个 ZrO_6 八面体中间存在一个较大的空隙。因此在不发生相变的情况下，在 La^{3+}、Zr^{4+} 和 O^{2-} 的位置可以形成大量空穴。在满足电中性的条件下，La^{3+} 和 Zr^{4+} 的位置可以被许多具有相近离子半径的元素取代，这使得 LZ 的热物理和力学性能具有可剪裁性。在 700℃ 时，LZ7C3 的热导率为 0.84W/(m·K)，要小于固相合成法制备样品的热导率（0.91W/(m·K)）。LZ7C3 具有较低的热导率，有利于进一步提高涂层的隔热性能，进而提高涂层的工作温度。

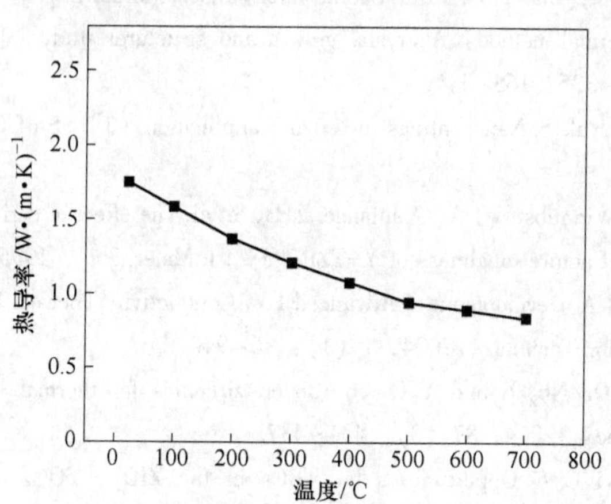

图 6-25 Sol-gel 法制备的 LZ7C3 样品的热导率

参考文献

[1] Kear B H, Skaudan G. Thermal spray processing of nanoscale materials [J]. Nanostruct. Mater., 1997, 8: 765~769.

[2] Bai Y, Han Z H, Li H Q, et al, Highperformance nanostructured ZrO_2 based thermal barrier coatings deposited by high efficiency supersonic plasma spraying [J]. Applied Surface Science, 2011, 257: 7210~7216.

[3] Zhou C, Wang N, Xu H. Comparison of thermal cycling behavior of plasma-sprayed nanostructured and traditional thermal barrier coatings [J]. Mater. Sci. Eng. A., 2007, 452 - 453: 569~574.

[4] Sodeoka S, Suzuki M, Inoue T. Mechanical properties of plasma sprayed alumina-zirconia nanocomposite film [C] //Proceedings of the 2006 International Thermal Spray Conference, May 15-18, 2006, Seattle, Washington.

[5] Chen H, Ding C X. Nanostructured zirconia coating prepared by atmospheric plasma spraying [J]. Surf. Coat. Technol., 2002, 150: 31~36.

[6] Ma X Q, Wu F, Roth J, et al. Low thermal conductivity thermal barrier coating deposited by the solution plasma sprat process [J]. Surf. Coat. Technol., 2006, 201: 4447~4452.

[7] Yang H, Bai G, Thompson L J. Interfacial thermal resistance in nanocrystalline yttria-stabilized zirconia [J]. Acta Mater., 2002, 50: 2309~2317.

[8] Shukla S, Seal S, Vij R, et al. Reduced activation energy for grain growth in nanocrystalline yttria-stabilized zirconia, 2003, 3 (3): 397~401.

[9] Zhou X D. Size-induced lattice relaxation in CeO_2 nanoparticles [J]. Appl. Phys. Lett., 2001, 79: 3512~3514.

[10] Wang C, Wang Y, Cheng Y, et al. Synthesis of nanocrystalline La_2O_3-Y_2O_3-ZrO_2 solid solutions by hydrothermal method: A crystal growth and structural study [J]. Journal of Crystal Growth., 2011, 335: 165~171.

[11] Dahotre N B, Nayak S. Nanocoatings for engine application [J]. Surf Coat Technol., 2005, 194: 58~67.

[12] Boutz M M R, Winnubst A J A, Vanlangerak B, et al. The effect of ceria co-doping on chemical stability and fracture toughness of Y-TZP [J]. J. Mater. Sci., 1995, 30: 1854~1862.

[13] Zhu D, Miller R A. Development of Advanced Low Conductivity Thermal Barrier Coatings [J]. Int. J. Appl. Ceram. Technol., 2004, 1 (1): 86~94.

[14] Raghavan S. Ta_2O_5/Nb_2O_5 and Y_2O_3 co-doped zirconias for thermal barrier coatings [J]. J. Am. Ceram. Soc., 2004, 87 (3): 431~437.

[15] Pitek F M, Levi C G. Opportunities for TBCs in the ZrO_2 - $YO_{1.5}$ - $TaO_{2.5}$ System [J]. Surf. Coat. Technol., 2007, 201 (12): 6044~6050.

[16] An K, Ravichandran K S, Dutton R E, et al. Microstructure, texture, and thermal conductivity of single-layer and multilayer thermal barrier coatings of Y_2O_3 stabilized ZrO_2 and Al_2O_3 made by physical vapor deposition [J]. J. Am. Ceram. Soc., 1999, 82: 399~406.

[17] Kisi E H, Howard C J. Activation energy for the sintering of two-phase alumina/zirconia ceramics [J]. Key Eng. Mater., 1998, 153: 1~6.

[18] Matusita K, Sakka S, Matsui Y. Determination of the activation energy for crystal growth by differential thermal analysis [J]. J. Mater. Sci., 1975, 10: 961~966.

[19] Bukaemskiy A A, Barrier D, Modolo G. Thermal and crystallization bahaviour of 8YSZ-CeO_2 [J] . J. Alloys Compd. , 2009, 472: 286~293.

[20] Weidenthaler C. Pitfalls in the characterization of nanoporous and nanosized matertials [J] . Nanoscale. , 2011, 3: 792~810.

[21] Xu Z, He L, Mu R, et al. Influence of the deposition energy on the composition and thermal cycling behavior of $La_2(Zr_{0.7}Ce_{0.3})_2O_7$ coatings [J] . J. Eur. Ceram. Soc. , 2009, 29: 1771~1779.

[22] Zhang F X, Manoun B, Saxena S K, et al. Structure change of pyrochlore $Sm_2Ti_2O_7$ at high pressures [J] . Appl. Phys. Lett. , 2005, 86: 181906~181918.

[23] Zhou H, Yi D, Yu Z, et al. Preparation and thermophysical properties of CeO_2 doped $La_2Zr_2O_7$ ceramic for thermal barrier coatings [J] . J. Alloy Compd. , 2007, 438: 217~221.

[24] Subramanian M A, Aravamudan G, Subba-Rao G V. Oxide pyrochlores-A review [J] . Prog. Solid State Chem. , 1983, 15: 55~143.

[25] Bukaemskiy A A, Barrier D, Modolo G. Physical properties of 8mol % ceria doped yttria stabilised zirconia powder and ceramic and their behaviour during annealing and sintering [J] . J. Euro. Cera. Soc. , 2006, 26: 1507~1515.